高等职业教育旅游管理专业教材

中华饮食文化

ZHONGHUA YINSHI WENHUA

张耀武 主编

中国轻工业出版社

图书在版编目（CIP）数据

中华饮食文化 / 张耀武主编 . -- 北京：中国轻工业出版社，2024. 8. -- ISBN 978-7-5184-5013-8

Ⅰ. TS971.202

中国国家版本馆CIP数据核字第2024AY8407号

责任编辑：贺晓琴
文字编辑：秦宏宇　　　　责任终审：劳国强　　设计制作：锋尚设计
策划编辑：史祖福　贺晓琴　责任校对：晋　洁　　责任监印：张　可

出版发行：中国轻工业出版社（北京鲁谷东街5号，邮编：100040）

印　　刷：三河市万龙印装有限公司

经　　销：各地新华书店

版　　次：2024年8月第1版第1次印刷

开　　本：787×1092　1/16　印张：15.25

字　　数：342千字

书　　号：ISBN 978-7-5184-5013-8　定价：45.00元

邮购电话：010-85119873

发行电话：010-85119832　010-85119912

网　　址：http://www.chlip.com.cn

Email：club@chlip.com.cn

版权所有　侵权必究

如发现图书残缺请与我社邮购联系调换

240558J2X101ZBW

本书编写人员

主　编　张耀武
副主编　高小芹　王　岳　冯有楠
参　编（排名不分先后）
　　　　　肖中杰　刘雪梅　刘子瑜　雷小丹　蒋　洁
　　　　　张小明　朱　露　李俊燃　李戴阳　梅倩倩

前言

中华优秀传统文化是中华民族的根和魂，对于增强民族文化自信、促进文化传承与创新具有重要意义。2022年8月，中共中央办公厅、国务院办公厅印发《"十四五"文化发展规划》提出，"传承和弘扬中华优秀传统文化"。同年10月，党的二十大报告中指出，"传承中华优秀传统文化"，深刻阐明了我们党对待传统文化的立场态度，指明了永葆中华文化生机活力的必由之路。中华饮食文化，源远流长，博大精深，是中华优秀传统文化的重要组成，通过对中华饮食文化的学习和体验，可以增长知识，领略中华文化的深远意蕴，传承文脉，提高人文综合素养，激发对中华文化的热爱和探究精神，增强中华民族自豪感和文化自信心。有鉴于此，我们编写了《中华饮食文化》一书，旨在为职业教育提供一本全面系统、简明扼要的饮食文化教材。

本书共有十二讲，分别是：中华饮食文化概述、中华饮食文化发展历程、中华饮食文化思想、中华饮食礼仪、中华饮食习俗、中华少数民族食俗、中华饮食风味流派、中华饮食器具、中华饮食经籍典故、中华茶文化、中华酒文化、中华饮食文化走向世界。为便于教学，在体例上设置了内容提要、关键词、案例导入、正文、延伸阅读、思考研讨栏目。通过深入挖掘中华饮食文化的内涵与价值，并结合高职学生的特点和学习需求，力求理论联系实际，学以致用，体现理论性、知识性、可读性、实用性的统一。本书作为同名在线精品课程的配套教材，我们期待这本饮食文化教材能够成为高职学生学习优秀传统文化的重要载体，为中华优秀传统文化的传承与创新做出积极贡献。

本书由三峡旅游职业技术学院酒店烹饪学院骨干教师联合编写。教育部职业教育基本专家库专家、全国供销合作职业教育教学指导委员会委员、全国旅游职业教育教学指导委员会景区与休闲类专业委员会委员张耀武教授统筹组织协调、设计框架结构、编写内容大纲、指导具体写作和最终统稿。参与编写的人员有：高小芹、王岳、冯有楠、肖中杰、刘雪梅、刘子瑜、雷小丹、蒋洁、张小明、朱露、李俊燃、李戴阳、梅倩倩。全国餐饮职业教育教学指导委员会委员高小芹副教授负责书稿收集整理并参与统稿，王岳、冯有楠协助开展有关工作。

在本书的编写过程中，我们参考和借鉴了中华饮食文化领域的大量论著、教材和文献资料，吸收了众多专家学者的研究成果，未能一一列举。作为一本校企合作开发的教材，三峡旅游职业技术学院、宜昌市烹饪酒店行业协会、宜昌市三峡茶文化研究会、宜昌文化旅游职业教育联盟等单位给予了大力支持，提出了许多宝贵意见和建议，在此一并深表敬意和感谢。由于编者水平有限，书中难免有疏漏和不当之处，恳请专家学者和师生读者朋友批评指正，以便进一步完善。

编者

2024年4月

目录

第一讲　中华饮食文化概述 … 1
　　一、中华饮食文化的定义 … 4
　　二、中华饮食文化的内容 … 7
　　三、中华饮食文化的特点 … 12
　　四、中华饮食文化的功能 … 14

第二讲　中华饮食文化发展历程 … 18
　　一、中华饮食文化的生长期 … 19
　　二、中华饮食文化的成熟期 … 24
　　三、中华饮食文化的繁荣期 … 27
　　四、中华饮食文化的转型期 … 30

第三讲　中华饮食文化思想 … 33
　　一、饮食文化的理论基础 … 34
　　二、饮食文化的审美情趣 … 37
　　三、不同人群的饮食思想 … 39
　　四、当代社会的饮食潮流 … 48

第四讲　中华饮食礼仪 … 52
　　一、先秦社会食礼 … 53
　　二、专制社会食礼 … 59
　　三、近现代宴席礼仪 … 67
　　四、优秀食礼传承 … 69

第五讲　中华饮食习俗 … 73
　　一、日常食俗 … 74
　　二、人生食俗 … 78
　　三、节庆食俗 … 82
　　四、宗教食俗 … 89

第六讲　中华少数民族食俗 …… 90
一、北方少数民族食俗 …… 91
二、南方少数民族食俗 …… 95
三、西北地区少数民族食俗 …… 98
四、青藏地区少数民族食俗 …… 101

第七讲　中华饮食风味流派 …… 105
一、风味流派的形成 …… 106
二、主要菜系的划分 …… 109
三、筵宴历史与名品 …… 114
四、筵宴改革与创新 …… 118

第八讲　中华饮食器具 …… 124
一、食器的演进 …… 125
二、古代的炊器 …… 131
三、古代的食具 …… 135
四、美食与美器 …… 139

第九讲　中华饮食经籍典故 …… 143
一、饮食经要 …… 145
二、饮食文艺 …… 153
三、饮食典故 …… 158
四、饮食名人 …… 160

第十讲　中华茶文化 …… 164
一、茶史源流 …… 165
二、茶类名品 …… 170
三、茶人茶文 …… 179
四、茶道精神 …… 182

第十一讲　中华酒文化·················187
一、酒史源流·················188
二、酒类品名·················190
三、文学与酒·················195
四、饮酒艺术·················205

第十二讲　中华饮食文化走向世界·················212
一、中西饮食文化的差异·················215
二、中外饮食文化的交流·················218
三、中华饮食文化的现状·················222
四、中华饮食文化的传承与创新·················226

参考文献·················231

第一讲　中华饮食文化概述

内容提要

1. 从饮食、烹饪、文化之间的关系，引申出饮食文化的定义和中华饮食文化的定义。
2. 从中华饮食文化的发展历程、饮食思想、礼仪、习俗、风味流派、器具、典故、茶文化、酒文化，以及中国少数民族食俗，中华饮食文化传承与交流共十一个方面介绍了中华饮食文化的内容。
3. 中华饮食文化的特点：历史悠久、饮食科学、技艺精湛、品种丰富、习俗多样。
4. 饮食文化的自然功能和社会功能，包括解决温饱、汲取营养、养生治病、和谐团结、朴素尚实、传承文明、桥梁纽带、对外交流、弘扬文化、推动社会经济发展等。

关键词

中华饮食文化；饮食文化内容；饮食文化特点；饮食文化功能。

案例导入

烹饪始祖伊尹：能烹小鲜能治大国

伊尹是我国历史上的名相和帝师。他将烹调美味引申出治理天下的道理，劝导商王眼光高远，志向宏大，广纳贤才，修身以德，以仁义治天下。

为弘扬源远流长的中华美食文化，凝聚共识，两年来，中国烹饪协会组织专家学者，开展了探寻中华烹饪始祖的历史文化之旅。

寻根问祖，追脉溯源，是为探寻中华美食文化的历史基因，继承优秀文化传统，建立起应有的民族与文化自信，鼓起新时代的风帆，走向世界，走向未来。

穿越在前人浩如烟海般研究成果的"丛林"里，感受到博大精深的中华美食文化丰富的内涵和强大的生命力，中华美食文化浸润在华夏儿女数千年生生不息的历史中。无论是铁马冰河、惊涛骇浪，还是国泰民安、太平盛世，"中国胃"滋养的"中国心"总在披荆斩棘，奋力前行……

黄帝、彭祖、伊尹、詹王……烹饪始祖的群体形象，在历史的回望中逐个向我们走来。在探寻烹饪始祖的过程中，专家们的目光不约而同地聚焦在3600年前的一位名相和帝师身上，他就是烹饪始祖伊尹。

借烹调之术劝君王行王道

据史书记载，伊尹生于夏朝末年伊水之畔的空桑村，由厨师抚养，取名挚，又名阿衡。因父亲的言传身教和自己的聪颖勤奋，他精通烹饪，长大成人后，作为有莘氏女儿陪嫁的佣人，服务于成汤王。《史记·殷本纪第三》说伊尹"负鼎俎，以滋味说汤，致于王道"，是说他背着锅拿着砧板去见成汤王，凭借烹调之术重视调和与讲究滋味的特点，借机进言，劝说成汤王实行王道。

与伊尹生活年代相距1000多年的司马迁还记录了关于伊尹见成汤王的另一种说法："伊尹处士，汤使人聘迎之，五反然后肯往从汤，言素王及九主之事。汤举任以国政。"这是讲伊尹本是个有才德而不肯做官的隐士，成汤曾派人去聘迎他，前后去了五趟，他才答应前来归从。伊尹向成汤讲述了远古帝王及九个成功君主的所作所为。成汤王举用了他，委任他管理国政。他以伊水河为姓，尹是官名，据说相当于国相，伊尹从此得名。

《吕氏春秋·尊师》讲道："汤师小臣"，是讲成汤王以伊尹为师，创建了商王朝。伊尹是《史记》记载的我国历史上第一位以贤德著称的名相。他曾辅佐商朝开国之帝成汤灭夏，继而辅佐外丙、中壬、太甲、沃丁共五位帝王。史书记载伊尹不仅是名相，还是帝师。

司马迁在《史记》中尤其对伊尹辅佐太甲帝的始末作了浓墨重彩的描述。殷商第四代帝王太甲称王之初，国相伊尹写出《伊训》等著作三篇教育太甲帝施行德政。但是太甲暴虐、乱德，伊尹便将太甲流放到现在河南偃师县的"桐宫"闭门思过，自己代行国政，管理诸侯。后来，"帝太甲居桐宫三年，悔过自责，反善，于是伊尹乃迎帝太甲而授之政。帝太甲修德，诸侯咸归殷，百姓以宁。伊尹嘉之，乃作《太甲训》三篇，褒帝太甲，称太宗"，是讲太甲帝改过自新之后，伊尹又迎回并还政于商王，从此诸侯又服从于商王领导，百姓也过上安宁的日子，伊尹作文三篇表扬幼主，并尊他为太宗。

司马迁在《史记·殷本纪第三》中，在惜墨如金的竹简作书的年代，十六次提到伊尹，言简意赅地勾勒出我国3600多年前伊尹的贤明和帝师形象，历史上尊伊尹为"元圣"。

开美食文化之先河

伊尹还被尊称为"烹饪始祖"。

殷商是我国历史上以善于经商而著称的朝代，也是创建甲骨文、建立城邦、铸造青铜器，华夏进入文明发展的关键时期。在夏朝腐败而亡之后，如何治国理政、长治久安，始终是君臣共同探索事关兴亡的重大主题。

据《史记》记载，伊尹"以滋味说汤，致于王道"，比《史记》早约200年的《吕氏春秋》对此有更详尽的描述：商汤得贤才伊尹以后，以礼相待，奉为上宾。伊尹以厨技作比喻，劝导商王眼光高远，志向宏大，广纳贤才，修身以德，以仁义治天下。

伊尹"说汤以至味",是从如何得到美味开始的。一是要成为天子,使管理的疆土辽阔,物产丰富,才能得到广博繁盛的食材资源。二是谈到不仅食材要广,而且取料贵精,无论肉、鱼、菜、果、粮、水都要上乘精品,各取其美,美美与共。三是讲到厨师的最高技艺在于调和味道,善于掌握用水与火候,无论鱼和肉都有腥、臊、膻等异味,即使酸甜苦辣咸的各种调料,用料很小,也要讲究先后多少,各尽其功,扬长避短。四是讲到至味即美味,是有标准的,要掌握好度。要做到甜不过分,酸而有度,咸不损味,辣不浓烈,淡而不薄,肥而不腻。五是将厨师烹调美味引申至圣人治理天下:首先要重视自我的德才修养,同时也要遵循治国理政的"道"即规律去管理国家;既要处理好当前要务,又要有长远的志向和目标;无论政务大小,事必躬亲,但应全局在胸,抓好主要矛盾。做到这些,厨师就会做出美味,天子就会造就出太平盛世。

青年毛泽东在他的读书笔记《讲堂录》中曾写道"伊尹道德、学问、经济、事功俱全,可法",给伊尹很高的评价。

伊尹"说汤以至味"成为千古美谈,也和他的其他事功一起,造就了3000多年前我国的第一贤相和厨圣。中华美食之所以成为世界瑰宝,还在于它具有丰富的哲理和深邃的历史文化底蕴。

中国烹饪技艺选择了大自然中最广泛的食材,也选用了世界上最多的调味品种。这些食材与调味品皆有所长,又各有偏颇,通过厨师技艺对火候、水、调料及程序等的掌控和把握,烹制出五彩斑斓、绚丽多彩的人间美味。调和,是中国厨艺大师群体对世界美食独树一帜的贡献,也是中国文化独具一格的重要组成部分。

如今伊尹遗迹广布于河洛、豫东和鲁西南一带,后人在他曾经或可能活动过的地方建庙立祠,修墓竖碑,祭奠著文,用各种方式纪念和缅怀伊尹。历史经史子集多有文章传承他的主张和思想。

老子《道德经》提出,"治大国,若烹小鲜"。

孔子《论语》说道,"君子和而不同,小人同而不和"。

孔子、孟子皆主张以仁修德治天下。

先圣们把烹饪技术引申到修身、齐家、治国、平天下的大世界里,把协调、调和、和谐、和平、和睦组成的"和"文化运用到与人、与邻、与国交往的地球村中,和而不同甚至成为我们现在对外交往的重要主张和指导方针。

伊尹开美食文化的先河,他是我国历史上各有建树的厨艺大师队伍群体中的杰出代表。英雄与人民在共同创造着历史。他的思想在后世不断被衍进和发扬。于是,在中华美食走向世界的旅途中,在共建人类命运共同体的征途上,难忘伊尹。

资料来源:张志刚. 烹饪始祖伊尹:能烹小鲜能治大国[N]. 国际商报,2017-05-04(A02).

一、中华饮食文化的定义

（一）饮食、烹饪、文化

古人云："民以食为天。"饮食是人类生存和提高身体素质的首要物质基础，也是社会发展的前提。在野蛮时代，人类与其他动物一样，饮与食只是天然本能。但是，当人类开始用火熟食，进入文明时代，尤其是用陶器烹饪之时，人类的饮食便与动物有了本质的区别，成为自身智慧和技艺的创造，具有了文化属性。由此，人类饮食的历史成为人类适应自然、征服与改造自然以求得自身生存和发展的历史，而在这历史过程中便逐渐形成了人类的饮食文化。中华饮食文化是人类饮食文化的一部分，也是中国文化的一部分，源远流长，博大精深。

1. 饮食、烹饪的含义与关系

饮食从文字上理解，既可以指各种饮品和食物，也可以指吃什么、喝什么，以及怎么吃、怎么喝。纵观历史，人类饮食的发展大致经历了两个阶段，一是自然饮食阶段，二是调制饮食阶段。自然饮食阶段即"茹毛饮血"的原始饮食，调制饮食阶段则是指用火以后的烹饪饮食。烹饪早期的含义是用火熟食，《周易·鼎》言："以木巽火，亨饪也。"木指燃料，巽指风，亨同烹。此句的意思是：鼎下的燃料在风的作用下燃烧，使鼎内的食物原料发生变化，由生食变为熟食。随着社会进步，烹饪的内涵不断扩大，现在烹饪更多的是指人类为了满足生理需要和心理需要，把可食用原料用适当方法加工成为食用成品的活动。其成品以能提供营养、卫生、美感为基本特质。烹饪水平是人类文明的标志之一，饮食和烹饪密不可分，有了烹饪，饮食也才因此具有了文化属性。

2. 文化的含义及其与饮食、烹饪的关系

"文化"一词全世界的学者给它下了100多种定义。从字源上看，英文和法文的"文化"一词都是culture，其来源于拉丁文的cultura。而拉丁文的cultura有耕种、居住、练习、注意和敬神等多种含义。文化学的奠基者英国人类学家泰勒在《人类早期历史与文化发展之研究》指出："文化是一个复杂的总体，包括知识、艺术、宗教、神话、法律、风俗，以及其他社会现象。"美国社会学家丹尼尔·贝尔则在《后工业社会的来临》中认为："我想文化应定义为有知觉的人对人类面临的一些有关存在意识的根本问题所作的各种回答。"梁漱溟在《中国文化要义》中说："文化之本义，应在经济、政治，乃至一切无所不包。"由此可以看出，文化的含义从本质上讲是比较宽泛的。

当今中国，对于文化有两种较为普遍的定义。一是《辞海》中提出的："广义指人类社会的生存方式以及建立在此基础上的价值体系，是人类在社会历史发展过程中所创造的物质财富和精神财富的总和。从狭义来说，指社会的意识形态以及相适应的制度和组织机构"。二是《现代汉语词典》（第7版）中提出的："人类在社会历史发展过程中所创造的物质财富和精神财富的总和，特指精神财富，如文学、艺术、教育、科学等"。

饮食、烹饪都是人类创造的物质财富和精神财富之一，而且是人类生存和发展必不可少的，毫无疑问是人类文化的重要组成部分。近代学者梁启超设计的《中国文化史目录》列有28篇，几乎涉及中国人生活的全部内容，其中就包括独立的"饮食篇"。

（二）饮食文化与中华饮食文化的含义

1. 饮食文化的定义

"饮食文化"从字面上理解，就是关于饮食的文化。它是一个涉及自然科学、社会科学及哲学的宽泛的概念，是无比复杂的人类社会生活现象，几乎同人类文化的任何门类都有不同程度的关系。任何一个民族的文化在一定意义上讲都是一种饮食文化，全面了解一个民族的饮食文化，也就从某种意义上了解了那个民族的历史；反过来说，只有全面了解一个民族的历史，才可能全面了解那个民族的饮食文化。中国有句俗语叫作"一方水土养一方人"，换成时下西方流行的表述就是：You are what you eat，意思是指"你想了解某种文化吗？那么你就必须认识它的食物。"

饮食文化的含义有狭义和广义之分。狭义的饮食文化是与烹饪文化相对的。烹饪文化是指人们在长期的饮食品的生产加工过程中创造和积累的物质财富和精神财富的总和，是关于人类食物是什么、怎么做、为什么做的学问，涉及食物原料、烹饪工具、烹饪工艺等。与烹饪文化相对的狭义的饮食文化，则是指人们在长期的饮食品的消费过程中创造和积累的物质财富和精神财富的总和，是关于人类吃什么、怎么吃、为什么吃的学问，涉及饮食品种、饮食器具、饮食习俗、饮食服务等。简单地讲，烹饪文化是在生产加工饮食品的过程中产生的，是一种生产文化；而狭义的饮食文化是在消费饮食品的过程中产生的，是一种消费文化。但是，饮食的生产和消费是紧密相连的，没有烹饪生产，就没有饮食消费，烹饪和烹饪文化是饮食与饮食文化的前提，饮食文化是由烹饪文化派生而来的。因此，人们常常在习惯上将饮食品的生产和消费联系起来，用广义的饮食文化加以概括和阐述。也就是说，广义的饮食文化，包含烹饪文化和狭义的饮食文化的内容，是指人们在长期的饮食品的生产与消费实践过程中，所创造并积累的物质财富和精神财富的总和。

国内很多学者对饮食文化比较认同的定义是："饮食文化是指食物原料开发利用、食品制作和饮食消费过程中的技术、科学、艺术，以及以饮食为基础的习俗、传统、思想和哲学，即由人们食生产和食生活的方式、过程、功能等结构组合而成的全部食事的总和。"

人类的食事活动一般包括这样一些内容：

食生产：食物原料开发、生产；食品加工制作；食材与食品保鲜、安全贮藏；饮食器具制作；社会食生产管理与组织。

食生活：食材、食品获取；食材、食品流通；食品制作；食物消费；饮食社会活动与食事礼仪；社会食生活管理与组织。

食事象：人类食事或与之相关的各种行为、现象。

食思想：人们对饮食的认识、知识、观念、理论。

食惯制：习惯、风俗、传统等。

通俗地说，饮食文化是关于人类在什么条件下吃、吃什么、怎么吃、吃了以后怎么样等的学问。因而它便由食物原料、加工技术和制作工艺、保藏、保鲜、饮食商业和服务、加工工具、饮食器具，以及有关习俗、制度、心理、思想等，共同构成了其特定的学科领域。对上述领域的具体研究，便形成了原料学、烹饪工艺学、食疗保健学、饮食思想、饮食商业、餐饮楼馆建设与服务、饮食心理、公共关系、饮食风格、饮食典籍、食品生化、食品营养、储藏保鲜等科技文化、思想理论研究的具体学科。以上学科领域，都可以从历史的角度作分别和总体的研究，从而构成了饮食文化作为一门独立学科的体系。

2. 中华饮食文化的定义

所谓中华饮食文化，就是指中华民族在长期的饮食品的生产与消费实践过程中，所创造并积累的物质财富和精神财富的总和。中华饮食文化博大精深、源远流长，在世界上享有很高的声誉。

中国人逢年过节，亲友聚会，喜庆吊唁，送往迎来，乃至办一切有人参加的事情，不管是喜是悲，无论穷富贵贱，似乎都离不开吃。熟人之间见面打招呼，也总是问"吃了吗"。吃在中国，已不仅仅是吃本身，还包含了许多中国人认识事物、理解事物的哲理。小孩满周岁要"吃"抓周宴，古代女子满15岁行及笄礼，男子20岁行弱冠礼时要"吃"宴席，结婚时要"吃"婚宴，到了六十大寿，更要大肆地庆贺一番。这种"吃"，表面上看是一种生理满足，但实际上是通过吃表达了喜悦、感谢、分享等复杂的心理内涵及社交功能，已经超越了吃本身，有了更深刻的社会意义。

胡平在《精美情礼——中华饮食文化的基本内涵》一文中将中华饮食文化的内涵概括成"精、美、情、礼"，反映了饮食活动过程中饮食品质、审美情趣、情感活动、社会功能等所包含的独特文化意蕴，也反映了饮食文化与中华优秀传统文化的密切联系。

精是中华饮食文化的内在品质。孔子关于"食不厌精，脍不厌细"的理念可以称得上是中国最早关于精品饮食的主张。虽然，这在先秦时期可能只代表了某些贵族阶层。但是，这种精品意识作为一种文化精神，却随着时间的推移，越来越深地渗入整个饮食活动过程中。纵观历史，中华饮食从选料、烹调、器具乃至饮食环境，无一不体现着一个"精"字。

美体现了饮食文化的审美情趣。中华饮食之所以能居世界之首，最重要的一个原因就是中华饮食之美。这种美，不仅是视觉感知上看到的外在美，更是在进食之后，食物带给人的精神愉悦之感觉，即食物的味道之美。孙中山先生讲"辨味不精，则烹调之术不妙"，把对"味"的审美视作烹调的第一要义。《晏子对齐侯问》中说："和如羹焉，水火醯醢盐梅，以烹鱼肉，燀之以薪，宰夫和之，齐之以味。"讲的也是这个意思。美作为饮食文化的一个基本内涵，是中华饮食的魅力之所在，它贯穿在饮食活动过程的方方面面。

情是中华饮食文化的社会功能。吃吃喝喝，实际上是人与人之间情感交流的媒介，是一种社交活动。一边吃饭，一边聊天，可以交流信息、达成共识、增进了解。朋友聚散，迎来送往，人们都习惯于在饭桌上表达惜别或欢迎的心情，感情上的风波，人们也往往借酒菜平息。这是饮食活动对于社会心理的调节功能。过去的茶馆，大家坐下来喝茶、听书、摆龙门阵或者发泄对朝廷的不满，同时也是一种心理调整。中华饮食之所以具有"抒情"功能，是因为"饮德食和、万邦同乐"的哲学思想和由此而出现的中华民族特色饮食方式。

礼是指饮食活动的礼仪。中国自古以来就是礼仪之邦，食礼无所不在，源远流长。生老病死、迎来送往、祭神敬祖都是礼。《礼记·礼运》说："夫礼之初，始诸饮食。"礼指秩序和规范，吃饭时座席的方向、箸匙的排列、上菜的规格等处处体现着"礼"。"三礼"中多处提到祭祀中的酒和食物，《周礼》明职官，《仪礼》定礼节，《礼记》重人伦，食礼对了解周代乃至先秦的酒文化和饮食文化有着重要的意义。

精、美、情、礼，分别用不同方式解读了中华饮食文化的基本内涵，精与美侧重于饮食的形象和品质，而情与礼，则侧重于饮食的心态、习俗和社会功能，准确把握"精、美、情、礼"，对于更好地理解中华饮食文化，继而传承和弘扬中华饮食文化具有重要的意义。

二、中华饮食文化的内容

饮食文化的内容从不同的视角、用不同的方法有不同的分类，应该说所有与饮食有关的活动都是饮食文化的内容，包括饮食理论、饮食制作、饮食审美、饮食风俗、饮食流通以及饮食历史、风味流派、饮食特色、筵席文化、筷子文化、茶文化、酒文化等诸多方面的知识内容，涵盖饮食生产、饮食生活、饮食事项、饮食思想和饮食惯制的方方面面。本书主要从中华饮食文化发展历程、中华饮食文化思想、中华饮食礼仪、中华饮食习俗、中华少数民族食俗、中华饮食风味流派、中华饮食器具、中华饮食经籍典故、中华茶文化、中华酒文化、中华饮食文化走向世界11个专题内容进行阐述。

（一）中华饮食文化发展历程

中华饮食文化的历史发展按照炊具的使用划分，可分为无炊具烹饪时期、石烹时期、陶烹时期、青铜烹饪时期、铁质烹饪时期和光电烹饪时期等。按照中国历史发展时期划分，可分为史前时期、夏商周时期、秦汉时期、魏晋南北朝时期、隋唐时期、宋时期、元时期、明时期、清时期、民国时期和中华人民共和国成立后。本书将中华饮食文化的发展划分为生长期、成熟期、繁荣期和转型期四个时期。生长期讲述了史前及夏商周时期中华饮食文化特征。成熟期从烹饪原料扩充、能源和炊具更新、烹饪技艺提高、餐桌礼仪总结了秦汉魏晋南北朝时期的饮食文化。繁荣期从中华饮食文化的交流、技艺与工具的发展、餐饮市场和菜系形成等方面讲述了隋唐两宋元明清时期的饮食文化。转型期阐述了清末至民国初期的饮食文化。

（二）中华饮食文化思想

饮食文化思想包括人们对饮食的认识、知识、观念和理论，是指特定群体对待饮食的态度或看法。中华饮食文化是中华民族5000多年文明历史的重要组成部分，它反映了中华民族的生活方式、价值观念、审美情趣等，具有丰富的思想内涵，涵盖了中国传统上五谷为养、五果为助、五畜为益、五菜为充的养生观念，天人合一、社交文化、伦理道德的饮食理念，阴阳五行、四季有别、五味调和的饮食思想等方面。本书从四个方面对中华饮食文化思想展开叙述，分别是中华饮食文化医食同源、饮食养生、本味主张、天人相应的四大理论基础；甘美善、五味调和、十美风格的中华饮食文化审美情趣；宫廷层、贵族层、富家层、小康层、果腹层、墨家道家儒家等不同人群的饮食思想；当代社会外出就餐程度提高、家庭膳食显著改善、中国餐饮步入多元发展市场的饮食潮流。

（三）中华饮食礼仪

自古以来，中国就是"礼仪之邦""食礼之国"。懂礼、习礼、守礼、重礼的历史，源远流长。中华饮食礼仪是中华民族在饮食活动中应当遵循的社会规范与道德规范，作为"礼"的一个重要组成部分，食礼是饮膳宴筵方面的社会规范与典章制度，餐饮活动中的文明教养与交际准则，赴宴人和东道主的仪表、风度、神态、气质的生动体现。中华饮食礼仪诞生后，与其他的礼一起成为阶级社会贵族等级制度的社会规范及道德规范。但古代食礼中很多积极健康的内容，包括人与人之间的行为准则和筵席、餐饮上的礼尚往来等被广大劳动人民群众所接受，成为中华民族优秀的文化传统之一。

食礼的涵盖面很广，可按多种方法进行分类。如按时代划分、按民族划分、按阶层划分、按地域划分、按用途划分等，形式和内容丰富多彩。本书中华饮食礼仪从先秦社会食礼、专制社会食礼、近现代宴席礼仪和优秀食礼传承四个部分讲述了饮食礼仪、饮食礼制、饮食礼义、饮食礼俗、饮食礼貌、饮食礼节等方面的内容。

（四）中华饮食习俗

民俗是民间社会生活传承文化现象的总称，通过民众口头、行为、心理表现出来。饮食民俗指人们在筛选食物原料、加工、烹制和食用食物等食事活动中日积月累形成并传承不息的风俗习惯，也称饮食风俗、食俗。中华饮食习俗是指中华民族有关饮食的风俗习惯，与地缘、物产等自然条件、经济状况有着必然和不可分割的关系，反映了人们在审美情趣、宗教信仰等方面的文化观念和传统意识，是中华饮食文化的重要组成部分。包括：日常食俗、人生食俗、节庆食俗、宗教食俗等。

中华民族在长期的日常饮食中形成了诸多习俗，饮食结构科学合理，饮食种类丰富多彩。中国民众在跨越人生的每一个重要里程碑时逐渐形成了一系列饮食习俗，其中最大的人生礼包括寿、诞、婚、丧等，都形成了相应的食俗。中华传统节日是中华民族在几千年历史中形成的优秀传统文化，每个节日都有不同的饮食习俗，形成了中华民族独特的节日饮食风俗，其中包括与年节相适应的标志性节日饮食，比如大年三十吃饺子，元宵节吃汤圆，端午节吃粽子，中秋节吃月饼等。宗教食俗，是在原始宗教或现代宗教的制约下所形成的食禁、食性、食礼与食规，教徒心甘情愿虔诚奉行，善男信女自愿受其约束。

（五）中华少数民族食俗

俗话说，"十里不同风，百里不同俗"。中国是一个多民族国家，幅员辽阔，漫长的历史长河使中华民族大家庭不同民族演化出各具特色的民族食俗。各民族饮食习俗因地理环境、历史发展以及宗教信仰不同而有差异，使得中华民族饮食文化丰富多彩。除了汉族，中华少数民族食俗根据区域文化差异可划分为北方少数民族食俗、南方少数民族食俗、西北地区少数民族食俗、青藏地区少数民族食俗。本书从不同少数民族起源和发展、民族日常饮食、特色食品、饮食规格、酒规席礼、饮食掌故、用具器皿、饮食偏好和禁忌、节日食俗等分别介绍我国20个少数民族的饮食习俗。

（六）中华饮食风味流派

由于中国幅员辽阔，地大物博，各地气候物产、风俗习惯都存在着较大差异，从饮食习惯上，中国一直就有"南米北面"的说法，口味上有"南甜北咸东酸西辣"之分。在不同的历史时期各地的经济文化发展状况不同，经过长期的发展和积累，在饮食烹调和菜肴品类方面，逐渐形成了不同的地方风味。

大约在春秋战国时期，开始出现南北两大风味。到了唐代，经济文化的空前繁荣为饮食文化的发展奠定了坚实的基础。此外，唐代出现了高椅大桌，改变了中国几千年的分餐制进餐方式，出现了中国特有的共餐制，这极大地促进了我国烹饪事业的发展，到唐宋时期已基本形成了南食和北食两大风味派别。到了清代初期，鲁菜（包括京、津等北方地区的风味菜）、苏菜（包括江、浙、皖地区的风味菜）、粤菜（包括闽、台、粤、琼地区的风味菜）、川菜（包括湘、鄂、黔、滇地区的风味菜），已成为我国最有影响的地方菜，后称"四大菜系"。随着饮食业的进一步发展，有些地方菜越来越发展壮大并独成派系，到了清末，加入浙、闽、湘、徽地方菜而形成了"八大菜系"，并在中国得到了广泛的认可，以后再加菜系形成"十大菜系"之说，但人们还是习惯以"四大菜系"和"八大菜系"来代表我国种类众多的各地风味菜。

据统计，各地著名的风味菜有数千种，它们选料考究，制作精细，风味各异，讲究色、香、味、形、器的协调统一，琳琅满目的各地名菜使中国在世界上享有"烹饪王国"的美誉。这些名菜大都有它们各自的发展历史，不仅体现了精湛的传统技艺，还有优美动人的传说或典故，成为我国饮食文化的一个重要部分。从各省、自治区、直辖市特点来看，民间上也流传着饮食三字经：涮北京、包天津、甜上海、烫重庆、鲜广东、麻四川、辣湖南、美云南、酸贵州、酥西藏、荤青海、壮宁夏、醋山西、泡陕西、葱山东、拉甘肃、炖东北、稀河南、烙河北、罐江西、馊湖北、汆福建、爽江苏、浓浙江、香安徽、嫩广西、淡海南、烤新疆。

（七）中华饮食器具

中国的食器具有1万年左右的演进历史，留下了不计其数的饮食器具，展示了古代劳动人民的创新智慧和高超手艺，增加了中国饮食的迷人魅力。中国古代食器的发生、发展过程可分为石器时代、青铜器时代和铁器时代三个阶段。新石器时代发明了陶器，陶器的出现使饮食进入了"陶烹"时代。陶制饮食具种类很多，有陶灶、鼎、甑、釜、鬲、杯、缸、钵、罐等。陶器之后，古人使用铜来广泛制作饮食器，例如鼎、簋、豆、爵等。夏、商和西周是中国青铜文化高度发达的时期。除了铜器，漆器也早早应用广泛，最早渊源可上溯到新石器时代。漆器作为高档餐具，流行于楚、汉、魏、晋时期的上层统治阶级日常生活中，而以西汉为最，但是漆器后来也逐步衰落了。秦汉以来铁器的普及使用，是烹饪发展进入铁烹时代的标志。铁烹时代大致可分为秦汉至南北朝的铁烹早期、隋唐至南宋的铁烹中期、元明清时代的铁烹盛期和辛亥革命以后至今的现代铁烹时期。瓷器自出现之后便在饮食器中担纲主力，瓷器雅俗共赏，贫富皆宜。至于金、银、玉、牙、水晶、玛瑙等名贵材料制作的食器，通常式样新颖，制作奇巧，是食器中颇为考究的工艺品。

中国人自古崇尚以美器配美食、美酒，比如"紫驼之峰出翠釜，水精之盘行素鳞""金樽清酒斗十千，玉盘珍羞直万钱""葡萄美酒夜光杯"以及"玉碗盛来琥珀光"等，让饮食与美器巧妙搭配、交相辉映，既抚慰肠胃，又赏心悦目，达到食器皆美、两相谐和的完美境界。陶器之古朴，铜器之庄重，漆器之秀逸，瓷器之清雅，金银器之华丽，玉器之莹润，多种多样的食器融生活智慧与审美观念于一体，让筵席生辉，写就中国古代饮馔文明。中华饮食器具从新石器时代的陶器，到商周时期的青铜器，再到唐宋的瓷器和明清的金银器，其发展历程贯穿了整个中华文明史。透过这些锅壶杯盘，可以一窥古代版本"舌尖上的中国"。

（八）中华饮食经籍典故

中华传统美食或在历史文献中有记载，或在民间流传着美妙的传说。早期记载中华饮食文化的文献有《诗经》《周礼》《礼记》《楚辞》等，本书对西周至清代期间涉及饮食原材料、名菜名宴、饮食民俗、酒文化、茶文化、饮食养生、饮食哲理等关于饮食文化方面具有代表性的饮食经要进行了概述。同时，从食疗、菜品、烹调技法三个类别对部分重要典籍进行了较为详细的介绍。除历史文献资料外，历史上还有很多画作、文学著作、诗词都有关于饮食文化的描述，包括《韩熙载夜宴图》《清明上河图》《红楼梦》等，其中《红楼梦》中关于"吃"的章节占到大约30%的篇幅，写到"宴"的地方就有90多处。近现代文学作品中也有很多涉及饮食文化。

除有文献资料及文学作品记载外，还有许多饮食名人都对美食提出了独到的见解，留下了对美食的评品。孔子、袁枚、陆游、苏东坡、杜甫、张岱、金圣叹、李渔等，他们既是历史名人，也是美食家，精通美食创作和鉴赏，提出了饮食方面的主张。除名著、名人外，民间还流传大量关于名菜起源的野史以及厨神、灶神等传说，他们共同构成了中华饮食经籍典故的宝库。

（九）中华茶文化

中国是茶的故乡，也是茶文化的发源地。中华茶文化是中华民族制茶、饮茶的文化。中国人发现并利用茶的历史悠久，且长盛不衰，传遍全球。作为开门七件事（柴米油盐酱醋茶）之一，饮茶在古代中国非常普遍，直到现在，中国还有地方有以茶代礼的风俗。茶是中华民族的举国之饮，也是目前世界上最大众化、最受欢迎、最有益于身心健康的绿色饮料，发于神农，闻于鲁周公，兴于唐朝，盛于宋代，普及于明清之时。几千年来中国不但积累了大量关于茶叶种植、生产的物质文化，更积累了丰富的有关茶的精神文化，从而形成中国特有的茶文化。中华茶文化通过沏茶、赏茶、闻茶、饮茶、品茶等习惯与中华文化内涵和礼仪相结合，糅合佛、儒、道诸派思想，独成一体，具有鲜明中华文化特征和精神内涵，是中华优秀文化中的一朵奇葩。2022年，中国传统制茶技艺及其相关习俗被列入联合国教科文组织人类非物质文化遗产代表作名录。

中华茶文化发展经历了孕育时期、萌芽时期、发展时期、兴盛时期、鼎盛时期、沉寂时期，到现在的复兴时期，茶叶品类也从以前的单一发展到现在的繁多。唐代茶圣陆羽的《茶经》在历史上吹响了中华茶文化的号角，并传播到日本、东南亚等地，茶的精神也渗入宫廷和社会，深入中国的诗词、绘画、书法、医学，形成了大量优秀的茶典籍、茶文化作品，并形成了独具特色的民间茶俗。

（十）中华酒文化

酒是一种特殊的食品，形态多种多样，是人类生活中的主要饮料之一，其发展历程多与经济发展史、人类文化史同步。酒不仅是一种食物，而且具有精神文化价值，体现在社会政治生活、文学艺术乃至人生态度、审美情趣等诸多方面。中国是酒的故乡，中国制酒历史源远流长，品种繁多，名酒荟萃，享誉中外，酒文化在中华饮食文化中占据着重要地位，是中华民族饮食文化的一个重要组成部分。在漫长的历史发展中，中华民族酒文化已经渗透到人类社会生活中的各个领域，对人文生活、文学艺术、医疗卫生、工农业生产、政治经济各方面都产生了巨大影响和作用。

酒文化是指酒在生产、销售、消费过程中所产生的物质文化和精神文化的总称，包括酒的制法、品法、作用、历史等酒文化现象。酒文化既有酒自身的物质特征，也有品酒所形成的精神内涵，是制酒饮酒活动过程中形成的特定文化形态。作为一种特殊的文化形式，在中国历史长河中，不少文人学士写下了品评鉴赏美酒佳酿的著述，历代诗人都以饮酒为题材或借助于饮酒来表达自己的思想感情，留下了斗酒、写诗、作画、养生、宴会、饯行等与酒有关的佳作佳话。李白的"举杯邀明月，对影成三人"和辛弃疾的"醉里挑灯看剑，梦回吹角连营"等酒醉而成传世诗作的例子在中国诗史中俯拾皆是。酒作为一种特殊的文化载体，在人类交往中占有独特的地位。本书对酒史源流、酒类品名、文学与酒、饮酒艺术四方面展开对酒文化的阐述，展现了中华酒文化的独特魅力。

（十一）中华饮食文化走向世界

中华饮食文化是中华传统文化的重要组成部分，是最具代表性的中华文化元素。由于中西文化的差异，中华饮食文化与西方饮食文化在饮食观念、饮食性质、饮食方式、饮食对象等方面都表现出明显的差异。中华饮食追求味道，西方饮食注重营养；传统中国以素食为主要食物，西方游牧民族以动物为主要食材；中国人用筷子进食，吃饭一般用圆桌，西方人习惯使用刀叉，餐桌为方形。饮食文化的差异为中华饮食文化走向世界既带来了阻碍，也带来了机遇。中华民族与世界各民族的交流史，也是美食文化的交流史。汉代张骞出使西域，开创丝绸之路，是中外饮食文化首次大规模交流，随后中国通过贸易、弘法、贡使、传教士、外交等方式展开了与外域饮食文化的交流。晚清时期中国被迫对外开放，中华饮食文化与外国饮食开始相互渗透、相互交融，形成了丰富多彩的餐饮市场。到近代，华人移居海外，推动着中华美食走出去。

中华人民共和国成立以后，开设了多层次烹饪类专业及学校，中华饮食文化得到极大的传承与发展，同时涌现出了大量的饮食文化教材、专著、论文，中华饮食文化研究空前繁荣。随着经济全球化的全面展开，各国的饮食文化都开始广泛传播，中西餐都漂洋过海，实现异域生长。改革开放以来，中华美食及其情感、文化，传遍全球。在新时代，我们要讲好中华饮食文化故事，以高度的文化自觉和坚定的文化自信，共同担当起时代赋予的新使命，传播中华美食文化，助推中华文化向国际传播。

三、中华饮食文化的特点

中国是世界四大文明古国之一、世界三大美食王国之一，"民以食为天"的思想根深蒂固。中华民族创造出了光辉灿烂而又特色鲜明的中华饮食文化，其主要特点大致有以下五个方面。

（一）饮食历史悠久

纵观中华饮食文化发展史，从人类早期的用火熟食，到新石器时代的萌芽时期、夏商周的初步形成时期，秦汉到唐宋的繁荣发展时期，再到明清成熟定型，然后进入近现代创新转型时期。而在每个时期，中国的饮食不论是在物质上还是在精神上，尤其是在炊餐器具、食物原料烹饪技法、饮食成品、饮食著述等方面都有自己独特之处，并对世界饮食产生了一定影响。正如孙中山先生在《建国方略》中曾总结说："我中国近代文明进化，事事皆落人之后，惟饮食一道之进步，至今尚为文明各国所不及。中国所发明之食物，固大盛于欧美，而中国烹调法之精良，又非欧美所可并驾。"究其原因首先是"以足民食，以食为天"的观念深入人心。吃，在中国是头等大事，孔子早就说过"食色，性也"，因而在注重人性的中国文化中，食就被放在首位。历代政府都设有专门负责统治者饮食的官吏，周朝设有家宰，秦朝设有太官，汉朝设有尚食，隋朝设有祠部，唐朝设有膳部，宋朝设有光禄寺，元朝设有侍文院，明朝设有尚食局，清朝设有御膳房。对饮食的注重促使中国人在闲暇或原料丰富时，就想着变着花样丰富膳食；有灾难时，他们则又尝试开发各种可活命的野菜、野草，如明代朱橚的《救荒本草》一书就以此为目的，列举出414种可食用的野菜野草。因而，食物的品种不断增多，并给许多西方人造成错觉，认为中国人"敢吃"一切可食的东西，再加上中国烹调灵活，"食无定味，适口者珍"，有章法而无规则，从而使中国菜肴的名目万千，花色无穷。

（二）饮食结构科学

中国的饮食结构科学、内涵丰富，主要包括饮食思想、营养理念以及膳食结构。在饮食思想上，中国哲学讲究气与有无相生，在文化精神和思维模式上形成了天人合一、强调整体功能、注重模糊等特色，从而在饮食科学上形成了独特的观念，即天人相应的生态观念、食治养生的营养观念、主副搭配的膳食结构及五味调和的美食观念，强调饮食与自然的和谐统一、食用养生与审美欣赏的和谐统一，讲究饮食的色、香、味、形、器、养的协调之美，既满足人的生理需求，也满足人的心理需求。从这些饮食思想出发，中国人选择了"五谷为养，五果为助，五畜为益，五菜为充"的膳食结构，即以素食为主、肉食为辅。长期的历史实践和现今的营养科学都证明，这个结构是比较科学与合理的，是有益于人体健康的。虽然随着时间的推移和时代变革，它已有所改变，但仍然将长期存在下去，并且更加合理完善。

（三）制作技艺精湛

2000多年前，孔子就提出了"食不厌精，脍不厌细"。千百年来，在中国餐饮匠人的不懈努力下，中华饮食品无论是肴馔还是茶酒的制作，都表现出了精湛的技艺。以肴馔制作技艺为例，在原料使用上具有用料广博、物尽其用、一料多用等特点，讲究荤素搭配、性味搭配、时序搭配。刀工技艺在世界烹饪中更是独树一帜，具有工艺精湛、刀法多样的特点，常常是基本刀法与混合刀法并重，切割而成的原料形态多样，以丝、丁、片、条等小巧型为主，可满足快速成菜和造型美观等需要。在调味上具有精巧与多变的特点，十分重视加热过程中的调味，特别强调味型的丰富与层次。在制熟上具有用火精妙、烹法多样的特点，常用并且擅长以液体为传热介质的烹饪方法，如炒、爆、煮等。在菜肴的造型与美化方面，十分强调意境美。装盘讲究繁复、秀丽，常常刻意通过细致入微的拼摆、雕刻来装饰点缀肴馔，同时，非常重视美食与美名、美食与美器、美食与美境的搭配。

（四）饮食品种丰富

中国幅员辽阔，在悠久的饮食历史发展过程中，历朝历代的厨师们创造了数以万计的各色肴馔和饮品。在肴馔方面，许多菜点是在不同社会背景中孕育出来的。如果从肴馔的产生历史和饮食对象等角度进行梳理划分，可分为民间菜、宫廷菜、官府菜、寺观菜、民族菜、市肆菜等不同类别的菜；而如果从地域来看，由于自然条件、物产，人们的生活习惯、经济文化发展状况的不同，中国各地又形成了众多的地方风味流派，其中，最具代表性的有四个，即四川菜、山东菜、江苏菜、广东菜。这些著名的地方风味菜大都有各自独特的发展历史、精湛的烹饪技艺，甚至还有许多优美动人的传说或典故。而其他的地方风味流派，也有各自浓郁的地方特色和不同的烹饪艺术风格。在饮品方面，中国茶叶品类繁多，仅仅根据制作工艺的不同和品质上的差异，就分为绿茶、红茶、乌龙茶（即青茶）、白茶、黄茶和黑茶六大类，每类都有许多著名品种。中国的酒，按照日常生活习惯则分为白酒、黄酒、果酒、药酒和啤酒五大类，每一类中也有许多的著名品种。

（五）饮食习俗多样

饮食习俗，简称为食俗，是广大民众从古至今在饮食品的生产与消费过程中形成的行为传承和风尚。饮食习俗可以分为日常食俗、人生食俗、节庆食俗、宗教食俗等。中国地域辽阔，民族众多，因而拥有多姿多彩的饮食习俗。其中，在日常食俗方面，汉族的食品主要以素食为主、肉食为辅，饮品主要是茶和酒，而少数民族却各不相同。但是，在进餐方式上，无论汉族还是少数民族大多采用合餐制，即多人共食一菜或几道菜，具有团聚、共享多种菜品等优点；在人生食俗方面，中国各族人民的共同特点是以饮食成礼，祝愿健康长寿；在节庆食俗方面，汉族的节日基本上是源于岁时节令，以吃喝为主，祈求幸福，少数民族则有自己的节日及相应的食品；在宗教食俗方面，中国的佛教、道教、伊斯兰教等也都有相应的饮食禁忌。

四、中华饮食文化的功能

中国传统饮食在自然、经济、地理位置和思想文化的影响下不断发展，从远古时期的生食到当今的普遍熟食，从单一的饮食内容到多元的饮食环境，为中国社会的发展起到了不可估量的作用。以下主要从自然功能和社会功能分析中国饮食对社会发展起到的作用。

（一）自然功能

1. 解决温饱

中国有句俗话："人是铁，饭是钢，一顿不吃饿得慌!"一个人在没有食物的情况下能存活三天三夜，也就是救援的黄金72小时，没有了食物，就没有了能量，人就会慢慢地死去。明代医学家李时珍说："饮食者，人之命脉也"。饮食是维持人体生命活动的根本条件，对人体健康是至关重要的。"民以食为天"是众所公认的常理，"安谷则昌，绝谷则亡"，饮食活动在人类历史发展进程中起到了特别重要的作用。

"你吃了吗？"这是中国人见面时最常问候的一句话，这句话在西方人听来也许让他们感觉莫名其妙，但是在中国这句话却有着悠久的历史根源。纵观我国几千年的历史，在中华人民共和国成立以前，自然灾害多，百姓处于饥寒交迫的苦难之中，他们缺少属于自己的土地，任何突发情况都可能导致民不聊生，背井离乡。在这样多灾多难的生存状态下，每天能吃上一顿饱饭对于普通人来说就是很难得的事情了，见了面问候一句"你吃了吗？"，无疑是一句最贴心的关怀，这也说明无论是哪一个时期，任何一种饮食文化的第一要务就是要解决最基本的温饱问题。如今，中国发生了翻天覆地的变化，不仅彻底解决了国内人民的温饱问题，而且全面建成了小康社会，这是中国饮食对世界的最大贡献。

2. 汲取营养

饮食能提供滋养人的血气，人体摄入食物后，五谷之精气就充足，气血就旺盛，筋骨就强壮，精力就强健。人的身体之中，阴阳的运行，五行的相生，无不是由于饮食的作用。中国古老的膳食结构理论早在2000多年前就已经形成，并且系统地、精辟地阐述了平衡饮食与合理营养，以及对于防病治病、人体健康、养生益寿的重要作用。例如医学经典著作《黄帝内经·素问》："毒药攻邪，五谷为养，五果为助，五畜为益，五菜为充，气味合而服之，以补精益气。"这是最早关于膳食结构的记载，也是几千年来的择食原则。传统的膳食结构以谷物为主食，肉类、水果和蔬菜为辅食，坚持低脂、高蛋白、高膳食纤维饮食。"故谷不入，半日则气衰，一日则气少矣"告诉我们谷类乃人类维持机体运动的基础物质。几千年来，中国人民始终坚持平衡膳食观，合理搭配饮食。近年来，国内外越来越多的研究证实了中国传统膳食结构才是最科学的膳食结构。我国人民各种慢性非传染性疾病的发病率远低于西方发达国家，这与中国传统膳食结构密切相关。

元代宫廷太医忽思慧的《饮膳正要》说："夫上古圣人治未病不治已病，故重食轻货，盖有所取也"。现代医学也认为，饮食是维持人体生命活动的根本条件，对人身体健康至关重要。饮食得宜，可以摄取各种养分，延年益寿；饮食失当，又是致病折寿的原因。

3. 养生治病

人们饮食的根本目的在于使人气足、精充、神旺、健康长寿。中国传统饮食提倡"医食同源"说，即"药食同源"，指用中医理论知识和饮食文化相结合，使人们在解决温饱问题的基础上通过食物来调理身体、预防和治疗疾病。《黄帝内经太素》："空腹食之为食物，患者食之为药物"，《黄帝内经·灵枢·五味》："凡此五者，各有所宜。所言五色者，脾病者，宜食糙米饭、牛肉、枣、葵；心病者，宜食麦、羊肉、杏、薤；肾病者，宜食大豆黄卷、猪肉、栗、藿；肝病者，宜食麻、犬肉、李、韭；肺病者，宜食黄黍、鸡肉、桃、葱"。唐代名医孙思邈提出"夫为医者当须先洞晓病源，知其所犯，以食治之；食疗不愈，然后命药"。由此可知，"医食同源""寓医于食"的食疗观历史悠久。食疗用现在的解释就是用食物代替药物而使疾病得到治疗、使细胞恢复功能、使人体恢复健康，同时能激活细胞健康免疫基因，使细胞免疫活性增加，帮助功能低下的细胞恢复功能，以达到养生治病的目的，中国饮食的养生功能最佳体现的就是"药膳"的广泛使用。

食物，"用之充饥则谓之食，以其疗病则谓之药"。孙思邈提出了"治未病"的概念。对于如何摄入食物以保持健康这一问题，他强调保持与自然和谐，尤其要注意"太过"和"不足"所造成的伤害，也是现代营养理念所强调的均衡饮食。孙思邈还提出"食疗"的概念，在《备急千金要方》专设"食治"专篇，指出"食能排邪而安脏腑，悦神爽志，以资血气。若能用食平疴，释情遣疾者，可谓良工。"特别强调饮食在治疗中的作用，以及饮食与心理调节的相关性。

（二）社会功能

1. 团结和谐，增进情感交流

相对于西方国家长期的食肉习性，中国饮食结构具有偏素食的特性，这使得中国人民体现出亲近自然、于万事万物中追求和谐的性格。或许最初人们的食素生活是迫于客观环境的压力，但随着时间的推移，人们渐渐产生出了对各种动物的怜悯之情，对自然界中的一切都保持善意，并认识到了快乐健康生活的基础是人与自然的和谐相处。以和为贵、天人合一，这是中华各族人民，几千年来在生产与生活实践的基础上总结、概括出的思想精华，传统饮食文化的思想为我们构建社会主义和谐社会做出了重要贡献。

《礼记·乐记》："故酒食者，所以合欢也。"聚餐和宴饮往往是中国一切年节活动的最高潮。婚礼上，新人要喝"合卺酒"，以示夫妻二人从此合为一体，同甘共苦，永不分离。战国时晏子也说过："古之饮酒也，足以通气合好而已矣。故男不群乐以妨事，女不群乐以妨功。"酒还有一种神奇的力量，可以使陌生人缩短距离，使沉默寡言的人倾吐心声，彼此交流感情，增进了解和友谊。中国人在除夕、春节、元宵节要吃"团圆饭"，吃饺子、汤圆等，在大家共食、共同敬神、祭祖的过程中，家人团聚、互敬互爱、共叙天伦、增进感情。中华饮食文化小则可以陶冶身心，提高人生的性灵格调；大则可以团结人心、树立纲纪之效，清代康熙、乾隆就曾多次举行"千叟宴"。

中华饮食在全世界具有非常大的影响力，以至于中华饮食成为中国对外交流的重要手段。在很多外国人眼中，中华饮食是中华文明的直观符号，是中国与其他国家友好交流的桥梁纽带。它还可以激发消费者进一步了解和探究中华民族文化的兴趣，并将消费者引向滋养这些富有文化魅力的那一方水土那一方人，为中国旅游业的勃兴注入推动力和吸引力，使中国特有的迷人餐饮文化，助推地方特色物产和文化内涵消费的人流物流量，促进国家之间、城乡之间的互惠交流。

2. 朴素尚实，增强炎黄子孙的认同感

中华食品崇尚朴素自然，讲究原物、原味、原形、原质、原汤，形成了以自然食品为主的饮食特色。从饮食餐具来说，筷子是中华饮食文化在食具研制方面的代表，它构造简单、材质普通，但功能强大，适用于一切食物的食用。从构造到使用，筷子都体现出中国人民质朴尚实的性格，它的简单构造象征着人们内心朴实无华的品质，而它的普遍使用又体现了中华民族的智慧和注重实用的特色。

中华饮食制作过程讲究精于刀工、精心烹饪、精雕细刻并达到了精美绝伦的境地。孔子在《论语·乡党》中谈论了对饮食的看法，并列举了"八不食"："食不厌精，脍不厌细。食饐而餲，鱼馁而肉败，不食；色恶，不食；臭恶，不食；失饪，不食；不时，不食；割不正，不食；不得其酱，不食。肉虽多，不使胜食气；唯酒无量，不及乱。沽酒市脯，不食；不撤姜食，不多食。"孔子对合理饮食原则的坚持，也逐渐成为中华民族饮食的朴实要求。

中华饮食文化善于"知味、辨味、用味、造味"，并通过出味、入味、矫味、赋味、补味、提味使之相互融合、变化、和谐。因此说，味是中国饮食的灵魂和核心，中国饮食之所以有其独特的魅力，关键就在于它的味。而美味的产生，首先要做好食料搭配，要使食物的本味，加热以后的熟味，加上配料和辅料的味以及调料之味，交织融合在一起，使之互相补充，互助渗透。中国烹饪讲究的食料搭配，是中国烹饪艺术的精要之处。菜肴的形和色是外在的东西，而味却是内在的东西，重内在而不刻意修饰外表，重菜肴的味而不过分展露菜肴的形和色。这正是中华饮食观崇尚朴素自然的最重要的表现，也正是这种崇尚朴实的饮食理念，才使妈妈的味道、家乡的味道始终成为海内外炎黄子孙魂牵梦绕、挥之不去的乡愁的物化表现、直观符号。

3. 传承文明，规范人们行为维持社会秩序

讲礼仪，循礼法，崇礼教，重礼信，是中国人千年来的传统。中国最早、最广泛、最重要的礼，可以说就是食礼。由饮食活动引出食礼、酒礼、茶礼等相关礼仪。

首先，食礼引出等级人伦之礼。在中国古代饮食内容、礼仪、规模等方面都有严格的等级礼制，如周代天子食宴要有十二鼎，其他诸侯依次递减，到普通百姓时，连食肉都受到限制；在家庭内，父子不同席，并且家长的饮食内容要比晚辈丰盛一些。

其次，美食、美器的结合也要体现礼。从食器的质地、造型、使用，到各种宴会的规格、座次、食具的安排，均有明确而严格的规定，从而体现出森严的等级性和伦理规范。因而，中国人只要一进入饮食活动的氛围就开始别昭穆、分长幼，然后再以"长幼有序""尊卑有等"的原则，按规定秩序相互搛菜、敬酒。管仲很早就总结出"仓廪实而知礼节"，可见饮食是礼仪之源。所谓"百礼之会，非酒不行"，因而，中国有"无酒不成席"之说。酒以成礼，相应地饮酒必须符合礼。无论尊卑，一旦进入宴席，就要根据尊卑饮酒，并有晚辈为之敬献，从而达到酒宴之高潮。另外，饮茶也有茶礼，人们在倒茶、端茶、接茶、饮茶都有一套礼仪。如倒茶只能倒半杯、端茶和接茶都要双手、饮茶要品饮等。

总之，饮食礼仪可以理解为是一种内在的伦理精神，这种精神，始终贯穿在饮食活动过程中，从而构成中国饮食文明的逻辑起点。

延伸阅读

扫描二维码获取

思考研讨

1. 广义的饮食文化与狭义的饮食文化分别指什么？
2. 中华饮食文化的主要内容有哪些？
3. 中华饮食文化有哪些特点？
4. 通过调研社会饮食情况，谈谈饮食文化的功能有哪些。

第二讲　中华饮食文化发展历程

内容提要

1. 中华饮食文化的生长期：史前时期饮食文化、夏商周时期饮食文化。
2. 中华饮食文化的成熟期：烹饪原料扩充、能源和炊具更新、烹饪技艺提高、餐桌礼仪重视。
3. 中华饮食文化的繁荣期：饮食文化的交流、技艺与工具的发展、餐饮市场和菜系形成。
4. 中华饮食文化的转型期：清末时期饮食文化、民国时期饮食文化。

关键词

发展历程；生长期；成熟期；繁荣期；转型期。

案例导入

历史的味觉：食物背后的历史光影（节选）

在今天的餐桌上，通过一盘芹菜，我们可以解读到杜甫的沉郁、苏东坡的豁达。通过一个馒头或者一碗面条，就可以穿越历史的迷雾，感知大唐的风尘，体察大宋汴梁街头的风情。如果仔细倾听，仿佛还能听到当年武大郎沿街叫卖炊饼的声音。当然，在今天京城的酒楼里，我们可以吃到金陵古城鸭子凫水的气息，可以吃到曲阜孔家菜儒生的怯懦。在今天岭南客家人的餐桌上，可以吃到客家菜里中原曾经的马蹄声，也可以吃到一个王朝溃败逃逸之时的叹息。在今天四川街头的小馆里，依然可以吃到"湖广填四川"的余温。所以，我们今天吃到的食物，既是地理移植的布施，也是历史慈悲的馈赠。而今天的我们，也将会把这种布施和馈赠传递到更遥远的未来。不管是历史深处的人生，还是地理深处的人生，抑或未来的人生，我们都共同存活在食物为我们建构的世界里。

资料来源：白玮. 历史的味觉：食物背后的历史光影[M]. 北京：研究出版社，2022.

中华饮食文化是中华传统文化的重要组成部分，有着悠久漫长的发展历程，并在社会转变、社会组织、政治军事和经济发展过程中，扮演了重要角色。经先民开拓发展，经历了史前与夏商周的生长期，秦汉至南北朝的成熟期，隋唐至明清的繁荣期。20世纪以来，随着食品科技的发展，中华饮食文化处于不断更新的转型期。总之，它以独特的生命力守护着中华民族的繁荣和发展，同时通过其巨大的辐射力对周边国家乃至全世界的饮食文化产生深远的影响。智源于饮食，美源于饮食，礼源于饮食，因此其享有极高的国际声誉。

一、中华饮食文化的生长期

（一）史前时期的饮食文化特征

人类早期的历史主要集中在食物资源的开发。正是在这个过程中，人类形成了一定的社会结构，推动了社会不断发展，并创造了悠久的史前文化。

1. 采集渔猎和农耕畜牧并用

寻找食物是动物的本能，人类正是在寻找食物的漫长岁月中，逐渐脱离动物界而成为人的。先民并不挑食，原生食材虽多，但分布不均，食物是唯一的刚需。在史前时期，人们主要的食物资源包括野果、坚果、野菜、草药、小型动物（如兔子、鸟类、鼠类等）、大型野兽（如犀牛、野猪等）、鱼类、贝类、虾蟹等。

具体来说，新石器时代早期的人们主要通过采集植物和狩猎来获取食物，而新石器时代后期逐渐出现了一些先进的农业生产方式，即由火耕发展到锄耕。中华原始农业出现大约是距今万年前，粟、黍、稻成为主要的农作物，并种植了芥菜、葫芦等蔬菜品种。

新石器时代后期也开始有较为规模化的畜牧业和养殖业，包括养马、牛、羊、猪等家畜，捕捞鱼类、虾蟹等水生动物，并发掘和利用更多的种植、养殖等农业生产资源。我们知道，"家"字拆分开来，是象征屋顶的"宝盖头"加一个"豕"字。"豕"就是猪，屋子里有猪，才能成家。这反映出当时一个社会现象——猪是衡量财产的标志，是"大牛"刚需。

采集渔猎和农耕畜牧并用，极大地丰富了食物品种，这些食物资源在当时是人们主要的营养来源，从而奠定了中国人以粮食为主、蔬果和肉类为辅的饮食结构，也为后来的中华饮食文化打下了基础。

2. 火的发现与使用

在人类还没有完全进化之前，最初的饮食方式与一般动物没有多大的区别，那时人类不知烹饪为何物，只是生吞活剥，也就是史书上说的"茹毛饮血"。在《礼记·礼运》中记载"未有火化，食草木之实，鸟兽之肉，饮其血，茹其毛。"但这样的饮食生活方式对人类健康非常不利，因此当时人类的寿命很短暂，直到火的发现和使用，人类的饮食生活跨入了一个新的时期。

虽然火的现象，自然界早就存在了，例如火山爆发和打雷闪电的时候，树林里也会起火。但最初的人类却不知道如何利用火，反而非常害怕火。人们猜想，人类第一次尝试熟食可能是偶然产生的：森林在山火之后，不少鸟兽没来得及逃走而被烧死，饥肠辘辘的原始人尝到了烧过的肉比生肉更好吃，因此开始熟食。经过无数次的尝试和失败，人类才懂得如何利用自然火并控制火种，从而逐渐从生食向熟食过渡。这使得人类从动物中彻底分离出来并开始利用自然去征服自然，从而丰富了人类的食物，促进了肉体和大脑结构的进一步发展，人类也由此变得更加智慧，寿命变得更长。

我国先民用火熟食的传说源自燧人氏。《韩非子·五蠹》云："……有圣人作，钻燧取火以化腥臊，而民说之，使王天下，号之曰燧人氏。"他发明了人工取火技术，使得人类有了可以创造的温暖，结束了远古人类茹毛饮血的历史，开创了华夏文明的新纪元。在那个时代，足见火对生民的重要性，因此他被尊为燧皇，并被奉为"火祖"。

人类最早使用火的时间尚无定论，根据考古学家的发现，湖北宜昌的"长阳人"遗址中有用火的印记，表明在10万年前人类已经开始使用火了。此外，周口店"北京猿人"也发现了使用火的证据，推测人类在70万年前就开始使用火了。而在中国云南的"元谋人"遗址中，考古学家发现使用火的证据，可以追溯到170万年前。最新的考古发现，山西的"西侯度人"，距今243万年，发现了人类用火的证据。因此，我国是迄今为止世界上发现最早人类使用火的国家之一。火不仅带来了光明和温暖，更带来了人类的烹饪革命。

3. 史前时期主要的烹饪特点

（1）烹饪方法的出现　在我们祖先最初学会用火熟食的阶段，并没有炊具，也不懂什么叫蒸、煮、炒，只知道把猎物直接放在火上烤。火烹，是中国先民最早的烹饪方式，只有熏、炙、炮等烹饪方法。随后，石磨盘、石刀、石杵等工具的出现用来研磨和切割食物，进而有了石烹。石烹比火烹更进一步，有庶（煮）与燔两种方法。庶（煮）法是由裴李岗人发明的，在没有炊具的情况下能把食物煮熟。燔则是将食物原料置于烧热的石头上制熟。今天从一些少数民族的风俗习惯中，仍可以看到这些原始烹调的影子。

（2）陶器的发明　《太平御览》中写道："神农耕而作陶。"陶器的出现，是人类历史上一项划时代的发明创造，标志着人类发展史从此进入新石器时代，也为中国烹饪的诞生和发展奠定了物质基础。

陶器可以用于制作各种厨具和餐具，例如鼎、鬲、甑，使得食品的加工和烹调变得更加方便和高效，因此开始了煮、蒸、焖、炖、熬等烹饪技法。值得一提的是，蒸法为东方烹饪所特有的技法。蒸，是利用水蒸气传热使食物变熟的一种方法。蒸器是在煮器的基础上发展起来的。蒸器常见的有甑和甗两种。甑、甗的出现，使我国古代早期社会的烹饪方法基本完善，所以《古史考》中认为黄帝时有釜甑，饮食之道始备。食物蒸制方法借助蒸汽来熟化食物，达到了单独使用水或火均不能达到的效果，它的发明是人类饮食史上一个新的里程碑。此外，陶器还可以用于存储和运输食品，有助于改善人们的生活条件和饮食文化。

（3）调味品的发明和使用　先民们使用陶制炊具烹煮食物，通过长期实践逐渐发现了一些菜肴和肉类的混合烹煮方式可以产生美味口感。为了更好地控制食材的搭配和烹调，他们开始有意识地进行选择和使用,并创造出了原始的"调羹"。但这种调羹并没有添加任何调味料,只是用来搅拌食材,使其更加均匀地受热和烹调。随着时间的推移,人们逐渐掌握了各种调味料的使用方法,例如盐、酱油、醋等,从而丰富了烹饪的口味和风味。

人类最早追求添加的滋味,应当是咸味。人类从农耕时代到来之初,便开始寻找盐,以便添加到缺少盐的食物中。许多动物都有寻找盐的本领,人类最早可能是从动物那里学到了找盐的方法。传说在三峡地区有猎人跟随白鹿在大江边找到了盐泉,人们便开始了对井盐的开发。先民品尝海水、咸湖水、盐岩、盐土等,尝到了咸卤的滋味,并将自然生成的盐添加到食物中去,发现有些食物带有的咸味比本味要香,便逐渐用盐作调味品。

烹饪加上调味,人类食物才有了多样化的必要条件,烹饪也进入了有烹有调的时期。总体来说,中华史前时期的饮食文化具有多样性、适应性、实用性和区域性等特点。人们通过采集、狩猎、渔猎、农业生产等方式来获得食物,并不断探索和发掘食物的营养价值和药用价值,为后来中华饮食文化的形成和发展打下了基础。

(二)夏商周时期的饮食文化特征

夏代是我国历史上氏族部落联盟向国家过渡时期,社会生产力有了进一步的发展,而农业耕作使得人类居住更加稳定,也使得人们有更多的时间来对食物进行加工烹制,人类的烹饪使用面大幅地扩大,烹饪技术也有极大的提高。

1. 食材

农业的产生,使人类的食物资源获取得更加稳定,但食物并不十分丰富。中原的饮食基本比较固定。先民们尊崇"五"饮食结构,基本延续着《黄帝内经·素问》所构建的"五谷为养,五果为助,五畜为益,五菜为充"的饮食架构。

我国第一部农书《夏小正》,有种植麦、黍、菽和糜的记载。到了商汤时代,由于金属铜在生产上的运用,农业得到了一定程度的发展。到了周代,生产进一步发展,粮食的品种和产量均有增加。此外,周代还出现了大规模的水利工程和农田整理活动,为粮食生产提供了有利条件。根据《周礼》《仪礼》《诗经》等典籍记载,当时的谷物主要有黍、稷、菽、麦、稻、粟、麻等;蔬菜有瓜、瓠、葵、韭、芹、芥、藕、芋、蒲、莼、菌等;果品有桃、李、枣、榛、栗、枸、杏、梨、橘、柚、桑葚、山楂等;家禽家畜有马、牛、羊、犬、豕、鸡、鹅、骆驼等。除这些农副产品外,人们还通过狩猎和捕捞获得大量野生动植物资源,如熊、鹿、鹑、雉、鱼、虾、鳖、蟹、草、蒲、藻、藿等。

2. 烹饪方法和炊具

夏商周三代先民对食物的烹饪方法主要包括蒸、煮、烤、炮和炙等,主食主要是饭和粥,富裕一些的人还能够吃到烤肉、炙肉和煮肉。在这个时期,人们使用的炊具主要是一种叫作"鬲"的陶器。从殷墟出土的大量陶鬲碎片可以推测,每个鬲的容量只够一人一餐之用。因此,可推想那时人们进食是一人一鬲的分餐制。鬲中加米与水慢煮即成粥;如果米多水少比较黏稠则称为馔；如果不把米煮烂便捞出，用甑蒸热，就是饭，食用饭时要盛在簋中。剩下的煮米汤叫作"浆"，味道甘甜，营养丰富，是当时的重要饮料。通过蒸煮方法，饭米粒不会黏在一起，啜口而散，香甜可口，是贵族和奢侈者的常食，而普通人则以食粥为主。

根据炊具、食器和甲骨文字形的推测，夏商周时期人们的肉食加工方式主要是将大块的肉（可能是整只或禽块）煮熟后，用刀切成薄片，再蘸上酱料或其他调味品食用。在商王武丁夫人妇好墓中还发现了一种称作"汽柱甑形器"的陶器，类似于现代的汽锅，直径约为31厘米，内部有汽柱，可能被用来蒸制肉类食品。如果将肉切成小块再烤炙而食，则被称作"炙"（类似于现在的烤羊肉串），这也是当时的美食之一。史书记载，商纣王曾在宫中开设"九市，车行酒，马行炙"，可见在当时，各种肉类菜品已经非常丰富，并为统治者所喜爱。总体来说，夏商周时期的肉食加工方式可能不如现代那么精细多样，但也可以通过煮熟、切片、调味等方式制作出较为美味的肉类菜品。在当时，肉类食品也已经成为统治阶级和富人家中的食品之一。

三代以来，人们的制陶工艺不断发展与改进，已在造型技术和火候掌握两个方面取得了显著进步，更为金属铸造提供了条件。随着人们逐渐掌握了冶铜技术，开始使用铜制品代替早期的石制品和陶器。随着时间的推移，人们开始尝试将铜和其他金属进行混合冶炼，从而产生了青铜这种材料。青铜比陶制器具更为坚固、耐腐蚀，同时具有一定的韧性和延展性，非常适合用于制作工具、兵器和礼器等。青铜烹饪器具比陶制器具更为轻薄精巧，有耐磨损、抗氧化、传热快等优点，因此被广泛运用于烹饪领域，是烹饪史上由陶烹到金属烹的划时代变革之一。后母戊鼎，是中国青铜器文化中的一件珍贵文物，也是中国现存最早最重的大型青铜礼器之一。

到东周时期，我国先民已掌握脱蜡铸法，制作的青铜器具，居于当时世界青铜时代的前列。青铜器出土数量也是世界之冠，其中以饮食器具为主。烹煮器有鼎、敦、釜、甗等，切割器有刀、俎和案，取食器有匕、箸和勺等。在这些器具中，鼎是最为重要的一种，既可以用于烹煮食物，也可以用于祭祀活动。敦则是一种烹煮粥类食品的器具，它的造型简洁大方，非常适合用于日常生活。釜是一种大型的烹煮器具，通常用于烹煮肉类或其他大块的食材。甗则是一种盛装食品的器具，通常被用于宴会或礼仪场合。除了烹煮器具，切割器具也非常重要。刀是一种常用的切割工具，而俎则是一种用于切割肉类的器具，案是一种木制的底座，用于支撑俎，方便人们进行肉类的切割和分配。最后，取食器具也是不可或缺的。在东周时期，人们使用匕、箸和勺等各种工具来取食。随着时间的推移，箸逐渐成为中国餐桌上主要的取食工具之一。另外，值得一提的是一种用于冷藏的青铜器具"鉴"，也是东周时期的一种创新。在湖北随州曾侯乙墓中曾经出土过一件呈方形、高50余厘米的青铜鉴，它的纹饰精美，内外两层夹层可放冰以便冷藏食品。这种青铜鉴不仅是中国历史上最早的冷藏工具之一，也是世界上最早的冷藏器具之一。它的出现不仅为当时的人们提供了更加便捷、安全的食品储存方式，而且也进一步展示了我国古代青铜冶炼技术的高超水平。除了青铜器具，漆制食具也在三代之后大量制作和应用。漆制食具具有防潮、防腐、易清洗等优点，加上漆木的特殊质感和美观外观，因此备受人们喜爱。

3. 酒与醋

发酵业是中国古代食品制造业中的一项重要工艺，通过利用多种有益菌株进行发酵，为烹调和饮食增添了美味。尽管古人对发酵原理并不了解，但从长期实践中，他们学会了利用发酵生产出各种美味的食品和饮料，这也算是生物化学的萌芽。其中，最早的应该是利用酵母菌使糖类发酵来酿酒了。根据考古学的大量资料和有关文献分析证明，酿酒在我国可追溯到人类从采集、狩猎向农耕转变的时期。当时的人们发现将谷物泡在水中，并加上自然发酵后，便可以得到一种能够增强体力、防止疾病的饮料，这就是最早的酒。龙山文化和大汶口文化后期出土的许多酒器就是这一时期的物证。随着时间的推移，酒的制作逐渐进化和完善。到了三代时期，人们已经培养出能够定向酿酒的"曲蘖"，其中筛选出能酿甜酒的根霉菌制成的曲称为"小曲"，即甜酒曲。直到今天，它仍然是民间广泛使用的一种酿酒原料。当时人们刚刚进入了人类文明社会的门槛，生活仍然十分单调和枯燥。而酒以其甘美、醇香、富有刺激性的魅力给混沌初开的人们带来了欢乐。夏、商两代的统治者多数钟爱酒，酒已经成为宫廷贵族们重要的礼节之一，被用于祭祀神灵和招待贵客，并将酿酒作为一项产业迅速发展，以满足统治者和生活较富裕者对美食的需要。

酒醋同源，都是粮食发酵而来。在周代，就有"醯人"这一官职，而醯就是醋。据《周礼》记载，"醯人掌共五齐七菹，凡醯物。"所谓"五齐"是指中国古代酿酒过程五个阶段的发酵现象。所谓"菹"，就是腌菜和泡菜。

4. 周八珍与楚宫名食

先秦有很多代表性的菜品，其中最著名的要数"周八珍"了。八珍是最早的八种珍贵食物，也指八种珍贵食物的烹饪方法。《礼记·内则》中详细记载了周代八珍的用料和制法：淳熬（肉酱油浇饭）、淳毋（肉酱油浇黄米饭）、炮豚（煨、烤、炸、炖乳猪）、炮牂（煨、烤、炸、炖羔羊）、捣珍（烧牛、羊、鹿里脊）、渍珍（酒糖牛羊肉）、熬珍（类似五香牛肉干）和肝膋（网油烤狗肝）八道菜肴。这八道菜品味道鲜美、色香味俱佳，其烹制方法的传承，对于后来北方菜肴的发展产生了深远的影响。

周八珍是黄河流域中宫廷食馔的代表，而在东南地区则有另一种饮食文化。《楚辞》中的《招魂》和《大招》所载的食单，则是描写了当时吴楚贵族的南方美食。这份菜单告诉我们，当时楚国贵族的饮食非常讲究，口味包含酸、甘、苦、辛、咸五味俱全；食物类型也丰富多样，包括菜肴、点心和冷饮；同时运用了多种烹饪技术，如羹、炮、酸和煎等。随着国家的强盛和经济的繁荣，楚国的物产开始丰富起来，畜禽五谷、山珍野味均端上了人们的几案。由于烹饪器具的改进，可以采用锋利的刀将原料切得精细、均匀。咸、甜、酸、辛香等调料的普及可以使菜肴五味调和。厨师可以用煎、炒、蒸、煮、焖、烧、烤等多种烹调方法把肴馔做得丰富多彩。加上食物保藏法的改进，使人们可常年吃到较新鲜的食物。这一时期楚人的饮食生活已达到了较高的水平。这些反映了古代高超的烹饪技术和饮食文化的繁荣，不仅在北方黄河流域有着优秀的菜品代表，而且在南方地区也有别具特色的饮食文化。这些烹饪技术的传承和发展，为中国的饮食文化提供了丰富的资源和历史底蕴。

在春秋战国时期，百家争鸣的政治环境促进了各种学术的繁荣发展。先秦诸子或多或少地涉足饮食文化领域，并从饮食问题出发思考人生问题、社会问题，乃至政治问题。孔子非常关注人们的饮食习惯，提倡追求美味、精细的饮食，注重恰当的加工和烹饪，遵守饮食礼仪，不贪求过量，注重卫生和营养，倡导文明的饮食风尚。孟子主张君王应和人民一起享受生活的乐趣，只有在温饱的基础上才能建立和谐的社会关系，百姓才会文明而富于教养。而墨子的饮食观念则反映了小生产者朴素的愿望，即从实用的观点出发，强调饮食与身体健康的关系，反对追求美味和过度奢侈的饮食。这一时期也涌现了不少传奇色彩的名厨，例如被厨师们奉为厨行祖师爷的彭祖，还有辅佐商汤灭夏的历史上第一个名相伊尹，以及靠自己厨艺接近吴王僚并行刺成功的刺客专诸。但是因为先秦时期社会生产力很低，生产出的东西几乎全部消费掉，饮食文化才开始产生和初步发展，因此可以把这一时期称为"中华饮食文化生长期"。

二、中华饮食文化的成熟期

秦朝统一六国，建立了中国历史上第一个统一的中央集权的封建国家，到汉朝进入中国专制社会第一个高峰。随着时间的推移，中国经历魏晋南北朝的长时间分裂，到隋朝时才重新统一。这一时期烹饪原料不断扩充，能源和炊具不断更新，烹饪技艺不断提高，中华饮食文化不断发展和壮大，我们可以把这一时期称为"中华饮食文化成熟期"。

（一）食材

在专制社会初期，大兴水利和推广耕牛是农业丰收的重要条件。特别是水利工程，如秦国用十年开凿郑国渠，保证了关中平原的灌溉；李冰负责修建的都江堰，又使川西成了稳产高产田地；汉武帝时开凿了龙首渠也起到了重要作用。水利工程既可以肥润田地，又可以增加渔产。这一时期野菜由采集所得变为人工栽培，并开始规模化种植成为家蔬，满足了人们的饮食之需。温室栽培技术的出现则解决了蔬菜越季食用的问题。由于农业的发展，到了汉代，人口达到了6000万人。

这段时期人们的食物资源有了进一步的开拓，食品种类也更加丰富。丰富而翔实的考古资料，为了解当时人们的饮食生活提供了有力的依据。例如，在马王堆一号汉墓随葬的动物骨骼鉴定报告中，有兽类6种，分别是华南兔、家犬、猪、梅花鹿、黄牛、绵羊；有鸟类12种，分别是雁、鸳鸯、鸭、竹鸡、家鸡、环颈雉、鹤、斑鸠、火斑鸠、喜鹊、麻雀和鸮；鱼类6种，分别是鲤、鲫、刺鳊、银鲴、鳡和鳜。其中畜类中，牛羊各100头，牛居首位。

全国统一以后，岭南地区和天山南北的蔬菜和瓜果，则极大丰富了中国的饮食内容。汉代时期岭南地区就以荔枝、龙眼、香蕉、柑橘、柚子、甘蔗、椰子等水果而闻名全国。当时汉武帝破南越赵氏政权后，在长安建立了"扶荔宫"，试图大量移植岭南的奇花异木，其中包括荔枝、龙眼、柑橘、橄榄等多种果树。虽然由于气候和水土不适宜，这些移植并未成功，但这些岭南佳果成了历代特别珍贵的贡品。天山南北地区出产的西瓜、葡萄、石榴、蒲桃、苜蓿等水果和作物，也在这段时间通过开拓新疆地区向内地移植。张骞两次通西域后，带回了一些新品种如胡荽（芫荽）、紫葱（洋葱）等；同时还带回了一些优良品种如大蒜、蚕豆、核桃、芝麻等。西域的蔬果在黄土高原则大部分得以成功移植。通过不断地发掘和引入新品种，中国的蔬菜和水果种类得到了进一步丰富和多样化。考古发现南方汉墓出土的蔬菜和水果种类繁多，如长沙马王堆三号墓和广西贵港市罗泊湾一号墓，就出土了芋头、小豆、菱角、葫芦、黄瓜、枣子、香橙、橘子、柿子、梨子、梅子、杨梅、李子、橄榄、乌榄、仁面、木瓜、西瓜等多种蔬菜和水果，还有诸如花椒、桂皮、香茅草之类的调味品。这些蔬菜和水果的丰富多样性为中国饮食提供了更多的选择和变化，同时也反映出当时人们对于健康饮食的追求和对于自然的探索。

这个时期的主食发生了重大变化，出现了用麦子面粉制作的饼。在此之前，饭和粥是主要的主食，但是随着饼的出现，面食逐渐与粥饭平分秋色，成为北方主要的食品，而南方则仍然主要吃饭。在汉代，面食统称为"饼"，将调好味的面团压平后放在烤炉颈边烘烤酥脆的称为"烧饼"；放在平底锅上加油煎熟的则称为"烙饼"；用甑锅蒸熟的馒头或包子称为"蒸饼"；用水煮的面条或水饺则称为"汤饼"；而用米粉或面粉加糖和枣粟放在蒸锅里蒸成松软厚块的则称为"饵"，也就是面糕或水糕。相传馒头是三国时期蜀国武侯诸葛亮所创，当初的馒头都是带肉馅的，而且个头很大。在唐宋后，馒头成为太学生经常食用的点心，因为其中有馅，又被称为"包子"。

在先秦之前，烹饪和制作点心通常使用各种动物油。直到汉代时期，大豆油、芝麻油和菜籽油成为更常用的食用油。在汉代岭南地区，蔗糖业已经相当发达，蔗糖不仅是贡品，也是畅销商品。它不仅是人体能量的重要来源，同时也是调味和药材的重要原料。由于蜂蜜、蔗糖、麦芽糖、果仁、枣、栗、豆沙、姜、葱、芝麻、鸡蛋、奶油、猪油、植物油、面粉、糯米粉、籼米粉、黄米粉等原料的调配运用，以及炭炉、铁锅的出现，汉代糕点的品种有了飞跃的发展。

汉代已开始生产豆腐和其他豆制品。在豆腐发明之前，豆浆就已经是中国人喜食的饮料了，并且是煮粥和制酱的原料。而豆腐制造技术进一步开拓了利用大豆蛋白质的途径，不仅丰富了饮食内容，而且在植物蛋白的开发方面也是对全球健康饮食的重要贡献。之后，豆腐更是走出国门，传入朝鲜半岛和日本，成为国际性食品。

（二）能源与炊具

1. 能源新发展

南阳和巩义的汉代冶铁遗址中，发现了用于炼铁炉的多种燃料，包括木柴、原煤和煤饼等，这表明中国至少在西汉时期就已经开始使用煤作为燃料，而煤在汉代被称为"石炭"。在东汉时期，陕北一带还发现了天然流露的石油，可以引火燃烧，并被当地人用作燃料。在四川地区，人们利用地下储存的天然煤气从"火井"中提取来煮盐。由于技术水平的限制，石油和天然气长期只能在原地进行利用；而煤矿开采出来后，可运输到其他地方使用，逐渐在黄河流域和长江流域普及起来。

2. 炊具新发展

在炊具方面，铁制品的使用是一个新的突破。在此之前，陶釜传热速度较慢，而青铜制作的鼎壁太厚，传热略快。秦汉以后，随着炼铁技术的进步，铁器逐渐取代了铜器，包括釜、甑和鼎等炊具也出现了铁制品。铁制品相对更容易获得，比铜器更耐高温，这为煮、炖和爆炒这种高温操作的菜肴的出现与发展提供了新的条件。在刀具方面，铁制刀具比铜制刀具更耐磨损，易于保持锋利，这无疑有助于厨师改进其刀工技巧。

在炉灶方面，汉代进行了改革。战国之前，人们主要使用地灶和单火眼的陶灶。到汉代，多火眼的陶灶出现了，既省能源，又可以一炉多用，同时在同一时间内可以一边煮饭、一边炒菜、一边烧水，不仅节省时间，也方便烹饪。

在餐具方面，青瓷碗盘逐渐普及并取代了以前的粗陶和竹木餐具。贵族则更多地使用轻巧美观的漆器。漆器的颜色通常为黑、红或紫红色，图案纹饰则绚丽多彩，并有镶嵌金银边的。这表明中国人在餐饮文化中注重装饰和美感，对于不同社会阶层有着不同的餐具选择和偏好。通过使用不同的餐具，人们可以体现自身的身份和地位，同时也可以增强社交的氛围和仪式感。

（三）烹饪技艺

秦汉以后，厨膳劳动分工日趋周密精细，出现了割烹合作、炉案分工、红白案分工的新局面。这表明中国人在烹饪方面具有高度的组织协调能力和分工制度，通过分工合作实现了烹饪效率的极大提高。

在烹饪技艺方面，逐渐掌握了蒸、煮、炮、炙等技术，并开始使用熬、炸、涮等方法。特别是在蒸和炒的技艺方面有了迅速的提高。铁锅的出现引领了中华烹饪技术的革命，乏味已久的味蕾迎来了全新的精彩，先民迅速爱上这种炒出来的味道，各种炒菜百花齐放。在调味方面，除盐、酱、醋之外，还出现了酱清（即酱油）和豆豉。酒的品种和质量也得到了大幅增加和提升。

南北朝时期，人们开始有意识地在菜肴中使用色素，以使食品更加美观。当时使用的色素是天然的，如用栀子染黄、苏木染红等，这是前所未有的创举。这表明中国人在烹饪和美食文化方面不断进行创新和尝试，并在各个方面探索和发展新技术、新材料和新工具，为中华饮食文化的发展打下了坚实的基础。

（四）餐桌礼仪

秦汉时期的饮食等级仍然非常森严，饮食制度也是上下差异。一般人的饮食习惯是一日两餐，吃第一顿饭称"朝食"，时间大约将近午时；第二顿饭叫"铺食"，就是泡饭，把早饭投之于水，泡软了搭配腌菜当晚饭吃，时间大约是在酉时，即下午5点到7点。当然，这只是社会底层人民的食制，并不适用于统治阶级。统治阶级则享有更多的食物和更高级的烹饪技艺，通常是一日三餐或者一日四餐。

这一时期，仍然沿用分餐制，通常是大家坐在地上或铺上筵席一起进餐。互不干扰。筵与席都是由芦苇和竹篾编成，筵大席小，筵粗席细，筵铺于地面，席设在筵上。尊者和客人面前还有"几"，以为凭倚，食物则置于筵席之间。古人十分重视饮食时的气氛，只有处于欢乐之中，才能达到饮宴的目的，因此人们将娱乐与饮食结合起来，宴会上经常会有各种游戏和娱乐活动。其中，"投壶"是汉代较为兴盛的宴饮游戏之一。宴会主人设立这种游戏，既可以使来客多喝酒，表示自己的盛情，又能增添宴会的欢乐气氛。

秦汉时期，我国主要的节日已基本形成，如除夕、元旦、元宵、寒食、端午、七夕、重阳等。随着时间的推移，这些传统节日得到了新的发展，并增加了一些新的内容。例如在魏晋南北朝时期的登高、曲水流觞、高谈饮酒等。节日的饮食往往代表了当地的饮食水平和饮食特色，随着节日的来临，生活的常规被打破，人们总是竭尽智慧改进食品制作花样，丰富节日生活，给各种食品赋予了不同的含义和象征。这表明中国人重视传统节日和饮食文化，在不断地改进和创新中体现了自己对于生活的热爱和追求。

三、中华饮食文化的繁荣期

隋朝结束了长期的政治分裂局面，推动了社会的政治、文化发展进入一个新的历史阶段，在隋唐两宋至明清这一时期，社会生产力有了很大的发展，成为当时世界最先进的文明大国之一。商品经济的萌芽、城市经济的发展、市民文化的活跃繁荣、品种众多的外来食料对传统食生产、食生活的革命性影响，引发了中国社会饮食结构、风气的新变化。这也使得中华饮食文化逐渐走向繁荣，我们可以把这一时期称为"中华饮食文化繁荣期"。

（一）文化交流与食材范围的扩大

唐宋时期，农业生产工具得到了进一步的改进，尤其是曲辕犁的广泛使用，使翻耕整地的过程加快，质量提高，极大地提高了劳动生产的效率。小麦和水稻成为广泛种植的主要粮食作物，并开始采用麦稻两熟制。就水稻种植而言，品种不断增加，既有籼稻、粳稻，又有糯稻。到清朝雍正年间，耕地面积大幅超越明朝数量，加之对技术的改进，土地的开发，复种制度的实行，农田的精耕细作，使得江南、湖广、四川等地稻米产量和粮食总产量都比较高，早已有"湖广熟，天下足"的谚语。

高产作物的引进和广泛种植，为主食品种的多样化发展创造了条件，并由单一的饭品向多种食物搭配发展。李时珍《本草纲目》中记载的玉蜀黍，俗称玉米，原产于中美洲和南美洲，哥伦布发现新大陆后，最先传入欧洲、非洲，后由欧洲流入中国。大豆原产于我国，但豆类有些品种也是在这一时期从国外引进，例如绿豆于北宋期间从印度传入中国，蚕豆（又称佛豆）则是从西域传来，当时人们认为吃蚕豆入羹能避瘴气，故十分盛行。甘薯，别名红薯、番薯，明中叶从南洋传入我国，后来遍栽于我国各地。由于其适应性强，耐旱，管理简单，产量比一般粮食要高，食用方法多样，因此和玉米共同成为备荒抗灾的重要食品。

花生、向日葵也是哥伦布发现新大陆后传播至世界各地的。花生又名落花生，原产于美洲巴西，一般认为是在15世纪末到16世纪初由南洋群岛传入我国。初时人们把它看作芋类，当作水果来吃，后用以榨油。清代开始种植向日葵，最初仅知其籽可炒食，近世用以榨油。油菜东汉时引入国内，很长一段时间一直作为蔬菜食用，到明代才基本用其来榨油。油菜至今仍是长江中下游地区主要的油料作物。这一时期油料作物品种的变化，丰富了人们日常饮食制作的油类品种。

此外，辣椒、番茄、马铃薯和西葫芦等原产于美洲的蔬菜，也先后传入中国。辣椒原产于南美洲的秘鲁，15世纪传入欧洲，明朝传入中国，被称为番椒。辣椒最早的文献记载出现在浙江杭州，它在最初传入时只是作为花卉，汤显祖《牡丹亭》中有"辣椒花"，后来逐渐用作调味料，明末徐光启《农政全书》指出它的食用价值："色红鲜可爱，味甚辣。"直到康熙六十年（1721年）《思州府志》才出现最早的食用记载："海椒，俗名辣火，土苗用以代盐"。随后，在中国西部和南部广泛种植，并且培育出新品种，既作蔬菜也作调味料，尤其是川、滇、黔、湘更是大量使用辣椒，使当地烹饪发生了划时代的变化。

随着航海事业的发展，隋代已开始食用海味鱼肚。唐代捕获的海产鱼类很多，进入食谱的海产有：海蟹、海参、大虾、比目鱼、海蜇、玳瑁、乌贼、鱼唇、石花菜等。一些珍奇异味也比前期增多，比如石花菜、蝙蝠、蜂房、象鼻、蚁子、蜜唧（老鼠），也在一些地方选入筵席。到了清代，鱼翅燕窝已经是高档筵席上不可缺少的菜肴，据说是明初三保太监郑和下西洋携回。袁枚《随园食单》言及燕窝、鱼翅制法时，还郑重指出它的名贵。

此时，我国的畜禽饲养技术也有了快速的发展，集中体现在优良品种的繁育方面。比如在明清的长江下游地区培育出的著名鸡种，"九斤黄"和"狼山鸡"。九斤黄个体硕大，因其喙、足、毛皆为黄色，又称"三黄鸡"。江苏南通的狼山鸡是肉蛋两用型鸡，并于1872年传入欧美。鸭则有以生双黄蛋著称的高邮鸭。

（二）烹饪工具与工艺的进一步发展

炊具、燃料及引火技术等方面取得了长足的进步。煤从隋代开始应用于饮食烹饪，木炭也已成为当时主要的燃料。唐朝时，煤的使用已在全国范围内较为普及，不仅直接用于烹饪，还进一步加工后使用，如金刚炭、"黑太阳"都是合成炭，后者类似于当今的蜂窝煤。到了宋朝，煤已成为熟食不可缺少的燃料，有取代价格较贵的木炭之势。而正因为开始用炭，不仅烟火损害厨工健康的状况减轻了，同时避免了肴馔中由于吹火而产生的烟火味，而且火力旺盛持久，有利于进行高温操作和制作熬火工的菜肴。所以唐宋以来，文火焙制、焖制、炖制、烘制的佳肴多了起来。

长期以来，人们用"钻木取火"的方法，在灰烬中保留火种的方法，还有用阳燧的方法引火，即用凹凸镜面聚焦取火法。后世民间还有用火刀火石擦敲喷火星于纸煤儿上取火的。但到了五代时情况有了突破，出现了世界上最早的火柴，而且市场上已有此物出售，足见当时应用之广。火柴的发明权属于我国，至于后来用磷的"洋火"，则是在我国火柴的基础上改进与发展而来。

宋代炉灶又有了改进，出现了"镣炉"。此种镣炉，在小火炉外镶木架，可以自由移动，不用人力吹火，炉门拔风，燃烧充分，火力很旺，清洁无烟，安全防火，且节约时间、人力和燃料，又易于控制火候。外形美观大方，足登大雅之堂，所以庙堂廊宴，肆上行庖，均可以此作"行灶"。从上古的炮炙到石上燔谷是一大进步，从鼎鬲甑瓯到炉灶烹食，是又一进步，而此镣架风炉的出现，则是我国烹饪炊具的又一大改进。这种进步，促进了烹饪技术的进一步发展与提高。

烹饪技艺日趋成熟，人们对火候与调味的关系有了进一步的认识，并从理论上总结出了烹调技术的基本准则："温酒及炙肉用石炭、柴火、竹火、草火、麻黄火，气味不同，物无不堪吃，唯在火候，善均五味。"总的来看，唐宋时期中国的烹饪方式仍然以煎烤和蒸煮为主体，但这个时期烧、拌、熥、炒、淘、渍方法在饮食中都有运用，有一些是复合性烹饪方法，如苏轼《送笋芍药与公择二首》谈到"烧煮配香粳"，烧煮并用。苏轼在《猪肉颂》中写道："净洗铛，少着水，……火候足时他自美。"苏轼是一位重要的美食家，并常以贪吃的老饕自居。在宋代，羊肉被人们视为美味，而对猪肉不甚重视。苏轼因乌台诗案谪居黄州，生活十分困难。在艰难中他发明了煮制猪肉的方法，其特点为小火慢煮，使猪肉的美味充分溶解在汤中，汤中的调料之味也能有效地浸入肉中。最初苏轼只是自煮自吃，后来随着他宦游南北，遂把这种制法带到四方，提高了猪肉在宋代饮食中的地位。直到现在，江浙和湖北一带还有"东坡肉"这道菜肴，北方坛子肉的做法也与之类似。

在烹饪方式中炒的出现相对较晚，且对火候要求十分严格。炒菜的发明显示出中国菜肴的独特性，无论是平民日常佐餐下饭的用菜，还是贵族甚至宫廷菜谱上的名馔佳肴，大多是用"炒"或炒变形的烹饪方法烹制而成的。宋代已经有许多炒的菜品，如宋代《玉食批》中记载了煳炒田鸡、炒鹌子，但炒这种方式到元明时期才较多。现代烹饪中炒、爆、熘、煎、烩等方法，往往是一种相对快速而讲求口感的烹饪方式，其出现可能与中国传统餐饮就餐方式从几案分餐制到围桌共餐制、商业性餐饮大量出现有关。宋元之际正是中国从几案分餐制到围桌共餐制转变的过渡时期，几案分餐制往往是有分阶段进餐过程，随到随食，对时间要求并不高，但围桌共餐制往往要求一定时间内上齐菜品才能较好进餐。同时，宋元之际也是中国传统餐饮商业性服务大量出现的时期，商业性餐饮的大量出现，出于竞争关系也要求餐饮企业菜品的完成速度，因此快速的烹饪方式应运而生。炒、爆一类快速烹饪方式的大量出现正好是在元明时期，与北方游牧民族的生活习惯有关，即游牧民族流动性大的特征，对于快速烹饪的客观需求更明显；而以前中国南方地区更擅长于煨、炖等相对慢节奏的烹饪方式，这可能与农耕民族相对稳定缓慢的生活节奏有关。这种状况可能在清代以后才有所改变，即清以后就全国来说，小煎小炒之类快速烹饪的地位越来越高。

食品雕刻起源于春秋战国时的雕卵，到隋唐之时有了极大发展，用料范围不断扩大。唐朝韦巨源《烧尾宴食单》中就载有两款食雕菜点，一款是用酥酪雕刻的"玉露团"，另一款是在鸡蛋和油脂上雕刻后再加其他原料制作的"御黄王母饭"。到了宋朝，食品雕刻技艺更高，范围更广，成为筵席中的一种时尚。据周密《武林旧事》记载，南宋张俊宴请高宗的筵席上有"雕花蜜煎一行"，共12道菜，用料已扩大到梅子、竹笋、冬瓜、木瓜、金橘、蜜姜等蜜饯食品，造型有植物的花叶和动物形象，生动逼真。在清代，中秋赏月时，有的人家雕西瓜为莲瓣，在扬州出现"西瓜灯"，这些都是唐宋食品雕刻的进一步发展。

糕、团是用米粉制成的块状或团状食品，起源于先秦两汉时期，但款式多样，制作考究的糕团则出现在隋唐之后，例如紫龙糕、水晶龙凤糕等。在宋代以后，人们还有意识地往糕中加一些滋补药品，如宋代《山家清供》中的"洞庭饐"加了莲子粉。明代《易牙遗意》中的"五香糕"则加了人参、白术、茯苓、茴香、薄荷等，这些已接近于食疗食品了。

（三）餐饮市场和菜系的形成

隋、唐至明、清，是中国传统自然经济从全盛走向烂熟的时期，随着农业和手工业的发展，水陆交通的发达，邮传的频繁，内地和边疆贸易的进展，中外贸易的发达和信使往来，兴起了许多大的城市，例如隋唐的长安、洛阳，两宋的汴京（开封）、临安（杭州），元明清的北京，都是全国的政治、文化、经济中心，都有繁荣的市场。酒肆饭店也就随着市场的兴盛和驿道的发展而日趋发达。其中，饮茶风气的普及和精瓷食器的出现都使我国的饮食文化增添了许多韵味。唐代以后，从南到北，全国的饭店酒肆都备有茶茗，也有专门的茶肆，可以一边饮茶，一边看戏。到了宋代，市场十分繁荣，还出现了走街串巷的小食担，又开辟了夜市。饮食业把整个汴城的气氛都活跃起来，适应五方杂处的需要，出现了南食店、北食店、川食店和羊食店（清真店）、素食店等，各种各色的茶肆和小食摊档不计其数。元代和明清的北京城情况也是如此。

从唐代到宋代，城市的管理从封闭型转向开放型。宋代打破了坊市分隔的界限，住宅区和市区连成一气，又增加了夜市，打破了饮食供应的日夜界限，夜市开到深夜三四点钟，五点接着就是早市。值得一提的是宋代市面上出现了包办筵席的"四司六局"，其原本是官府贵胄后院饮食业务班子的职责分工，市面上出现这类专业服务商店，是适应市民大规模宴饮的需要，也反映了商品经济的发达。到了清代，满汉全席可说是集中国名菜佳肴之大成，是中华饮食文化遗产中的瑰宝，也对我国后来的烹饪产生了一定的影响。

从隋唐到明清，在中国专制社会全面发展，欣欣向荣的历史背景下，中华饮食文化进入了历史的繁荣期。食物原料和食品品种的丰富，食料与食品加工技术的进步，民族风格的绚丽多彩，地域风格的突出和典型流派的形成，中外饮食文化的交流，贵族与官场饮食文化的发展，市肆餐饮的兴旺进步，饮食文化成就的集结等，都是这一时期突出的时代特征。

四、中华饮食文化的转型期

（一）清末时期的饮食文化特征

清末至民国时期所涵盖的时代内容，大约是一个世纪的短促时间内中华民族饮食文化的时代形态与特征。尽管只有短暂的一个世纪，但却是中国社会饮食文化充满变数与变化的时期。一方面，由于清政府的彻底腐败所导致的内忧外患致使社会食生产和百姓食生活陷入极端困窘之中，"饿乡"成了当时西方世界眼中中国社会的代名词；另一方面，随着"西学东渐"的持续深入，西方食物原料、食品品种、饮食习惯和礼仪、食品生产工艺、饮食理论等西方饮食文化也开始传入中国并对中国社会传统饮食文化的生态与变革产生重大影响。中国社会饮食生活的两极分化更加深刻和尖锐，上层社会饮食生活的畸形繁荣和果腹阶层大众的三餐难继、饿殍遍野是这一时期突出的时代特征。

近代中国的开放及中外贸易的发展，使得一些城市凭借良好的地理位置迅速崛起，大量的国外海产品、牛肉、香料、洋酒、食糖等食品涌入，茶叶等特产也随之输出，从而丰富了民众的饮食结构，也为餐饮业的发展提供了新的原料来源。例如湖北汉口开埠后，大量东南亚海产品成批输入，使汉口一度成为南洋海味和川糖的贸易中心。湖北居民素以食用猪肉为主，牛羊肉相对较少，汉口开埠后，大量外商外侨涌入，牛肉为食品大宗。类似的城市还有湖南长沙、江西九江等，而东南一些海港城市更甚。

（二）民国时期的饮食文化特征

民国时期，西方国家相继在我国一些城市开设华洋饭店，西式食品和西餐受到越来越多人的喜爱。一些华人的饮食观念也逐渐发生了变化，喝牛奶、咖啡、白兰地酒，面包涂黄油也都开始流行。这些地方在保留传统饮食文化的基础上，又逐步吸收了西方饮食文化，中西合璧的饮食文化逐步形成。例如，这一时期香港厨师一方面保留中餐的传统特色，另一方面努力吸纳西餐之长，形成了一批具有中西融合的特色饮食，创制出新的中国名菜。武汉的西餐馆，旧称"番菜馆"，根据《汉口小志》记载，1913年位于汉口的大旅馆开设了一家名为"瑞海"的西餐厅，这是最早在当地经营西餐的事例。此后，一系列大型西餐厅如一江春、海天春、第一春、普海春、美的卡尔登等相继开业。到了20世纪30年代初期，中餐馆的经营日趋不景气，而西餐业务却依然兴盛。当时武汉地区拥有26家著名的大型和中型西餐馆，以及一大批备受欢迎的西餐小吃店。1938年，在武汉沦陷前夕，有些西餐馆停业，有些则西迁到重庆。抗战胜利后，申请复业的西餐馆才重新回到了汉口。武汉的大型西餐馆由中国人经营，多数厨师是从洋行做起的帮厨，服务员也是中国人。这些西餐馆的装修和餐具都具有西式风格，主要提供公司菜（即套餐或单份菜），同时也提供点菜服务。这些西餐馆在下午和晚上生意较为红火，有些还提供送餐上门的服务。外国人开设的西餐馆则多数位于租界内，主要面向外籍船员和侨民，提供的菜肴则以俄式为主。外籍人士的俱乐部也提供西餐服务，例如英国波罗馆等，它们采用进口原料，风味更加地道。

中国近代食品工业则是以粮食加工业为开端，后向其他行业扩散，其中值得注意的是民族资本家吴蕴初、冼炳成、邱寿安等。上海嘉定人士吴蕴初，受日本"味之素"的启发，利用自己所掌握的化学知识，自行研究制得谷氨酸钠，创办了民族味精工业。上海冠生园是广东商人冼炳成（字冠生）创办，以生产传统糖果糕点为主的手工作坊，依靠诚信经营和广告宣传，迅速闻名全国。涪陵榨菜是1898年涪陵商人邱寿安将涪陵青菜头"风干脱水"加盐腌制而成，送一坛给在宜昌开"荣生昌"酱园店的弟弟邱汉章，引来客商争相订货，后专设作坊，扩大生产，名闻全国，行销省外。

正如同人类文化不能停留在一个历史阶段一样，饮食文化也要不断地向前发展。在人们的物质和精神生活日趋丰富多彩、科学文化飞跃发展的新时代，中华饮食文化的发展，同样也步入了一个光辉灿烂的历史新阶段，这是毋庸置疑的历史趋势。

中华的饮食文化史近乎半数内容都是由外来物种和工艺书写而成的。中华饮食烹饪的发展，从来就不是故步自封，它的发展进化，一直伴随着外来食材、工艺的融入，伴随着学习和交流。中华先民从不排斥对外交流，以包容一切的胸怀成就了包容一切的胃口。今天，中国人重新用兼收并蓄、求同存异的态度向全世界敞开怀抱，这就是大国底气、大国胸襟。

延伸阅读

扫描二维码获取

思考研讨

1. 中华饮食文化大致分哪几个时期？
2. 春秋战国时期北方黄河流域有着优秀的菜品代表是什么？
3. 中华饮食文化转型期有哪些特点？
4. 辣椒是从海外传入，为何却在内陆地区兴起？

第三讲　中华饮食文化思想

内容提要

1. 医食同源、饮食养生、本味主张、天人相应是中华饮食文化的四大理论基础。
2. 甘美善、五味调和、十美风格等中华饮食文化的审美情趣。
3. 宫廷层、贵族层、富家层、小康层、果腹层、墨家道家儒家等不同人群的饮食思想。
4. 当代社会外出就餐程度提高、家庭膳食显著改善、中国餐饮步入多元发展市场等饮食潮流。

关键词

理论基础；审美情趣；不同人群饮食思想；饮食潮流。

案例导入

中华民族饮食文化历史发展的基础理论（节选）

如同千人千面、心情各异一样，一个民族的文化也有自己的个性；各个民族的食文化彼此间也有许多差异，表象的差异和思想心理的深层差异。当我们对中华民族食文化的发展作了系统的历史考察，尤其是对中外文化的历史发展作了一番比较之后，我们发现几乎没有哪个民族能像中国人的祖先那样，在自己的饮食生活中倾注了如此多的注意力，有如此深刻的理解、如此辉煌独特的创造。也就是说，中华民族的历史文化，有更为鲜明和典型的"饮食色彩"。中华民族文化的这种"饮食色彩"不仅表现在餐桌上，而且表现在中国人食生活的全部过程之中，更表现在他们对自己食生活、食文化的深刻思考与积极创造、孜孜探索中。任何民族文化，最终决定于哲学；哲学的深厚土壤乃在于该民族一定历史阶段的社会生产方式、生活方式以及文化和文明发展的水准与特征。因此，饮食生活作为基本的社会生活内容，饮食文化作为主要的文化门类，也就无疑是哲学的肥沃土壤。而哲学的决定性作用，在施加于民族文化的同时，也对该民族饮食生活的风格、饮食文化的特质及思想产生了不可低估的深远影响。中国饮食文化的辉煌发展，主要得益于饮食思想的肇基久远和内蕴丰富。

资料来源：赵荣光. 中国饮食文化史［M］. 上海：上海人民出版社，2014.

一、饮食文化的理论基础

（一）医食同源

医食同源起源于中国古代对植物食效和疗效的认识。中华传统文化中，食物与医药，二者相互参效、启发、补益，相得益彰，有以食当药，以药当食，食药合一的理论或传统。

医食同源的思想观念，使中国形成了独有的食疗传统和制度，也深深影响着中华饮食文化的发展过程。中国古代医学就源于饮食，神话传说中神农氏不仅是教民稼穑以获食源的谷神，而且还是医药的发明者。中国独特的饮食传统与制度的生成，与医食同源的观念有直接关系。《淮南子》一书关于神农"尝百草之滋味，水泉之甘苦，令民知所辟就。当此之时，一日而遇七十毒"的表述，正反映了医食同源。

就医食同源的传统来说，有三方面的事实显得特别突出。

一是从理论体系上看，历史上的药书几乎同时又是食书，如《黄帝内经》《本草纲目》《备急千金要方》《饮膳正要》等。历代编著的正史在介绍各种图书时，总是把食书列入医书之内。《黄帝内经》是我国最古老的一部中医文献，我们的祖先早就认识到饮食营养的合理调剂是人们健康长寿的重要因素，因而提出了"医食同源"的学说。《黄帝内经·素问》中提出的"五谷为养，五果为助，五畜为益，五菜为充，气味和而服之，以补精益气"的论述，既是医学方面不可忽视的至理名言，也是指导人们饮食的重要原则。中华民族的食草性是医食同源的直接原因。

二是从从业特点上看，医家多是懂饮食烹饪的行家，常根据患者的病情处以食方疗疾。如孙思邈写出的《备急千金要方》，该书第二十六卷列有《食治》，是我国历史上现存最早的饮食疗疾的专篇。孙思邈主张："为医者，当须先洞晓病源，知其所犯，以食治之，食疗不愈，然后命药。"富有启发意义的是，孙思邈不仅是个著名的食医理论家，而且是一个成功的实践家，享年逾百岁。孙思邈之后，他的学生、医学家孟诜，用自己的《食疗本草》一书，把食医的理论和实践又推向了新的历史高度。孟诜的享寿虽未及其师，却也活到了93岁的高龄。他认为，良药莫过于合理地进食，尤其是老年人，不耐刚烈之药，食疗最为适宜。《食疗本草》是食医的长久实践和理论的结晶，"食饮必稽于本草"，已成为历史上尊荣富贵之门和饮食养生家们的饮食原则。

三是从古代的组织制度上来看，"食医"成为周朝的一种制度，王宫里设置了专门的管理研究机构，有专司其职的"食医"，职掌管王廷饮食，负责调配王室贵族滋味、营养等，相当于现代的营养师。

医家用食方治病，烹饪师按照食物原料的功能性味制菜，这与许多食物原料自身具有药用价值有很大关系，历代宫廷也从制度上将管理医和食的机构放在一起，使医和食共同为祛病延年、养生健身服务。

医食同源的传统和制度，从现代医学和营养学角度来看，实际上就是将医疗和食养紧密地结合起来。我国当代预防医学、康复医学的治疗原理和治疗手段，其渊源应来自我国古代医食同源的理论。

（二）饮食养生

饮食养生指根据人的不同体质、年龄、性别以及气候、地理等环境因素的差异，选择适宜的饮食以调节人体脏腑功能，滋养气血津液，强身健体，预防疾病的养生保健方法。世界各地区、各民族的饮食，都有吃什么、怎么吃的问题。选择什么样的食物结构，以达到养生健身的基本需要，既要避免营养不足，又要防止营养过剩。如大多数发展中国家膳食结构以植物性食物为主。又如我国东南沿海地区，气候温暖潮湿，人们易感湿热，宜食清淡除湿的食物。

据《周礼》记载，历代宫廷负责餐食的官如庖人，都是在食官之长膳夫的统领之下，与疾医、疡医、兽医并职。食医的职务是"掌和王之六食、六饮、六膳、百羞、百酱、八珍之齐"，即掌管搭配主食、配食、确定餐饭的食谱。这表明，由医生来掌管食谱，吃饭不仅是为了饱腹，更重要的还要能养身治病；吃药虽不能马上解饿，但在养身治病上，作用与吃饭相同。所以，定食谱与开药方均要由医生负责。《诗经》有"可以疗饥"的句子，可见古人认为饥饿也是一种病，吃饭可以治疗。

一般认为调味是为了可口、解馋。但是从养生与保健医学的角度来看，调味的目的主要是使食品符合人的健康要求。在烹饪工艺中，中华饮食也渗透着养生思想。中国烹饪擅长使用浆、粉、芡、糊，不仅为了赋予菜肴以滋润腴滑或酥脆等口感，而且为了饮食养生。烹饪中有高温之时，如煎炸，油温达200～300℃，动物蛋白在此温度极易焦煳，不利健康。中国烹饪采取两点防范措施：一是控制油温在六至八成；二是给原料以保护层，即抓浆、拍粉、挂糊，缓解了高温对原料的不利作用。再如，中国烹饪盛行炒的技法，食物营养在较高温急火保存得更好。中国烹调素以"色、香、味、形、养"著称，中医饮食保健理论是中国饮食理论的重要组成部分，随着饮食文化的发展与繁荣，食疗之术和养生之道，从理论到实践，越发丰富和完善。

（三）本味主张

注重原料的天然味性，讲求食物的隽美之味，是中华民族饮食文化很早就明确、并不断丰富发展的一个原则。先秦典籍对此已有许多记录，战国末期《吕氏春秋·本味》，集中地论述了"味"的道理。该篇从治术的角度和哲学的高度对味的根本、食物原料自然之味、调味品的相互作用变化、水火对味的影响等均作了精细的论辩阐发，体现了人们对协调与调和隽美味性的追求与认识水平。唐"五世长者知饮食"，既表明烹调技术的历史发展已经超越了汉魏及其以前的粗加工阶段，进入"烹""调"并重阶段，也表明人们对味和整个饮食生活有了更高的认识和追求。明清时期美食家辈出，他们对味的追求也到了历史的更高水平，主张食物兼有"可口"与"益人"两种性能方为上品。清代的美食家、烹饪理论家袁枚更进一步认为，"求香不可用香料""一物有一物之味，不可混而同之""一碗各成一味""各有本味，自成一家"。

数千年中华饮食文化的发展，中国人对食物隽美之味永不满足的追求，中国上流社会宴筵上味的无穷变化，美食家和事厨者精益求精的探索，终于创造了中国历史上饮食文化"味"的独到成就，形成了中国饮食历史文明的又一突出特色，以至于外国人惊呼：中国人不是在吃食物，而是在"吃味"。

（四）天人相应

天人相应的生态观念，是指人取自然界的食物原料烹制肴馔来维持生命、营养身体，必须适应自然、适应环境，在宏观上加以控制，保持阴阳平衡，使人与自然相适应。它具体表现在食物的选择上，是从天人合一出发，把人的生存与健康放在自然环境中去认识和研究，认为人的生命过程是人体与自然界的物质交换过程，人体的健康状况与所处的自然环境密切相关，不同气候、不同季节、不同地域对人体会产生不同的作用，进而影响人体对饮食的需要，强调人的饮食选择不仅要满足人体自身的需要，还必须满足人体因自然、环境因素而产生的需要，适应自然、适应环境，做到四季不同食、四方不同食。

以四季为例，《礼记·内则》言："凡和，春多酸，夏多苦，秋多辛，冬多咸，调以滑甘。"并在这个总的原则下提出了四时兼和之宜与四时调和饮食之法，如"脍，春用葱，秋用芥。豚，春用韭，秋用蓼"，即在制作鱼脍和猪肉时，由于春天和秋天的不同，所选用的调辅料不一样。元朝忽思慧在《饮膳正要》中阐述了主食的选择应根据四季的不同而有所变化，列出"四时所宜"，即春气温，宜食麦；夏气热，宜食菽；秋气燥，宜食麻；冬气寒，宜食黍。清朝袁枚《随园食单》说："冬宜食牛羊，移之于夏，非其时也。夏宜食干腊，移之于冬，非其时也。辅佐之物，夏宜用芥末，冬宜用胡椒。"从古至今，中国的餐饮业和家庭烹饪大多讲究"时令菜"，根据不同的季节选择不同的食物原料进行烹饪、食用，这不仅因为原料的出产和质量等因时不同而不同，而且人对食物的需要也因时不同而有差异，人对食物的选择必须适应人体在四时的不同需要。

以四方为例，《黄帝内经》指出，由于地域不同，其地理环境、气候不同，人们选择不同的食物，有不同的饮食嗜好："故东方之域，天地之所始生也。鱼盐之地，海滨傍水，其民食鱼而嗜咸，皆安其处，美其食。""西方者，金玉之域，沙石之处，天地之所收引也。……其民华食而脂肥，……""北方者，天地所闭藏之域也。其地高陵居，风寒冰冽，其民乐野处而乳食，……""中央者，其地平以湿，天地所以生万物也众。其民食杂而不劳，……"晋朝张华《博物志》记载了不同地域的人对食物的不同选择和爱好："东南之人食水产，西北之人食陆畜。食水产者，龟蛤螺蚌以为珍味，不觉其腥臊也。食陆畜者，狸兔鼠雀以为珍味，不觉其膻也。"除了食物原料的选择上，人们对口味的选择也常常因为地域不同而不同。清朝钱泳《履园丛话》言："同一菜也，而口味各有不同。如北方人嗜浓厚，南方人嗜清淡。"仅以四川而言，地处内陆，气候温暖，河流较多，出产丰富的家禽家畜蔬果河鲜，所以主要选择它们作为常用的食物原料；而由于四川地形为盆地，多雨潮湿，人们便习惯选择具有除湿作用的辣椒、花椒为常用调味料，拥有"好辛香"的调味传统。

二、饮食文化的审美情趣

清代袁枚认为"学问之道，先知而后行，饮食亦然。"只有掌握了必要的经验和知识之后才能制出一道好菜，只有具备了相当的美学修养才可能创造相应的美食生活。中国古代食文化的辉煌发展，正是历史上无数饮食理论家、美食家、美食制作者以及无数美食活动的积极介入者在漫长的民族食生活史上对"美"的不懈追求、孜孜探索的结果，是他们在美食实践中创造了自己民族的独特审美理论，更是他们在这种理论的指导下把自己的食生活、食文化推上了辉煌的历史高度。

（一）甘、美、善

1. 甘

"甘"字的象形是非常生动、准确的。"甘"之美味，经人的咀嚼之后，引起人们触觉、味觉及心理的惬意感、舒服感。此意象又可见于西安半坡遗址出土的人面鱼纹彩陶盆的绘饰。该图从人类食生产、食生活的历史演进直观上看，理解为一人口含二鱼，脸带微笑，似乎正陶醉在这鱼的惬意感觉——"甘"状态之中。

最让婴幼儿感兴趣和令其陶醉的，无过于美好的食物。观察婴幼儿的进食过程，让人不能不感动，父母自然会欣慰和陶醉。他们的舌头会怡然自得地不时伸缩吮动，甲骨文的"甘"字，恰是很传神的象形。最能吸引婴儿的则是甜味食品，最能感染旁观者的也是婴儿对甜味食品的陶醉表情。嗜甜，可谓人之天性，三代时期王者饮食亦尚甜味："王之膳馐取其味之甜者"，富贵家养老之食亦以甜味为主。因此认为，饮食生活中的审美意识就起源于"甘"这一美味，即官能性愉悦感。

2. 美

我国古代很早就有了"美"的概念。《说文解字》释云："美，甘也。从羊从大。羊在六畜主给膳也。美与善同意。""膳之言，善也。羊者，祥也。故美从羊。""羊大则肥美。"这似乎道出了中国古代饮食审美意识产生的一般规律——直接来源于饮食生活的实践。羊在古代，是黄河流域的先民们广泛牧养的家畜之一，是供应人们日常食用最主要的肉源。在古代，羊在物物交换中最易充当媒介。这一点在世界许多民族商业发展史上都具有共性，马克思在《资本论》中把羊作为"一般的或社会的等价形式"。在祭祀和会盟中，羊用于祭祀，便具有了非常意义。"示"，《说文解字》释为"天垂象。见吉凶"。为趋吉避凶，所以祭羊、示羊可以致祥。这又是羊之"美"意的生发。羊是祀鬼神的"圣物"，那么在人事中，馈人以羊便被视为重礼。因羊是祭礼的象征，故隆重的祭礼非羊便不能成。可见，羊在中国古代人们的经济生活、宗教祭祀中，占有极其重要的地位。由此可以推断，古人创造"美"字时，正是选用了这个极具普遍意义的"羊"来作为"美"字的象形和会意。

美体现了饮食文化的审美特征。这种美，是指中华饮食活动形式与内容的完美统一，是指它给人们所带来的审美愉悦和精神享受。孙中山先生讲"辨味不精，则烹调之术不妙"，将对"味"的审美视为烹调的第一要义。《左传》中说"和如羹焉，水火醯醢盐梅，以烹鱼肉，燀之以薪，宰夫和之，齐之以味"讲的也是这个意思。美作为饮食文化的一个基本内涵，它是中华饮食的魅力之所在，美贯穿在饮食活动过程的每一个环节中。

3. 善

"善"字，商代金文为羊头形，由羊对于人类的功用本性和适口美味，进一步引申为置办美食，扩衍为一切美食，再进一步扩衍为一切美好的事物。《论语》中记载了孔子以"美""善"为标准对《韶》《武》乐章所作的评价："子谓《韶》'尽美矣，又尽善也'；谓《武》'尽美矣，未尽善也'。"早在先秦时期，"善"字的寓意就已经扩展为事物事象、心理精神的一切美好与肯定的范畴。

（二）五味调和

中华饮食文化的根本之道，突出反映在"五味调和"这一古老的调味理论上。《吕氏春秋·本味》对调和之事有精辟的论述："调和之事必以甘、酸、苦、辛、咸，先后多少，其齐甚微，皆有自起。"这种"五味调和"的古朴理论至今还影响着调味技术的发展。

五味调和是中华民族饮食文化的核心。它源远流长，内涵丰富，是传统文化的结晶。在中国烹饪中，"五味"是本体，"调"是手段，"和"是目的，它是烹调目的和手段的统一体，是一个系统。长期以来，五味调和不仅促进了烹饪原料的开拓，烹饪工艺的发展，而且促进了烹饪手段的多元建设，并逐渐形成了具有中国特色的营养观念，以饮食的"性味"为人"兴利除弊"，通过五味与五脏的不同"亲和力"产生的功能，调和五脏和人体的阴阳平衡，使之精充、气足、神旺、健康长寿。

五味贵在调和。各种食物，无论具体形式是什么，都具有自己特定的性味与功能。人食用哪些性味的食物适于脏腑的需要，须由人的感官和理性来加以鉴别和选择，运用感官鉴别食物，看、触、嗅、尝，以口味为根本；运用理性来选择食物，把握性味需适合五脏阴阳平衡。

中国烹饪运用不同介质进行加热，运用不同原料调汤，勾出不同式样的芡汁，以渍、腌、泡、酱、浸等手段加工透味，都是力求五味通过调和，既能满足人的生理需要，又能满足心理需求，使人的身心需要在五味调和中得到统一。同时，避免五味偏嗜而引起相对应的脏腑受到损伤，失去平衡。

传统的五味调和进食观念，是对饮食五味的性质和关系深刻认识的结果，这种认识，在烹饪生产制作中体现出的主要是"中和"调味论、"地缘"调味论、"本味"调味论、"时序"调味论、"适口"调味论和"相物"调味论等。

（三）十美风格

所谓"十美风格"，是指中国历史上对饮食生活美感的理解与追求的十个相互区分而又紧密关联的具体方面，是充分体现传统文化色彩和美学感受与追求的、系统完备的民族饮食思想。十美分别为质、色、形、器、味、适、序、境、趣、礼。

原料和成品的品质、营养，贯穿于饮食活动的始终，它是美食的前提、基础和目的。闻香是食物品质极为重要的标志之一，同时也是鉴别美食、预测美味的关键审美环节和检验烹调技艺的重要感官指标。孔子说："食不厌精，脍不厌细。"这反映了先民对于饮食的精品意识，作为一种文化精神，越来越广泛、越来越深入地渗透、贯彻整个饮食活动过程中。选料、烹调、配伍乃至饮食环境，都体现着一个"质"字。美是指悦目润泽的颜色，既指原料自然美质的本色，也指各种不同原料相互间的组配。中华饮食讲究形，是体现美食效果，服务于食用目的的富于艺术性和美感的造型。器指精美适宜的炊饮器具，以饮食器具为主。饮食器具不仅包括常人所理解的肴馔盛器茶酒饮器、箸匙等器具，而且包括专用的餐桌椅等配备使用的饮食用具。味指饱口福、振食欲的滋味，也指美味，它强调原料的"先天"自然质味之美和"五味调和"的复合美味两个方面。这是进食过程中取得美食效果的关键。中华饮食文化在其审美观念上，主要表现为对"味"的重视与对"和"的追求。中国文化中的审美意识最初起源于人的味觉器官，由"味"所引起的美感，表现出了中国古代人们对美和审美活动的理解，即始终从人最基本的日常生活出发去探求和体悟美，并始终以为美就是能够引起人强烈的生命感、唤醒人强烈的生命意识的东西，舒适的口感是齿舌触感的惬意效果。序指一台席面或整个筵宴肴馔在原料、温度、色泽、味型、浓淡等方面的合理搭配，上菜的科学顺序，宴饮设计和饮食过程的和谐与节奏化等。境指优雅和谐又陶情冶性的宴饮环境。趣指愉快的情趣和高雅的格调。中国饮食讲究"礼"，与传统文化有很大关系，中国素有礼仪之邦的美称，礼也体现在饮食的整个活动中。

三、不同人群的饮食思想

饮食是受经济条件限制的。在古代汉语里，把上层阶级尊称为"肉食者"，把底层庶民鄙喻为食"菜"者，反映了饮食的阶层性。

（一）宫廷层饮食思想

宫廷钟鸣鼎食，是中国饮食史上的最高文化层次，是以御膳为重心和代表的一个饮食文化层面，包括整个皇家禁苑中数以万计的庞大食者群的饮食生活，以及由国家膳食机构或以国家名义进行的饮食生活。

《诗经》中讲："溥天之下，莫非王土。率土之滨，莫非王臣。"在中国阶级社会中，国家就是帝王的天下，帝王拥有最大的物质享受，他们可以在全国范围内役使天下名厨，集聚天下美味。经过历代御厨的卓越创造，时至清朝，将中华传统饮食文化推进到鼎盛阶段。宫廷饮膳是凭借御内最精美珍奇的上乘原料，运用当时最好的烹调条件，在悦目、福口、怡神、示尊、健身、益寿原则指导下，创造的无与伦比的精美肴馔，充分显示了中华传统饮食文化的科技水准和文化色彩，体现了帝王饮食的富丽典雅而含蓄凝重，华贵尊荣而精细真实，程仪庄严而气势恢宏，外形美与内在美高度统一的风格，使饮食活动成了物质和精神、科学与艺术高度和谐统一的系统过程。

1. 历代宫廷饮食

（1）周王廷食制　商朝的国君们的饮食已开始向"钟鸣鼎食""食前方丈"的程式化、制度化发展，以周天子的食事最为完备和典型。周代把天子的物质享受规格以法律形式固定下来，当时以鼎的多少来象征宾客的身份、筵席的等级以及肴馔的丰盛。据《周礼》记载，周朝宫廷的厨师队伍庞大，分工细密，大致有管理、烹饪、制作、供应、保健和服务六大类基本分工。

作为"天子"的王，其一切行为都有政治性、权威和神圣的色彩，都体现礼制。因此王的饮食，就不是一般意义的生理活动，而是一种尚礼的典范性活动。王（后、世子）的这种活动，由膳夫负责规划、执行。膳夫负责王所吃的饭食、酒浆、牲肉、菜肴。一般原则是，食用六谷：稌、黍、稷、粱、麦、苽；膳用六牲：牛、羊、豕、犬、雁、鱼（或马、牛、羊、豕、犬、鸡）；饮用六清：水、浆、醴、醇（凉）、医、酏；馐用品数：120样。其中最著名的是淳熬、淳母、炮豚、炮牂、捣珍、渍珍、熬珍、肝膋八品。酱物品数：120瓮。

这些膳食肴品由掌烹饪制作的职司完成之后，再经食医"和"（调配）膳夫"品尝食"，然后"王乃食"。食医的"和"，主要是掌握温度和搭配的标准：饭要像春天一样的温，羹要像夏天一样的热，酱要像秋天一样的凉，饮要像冬天一样的冷。膳夫的"品尝"，主要是把握火候适度和味道鲜美的原则。

王一日三餐，每餐都要杀牲供馔，朝食最为隆重，要排列12鼎：9牢鼎（牛、羊、豕、鱼、肠胃、腊、肤、鲜鱼、鲜腊）、3陪鼎（脚、胂、脆）。日中和夕食时，朝食所剩肴馔也由膳夫重新奉上。只有在大丧、大荒凶年、天灾地变、疫病流行、寇戎刑杀的非常时日才不杀牲。王者之食，很重视季节性原则。春天用小羊小豕，用牛油烹制；夏天用干雉和干鱼，用犬膏烹制；秋天用小牛小麑鹿，用猪油烹制；冬天用鲜鱼及雁，用羊脂烹制。调味则坚持"春多酸、夏多苦、秋多辛、冬多咸"的原则，同时都配制成"滑甘"——加枣、饴、蜜和米粉、菜等。在主副食的搭配上，也有具体的规定："凡会膳食之宜，牛宜稌，羊宜黍，豕宜稷，犬宜粱，雁宜麦，鱼宜苽"，认为只有这样才是"膳食之宜"的最佳标准。

（2）汉代宫廷饮食　秦朝是中国历史上第一个大一统的专制主义中央集权国家。汉承秦制，宫中饮膳正如君主的绝对权威一样更加等级森严。御膳的备办、传膳、进膳、用膳和赐食等都有一套严格的程序，不可紊乱，属于显示皇帝神圣的饮膳之制不可僭越。

汉宫中的主食仍为各种粮食，其中以麦的地位最高。汉代宫廷中面点的品种较多，在副食方面，豆制品也被汉代皇室食用。由于石磨的普及，人们可将大豆做成豆腐及其他豆制品。宫中尚重猪、狗、牛之肉，追求珍奇之食，诸如"猩猩之唇""獾獾之炙"（烧烤而成的獾肉）、"隽燕之翠"（燕尾肉）、"旄象之约"（旄牛之尾和象髀肉）等。汉代的"五侯鲭"几乎成了后代美味的代名词。汉武帝曾专门在南越兴建扶荔宫，种植香蕉、龙眼、荔枝和橄榄等热带和亚热带水果，用邮驿每年贡呈上来。张骞出使西域后，葡萄、石榴、胡桃、黄瓜、大蒜等西域水果蔬菜相继进入内地，引进宫廷膳食之中。

（3）魏晋南北朝时期　魏晋南北朝是中国历史上大动荡、大分裂持续最久的时期，整个中国成了一个大战场，连根拔起、秋风扫落叶式的狂飙战争和拉锯式的纠缠不解、绵延不绝的战争交替发生，使各地各族人民的饮食文化熔于一炉，宫廷饮食出现了"胡"、汉交融的特点。这一时期，面食的发酵技术更加成熟，宫廷中的面食种类日益丰富，其品种主要有白饼、烧饼、面片、包子、馒头、煎饼、饺子等。乳类、羊肉食品在宫廷中占有相当地位。汉民族传统的饮食习俗很少食用乳、乳制品及羊肉食品，但随着大批西北游牧民族迁居中原，以及中原地区畜牧业的发展，汉族人民的饮食习惯有所改变，并直接影响到宫廷的饮食。《洛阳伽蓝记》记载，北魏太和十八年（494年），南齐秘书丞王肃投奔到洛阳，王肃刚到北方时不食羊肉和酪浆等物，数年之后，在一次宫廷宴会上却吃了许多羊肉，饮了不少酪浆，说明汉人中的贵族官僚在饮食习惯上已逐渐接受了羊肉与奶酪。

（4）隋唐宋时期　一统、集权和强盛的帝国一般会给宫廷饮食创造极丰富的物质条件，而集权至尊的帝王又往往将自己的饮食生活推向奢靡的极致。唐帝国宫廷的饮食，因其强盛的国力和开放的文化而具有明显的中外兼收、多族并蓄的特点。唐代宫廷饮食文化还广泛地向西域、朝鲜半岛、日本等地传播，至今在许多周边地区仍留有文字记录和脍炙人口的传说。宫中名食绚丽多彩。唐代皇室成员的主粮仍以麦、稻为主，间以各种杂粮，但稻米在唐代宫廷饮食生活中的地位有了显著的提高。饭食品种增多，较著名的有越国公碎金饭、御黄王母饭、青精饭、清风饭、长生粥等。面条以及发酵面团、其他面团制品也增加了许多。名菜佳肴层出不穷，宫廷饮食中还出现了"看食"。唐代诗人王维晚年所居的辋川别墅有二十一胜景。后来，一位法名梵正的比丘尼，用酱肉、肉干、鱼鲜、酱瓜之类的冷食，将这二十一景在食盘上拼制出来，被称之为"辋川小样"，并在宫廷宴会中流传。大臣、皇室向皇帝献食盛行。献食是历代宫廷常有的现象，献食之人有后妃、太子、亲王、公主、大臣、宗室等，以隋唐为盛。隋炀帝幸江都，吴中进糟蟹、糖蟹，蟹壳上贴金缕龙凤。唐朝从中宗开始，大臣拜官，依例要献食于天子，名曰"烧尾"。从韦巨源拜尚书令左仆射时为皇帝献"烧尾宴"的食单来看，其中有饭、粥、糕饼和粽子等饭食面点，也有鸡、鱼、鹅、猪、熊、牛等肉食，还有仙人脔、八仙盘、凤凰胎、金粟平䭔、小天酥、过门香等名肴。遇上喜庆之时还要上"礼食"。宋代分为北宋、南宋两个阶段，宫廷饮食风格有明显的不同。北宋以"北食"为主，南宋以"南食"为主，此亦饮食文化区位差异使然。北宋时，御厨所用面和米的比例是二比一，说明皇室饮食是以面食为主的。南宋时稻米的比重有所增加，宋代面食和点心可谓五光十色、种类繁多。宋代皇室的饮食中，羊肉占有重要地位。北宋皇室的肉食消费，几乎全用羊肉，而不用猪肉，并且上升到作为宋朝"祖宗家法"之一的高度。宋朝南迁临安以后，仍以羊肉为皇室中主要肉食品。不过宫廷饮食中南食比重逐渐增大，其特点是水产品比例上升，特别是蟹馔，更是琳琅满目。

宋代宫廷宴会名目繁多，如圣节宴、春宴、秋宴、朝宴、庆功宴、喜庆宴等。宋代"圣节宴"即万寿宴，为皇帝的寿宴。宋代每个皇帝几乎都有自己名称的生日宴，如太祖"长春节"、太宗"乾明节"、真宗"承天节"、仁宗"乾元节"，等等。每逢皇帝生日宴时，就有百官依品秩高低在宰执的率领下向皇帝上寿之仪，皇帝则赐众臣酒，酒称"寿酒"。据《文献通考·乐考十九》载，从"圣节宴"开始至结束，共有19次乐舞。这种宴饮乐舞不绝，笙曲绵绵，并有各种杂技表演以助雅兴，要求的是一种和融共觞，共祈万岁寿比南山的气氛。"春宴"与"秋宴"是宋代皇帝常常举行的升平之宴。春暖花开，万象更新，深居在高阙深宫包围之中的皇帝也一定想去呼吸一下清新的空气。而金秋时节，果实累累，对于以农立国的皇帝来说又是一个很好的庆贺机会。于是春宴、秋宴应时而兴。宋太祖设此二宴，宋太宗时只设春宴，宋真宗时再设秋宴。

宋代宫廷饮食生活有一个显著特点，即宫内饮食常常取之于宫外的酒店、饮食店。阮阅《诗话总龟》记载，宋真宗派人到酒店沽酒大宴群臣。《邵氏闻见后录》记载宋仁宗赐宴群臣也从汴京饮食店买来肴馔。宋高宗经常从临安饮食店中买肴馔自食，《枫窗小牍》说他曾派人到苏堤附近的鱼店买鱼羹，说明当时都城饮食业的发达，也反映出宋代宫廷饮食制度并不像清代那样严格。

（5）元明清时期　元明清是宫廷饮食文化的鼎盛时期，是少数民族饮食与汉族饮食的大融合阶段。1279年元世祖忽必烈灭南宋，中国第一次统一于草原游牧民族之下。元代宫廷饮食以蒙古、西域食风为主，融入了汉族饮食，食品以牛羊奶酪为主。元代饮膳太医忽思慧《饮膳正要》所列元宫94种奇珍异馔中，除鲤鱼汤、炒狼汤、攒鸡儿、炒鹌鹑、盘兔、攒雁、猪头姜豉、攒牛蹄、马肚盘等约20种以外，其他皆用羊肉或羊五脏制成。明代初年定都南京，皇室成员大多为皖人，宫廷原尚南味。明成祖朱棣迁都北京，皇族、大臣、妃嫔多来自江南，因习惯使然，许多南货由漕运至北方，宫廷饮食及习俗带有强烈的南方色彩。但毕竟宫廷在北方，加之受元代宫廷饮食的影响，不少原料出自北方，因此明代宫中也吃北方人所喜食的羊肉，只是多在冬春两季。明宫饮食呈现出南北相兼、蒙汉两宜，但以汉食为主体的特点。清宫饮食则深受满族传统的影响，虽然羊肉仍是重要食物，但在肉类上更热衷于猪肉。"福肉"（清水煮白肉，祭毕食用）、"阿玛尊肉""糊白肉"都很有名。烤全猪更是清宫杰作。在烹调技法上，尤其喜用烧、煮、扒、爆之法。清朝皇族在入主中原后，很快就被璀璨夺目的汉族饮食艺术所征服。汉菜、汉席在宫廷筵宴中十分盛行。鲁菜、江南菜与满族菜一起构成了清宫饮食的主体。

宫廷筵宴规模不断扩大，烹调技艺水平不断提高。特别是清代，万寿宴、圣宴、朝宴、传胪宴等宫廷筵宴均颇具规模，其中"千叟宴"场面尤其宏大，参加宴会者多达数千人。千叟宴在清代共举行过4次，首次在康熙五十二年（1713年），于三月二十五日和二十七日两次大宴耆老，分别有3700余人和2600余人。乾隆帝为庆贺自己即位50周年和60周年，也两度举行了千叟宴，与宴者分别有3000多人。从参加宴会者的身份来看，有王公、大臣，还有许多身份低微之人。官民无禁、普天同庆，是皇帝行此大宴的主要意图。千叟宴这种浩大的饮宴场面在历史上也是少见的。

2. 宫廷饮食的文化特征

纵观历史，最能体现宫廷饮膳水平和文化的当推清宫饮膳，而宫廷饮膳的代表莫过于御膳。因此，清宫御膳当是宫廷饮食之典型代表。具体讲，有以下一些主要文化特征。

（1）华贵尊荣、气势恢宏　清宫御膳高居于中国社会饮食文化层次之塔的最顶端。皇帝吃饭不仅仅为填饱肚子，更重要的是为了体现至高无上的地位。宫廷饮食者拥有庞大的机构和数以千计的执厨队伍，数量浩大的名贵食品和独一无二、不可比拟的宏大气势。其中拥有最大享用权的，自然是有"九五之尊"的皇帝本人。御膳所用原料来自各地各类原料中的精品，不论是山珍海味，还是寻常之物，能进御厨房的毫无例外是其中的上品。清宫肴馔名称多带有明显的皇家气派、宫廷特征和喜庆吉祥色彩。皇帝的饮食富丽典雅而含蓄凝重，华贵尊荣而精细真实，不流于光艳轻浮，也没有华而不实的形式主义和唯美倾向，没有许多附加的点缀之物。皇帝正餐都是20余道菜，有时加上太后所赐和后妃所献，则多达100余道，其皇家气势可见一斑。皇帝吃饮堪称食威风。皇帝用膳时有威严的侍卫，毕恭毕敬的太监，庄严肃穆的气氛，这些是其他人怎么也学不来的。那威严、紧张、静寂的氛围，显示出皇家特有的霸气。皇帝每餐菜品数量太多，吃不完便常赐后妃及左近之臣等。皇帝通过赐食表示皇恩浩荡，并从这种施舍中体会到龙威的乐趣与满足。这份威风、气势、滋味，其他饮食文化层的食者是无法拥有的，它也只能是宫廷饮食文化层的特有现象。

（2）注重礼制和程式化　清宫廷极为注重"祖宗之制"和"家法"。清宫御膳严格循时，清帝饮食比其他朝代刻板得多。饮食的数量和质量都有严格规定，必须循例。御膳还表现为程仪庄严，皇帝是至高无上的，在严格的礼制下，皇帝是难以在饮食中获得物质与精神上的充分享受的。这样讲拥有天下的皇帝，看似悖理却又在情理之中。清代皇帝除个别时日外，皆单独进餐，享受不到饮馔之中的天伦之乐。即使召来后妃陪膳，因要谨遵君臣大礼，陪食时诚惶诚恐，索然无趣。在烹饪内容上，许多菜多少年固定不变，即使肴馔品种每日开出来是洋洋大观，却让人觉得又是老一套，"日食万钱，犹曰无下箸处"。其饮食具有浓重的"八股味"，革故创新的意识远不及官宦商贾之家和市井食肆。宫廷的规矩也不会为一流厨师开辟充分发挥其才能的天地。显贵之家的规矩比皇室要少，美味菜肴有可能被不断创新出来，似乎比皇上更有可能或更有自由享受口福。

（二）贵族层饮食思想

贵族层主要是由贵胄达官及家资丰饶的名门望族所组成。他们往往是权倾朝野的权贵，雄镇一方的封疆大吏或闻名遐迩拥资巨万的社会成员。一批趋附行走在贵胄达官之门的幕僚，也附属于该层次。

贵族层的家庭饮食生活，往往是日日年节，筵宴相连。府邸之中奴婢成群，直接服务于饮食生活的役仆十数人，甚至数十上百。晋代的何曾父子、石崇之流，唐代的韦巨源、段文昌，宋代的蔡京、张俊，清代的和珅以及《红楼梦》中的荣宁二府，均是贵族层的代表。厨作队伍组织健全、分工细密，独擅绝技的名师巧匠为其中坚。凭着经济上难以比拟的优势和政治上的超级力量,灶上烹天煮海,席间布列千珍。"钟鸣鼎食""食前方丈",指的便是这类"侯门"的饮食生活水平和气派。"五世长者知饮食",主要指的是这一层次的群体。中华饮食文化的"十美风格",主要形成于这一层次和富家层次。

而最能反映这一层次特征的,莫过于"衍圣公府"的饮食了,其总体上表现为"贵""气派"。由于孔府超越时空的"与国咸休""安富尊荣"之特殊地位,同历代上自天子,下至王侯政要等权臣显贵的频繁迎来送往,其饮食呈现出用料考究、技艺精湛、品类繁多、款式高贵、等级森严、礼仪庄重等超级富贵之气。原料来自天南海北,各类奇珍异料皆为所备。孔府拥有自己技艺精良的专职厨师队伍,为肴馔的高水平、高规格奠定了坚实的基础。孔府筵宴长年不断,大致可分为祭祀宴、延宾宴和府宴三类。孔府的祭祀具有服务性质,体现了服务于君主专制政体的责任和义务。其祭祀活动十分频繁,每年不下七八十次。祭祀宴在孔府饮食生活中占有非常重要的地位,每逢各种名目的祭日,多数是大摆筵席数百桌。基于孔子的神秘力量和神圣色彩,特殊的政治职能,各代权要显贵都成了"圣府"的宾客。

孔府饮食风格的形成,水平的不断提高,除上述政治、经济因素外,还与其独特的厨作制度等因素有关。孔府实行的是"因事而举,班头招募"制度,有内、外厨之分。"内厨"相当于"正式工",一般都是父子相承;"外厨"相当于"临时工",大筵之期由班头招入府中,事毕皆散。有了世代相传,身怀绝技的"厨师世家"作基础,有了稳定的骨干队伍,孔府"内厨"的班底便能使孔府菜肴的风格保持连续性。有了招之即来,来之能烹,烹之能妙,挥之即去的"外厨",使孔府厨房不断增加新鲜血液,始终充满活力。"临时工"因不是铁饭碗,故多能积极努力。每次大筵,如同"烹饪大赛",各路高手云集,大大促进了孔府烹饪技术的提高。由于孔府采取三班轮做制度,竞争性增强,厨师们增强了责任感,对孔府烹调技艺始终维系在高水平上起到了激活作用。

(三)富家层饮食思想

富家层大体上由中等仕宦、富商和其他殷富之家构成。历史上以"食客"名世的人物和许多美食家、饮食理论家,大多集中在这一层次和贵族层次。

这一层次的成员有明显的经济、政治、文化上的优势,有较充足的条件去讲究吃喝。这一层次成员的家庭饮食生活,一般都有家厨或役仆专司,其中有些则能形成传统的风格。在整个社会的饮食生活的层次性结构中,这一层次占有很重要的位置,在社会风气的演变上起着不可忽视的联结和沟通上下层次的作用。仕宦的特权(大多为地方守令、衙司权要),富商大贾的豪侈贪欲,文士的风雅猎奇等,赋予这一层次以突出的文化色彩。此外,历史上那些名楼贵馆,大体上也是服务于这一层次及贵族层次的。士大夫的饮食生活是富家层饮食文化的代表之一,总体上表现为"雅""讲究"。

1. 从倾心关注外部世界到讲究饮食艺术

"士大夫"在南北朝以前指中下层贵族,也指有地位有声望的读书人。隋唐以后随着庶族出身的知识分子走上政治舞台，这个词便逐渐成为一般知识分子的代称。自汉武帝"独尊儒术"之后，儒学一直居整个社会思想的统治地位。儒家一贯积极入世，"以天下为己任"，以"修身、齐家、治国、平天下"为人生准则。所以，中国的士大夫们多"皓首穷经"，以便"学而优则仕""当官做老爷"，为国尽忠，为民效力。他们的目光关注的是国家大事，无暇顾及生活末节。这种不大关注饮食生活，导致饮食粗放和随意的状况，大致一直延续到唐代。他们比较注重大鱼大肉，狂吃滥饮。如李白"烹羊宰牛且为乐，会须一饮三百杯"；杜甫"酒肉如山又一时，初筵哀丝动豪竹"。饮食生活是粗糙的，但也是豪放的。中唐以后士人开始向往闲适的生活，但大多数士大夫依然梦想建功立业，还难以更多地设计日常生活艺术。

宋以后士大夫的生活态度发生了明显变化。随着读书人日益增多，越来越多的士人无法跻身上流社会，加之国家山河破碎，报国无门的情绪开始笼罩在许多士人的心头。士大夫再也没有唐代时的发扬踔厉的外向精神和雄浑气魄，他们关注的是自己内心世界的谐调，往往将精力专注于生活的末节，以此寄托其用行舍藏的政治态度和旷荡超脱的人生理想，饮食生活也变成了士大夫的热门话题。元明清之际，文人讲究饮食艺术的风气更加高涨，特别是清代，一些士大夫把饮食生活搞得十分艺术化，超过了以往任何时代，形成了有别于贵族和小康之家的士大夫饮食文化。

2. 饮食别致、格调高雅、菜品味美

虽然说士大夫的社会地位、生活水平与贵族相差一个档次，但他们大多衣食不愁，有钱、有闲、有文化修养，有精力和时间研究生活艺术，有条件讲究吃喝，有敏锐的审美思维研究饮食。因此，士大夫是中国历史上饮食文化探索与研究发展的最佳群体。事实也是如此，当他们的精力和视线稍倾注于饮食之后，所创造的饮食文化便呈现出极强的艺术魅力。

士大夫的饮食讲究色、香、味、形、器、名、质、序、境、趣的和谐统一。他们追求诱人的香味、悦目的色彩、鲜美的味道、美观的形态、精美的器具、文雅的名称、丰富的营养、舒适的口感、井然的秩序、优雅怡情的环境以及愉悦的趣味和高雅的情调。注重实惠、美味、情调、素食和文化氛围，反对奢侈和过分的富贵，体现出鲜明的清新淡雅之美。这些在诸如苏轼、黄庭坚、陆游、袁枚等人的饮食实践和著述中均有所反映。

与士大夫处同一饮食层的西门庆一类人物，虽然生活相当富足豪奢，但文化品位相去甚远，实为富家层中的另一类型。《金瓶梅》中较多地描写了流氓与市侩的衣食住行，表现了市井富豪饮食生活的奢侈与庸俗，显示出的是暴发户的狂躁。

（四）小康层饮食思想

小康层大体上由城镇中的一般市民、农村中的中小地主、下级胥吏以及经济政治地位相应的其他民众所构成。一般情况下能有温饱的生活，他们的饮食构成要比果腹层的人们丰富，既可在年节喜庆时将饮食置办得丰盛和讲究一点，也可在日常生活中经常"改善"和调剂，已经有了较多的文化色彩。城镇普通市民是小康层的重要构成类群，是小康层的典型代表，其饮食总体表现为"俗""实在"。

1. 食品质朴可口

从整体上看，市民生活上只是略有盈余，日常生活仍需精打细算，逢年过节可"铺张"一点，寿庆喜事可"隆重"一些，隔三岔五可"打牙祭"，改善和调剂一下。所选食品原料多是大路货，比不得达官贵人一饭千金的豪奢，也绝无某些高级筵席那样精心设计，乃至挖空心思，费工费时的矫饰之味。有的只是也只能是平常人过平常日子的平凡、实在和朴素。不像富商大贾那般有专业队伍、专用厨师料理厨务。普通市民则是家庭主妇主持中馈，菜品多是怎么好吃怎么做，无花架子，家常味浓。

2. 食品制作简便易行

与农村缓慢的生活节奏相比，城市生活的节奏要快得多，因此，城市普通居民的饮食既不像贵族之家那样精雕细琢讲究吃的"艺术"，也不同于村民饮食那般缺乏时间概念的"随早就晚"，随便对付。菜品制作的总体风格是快捷方便，饮食的节奏感、时间观念较强。

3. 市民饮食在整个中华饮食文化中承上启下

市民将乡村饮食中的"美味"吸收过来，逐渐城市化，一般是将食品的形状由大改小，分量由多化少，质量由粗变精，花色品种由单调到繁多。如普通的猪肉、鸡肉，农家往往只能制作成为数不多的品种，而在城市里却变化出众多的花色品种。食品的风味得到改善，品位进一步提高后又被上层社会所改良和接纳，将山野普通食品逐步转化成贵族气十足的珍馐美味。原本产于深山野岭的只有土居之民问津的走兽飞禽、乌龟甲鱼、竹荪香蕈之属，进入豪门餐桌之后便身价百倍，变得高雅而且高贵，反而离村民餐桌远了。然而，饮食文化的影响是双向的，一方面是饮食由下而上的文化攀升，另一方面是饮食文化色彩浓郁之后的向下运动的普及。为贵族服务的饮食往往又流布于市井之中，市民将其通俗化、平民化，又流传普及到村野之民的餐桌上。市民在饮食文化的上下运动中充当着"二传手"的作用。

（五）果腹层饮食思想

占全社会人口主体的广大农民是构成果腹层的主要成分。村野之民既是饮食文化创造和发展的基石，本身的饮食又具有的文化特征最少，他们是果腹层的最好体现者。历史上乡村农民的饮食生活总体上表现为"粗"和"将就"。

1. 恬静的村野情趣

中国广大农民长期处在自给自足的自然经济环境之中，日出而作，日入而息，过着不知世事更迭的村野生活。村野之民的饮食简陋，但较清新。虽然饮食制品没有多少精细的花样，但主副食品质量新鲜。当村民们享受着用自己的汗水辛勤浇灌出来的饭菜时所产生的那种别有一番滋味在心头的香甜之感，是食不厌精的富商大贾和达官贵人所无法体味的。

2. 粗淡的饮食基调

村民的饮食是清苦的，仅果腹充饥而已。小国寡民，恬然自乐，那是风调雨顺之年，一帆风顺之家。倘若年景不佳，家有变故则常为"无米之炊"。史书记载，每逢水旱大灾，因饥饿而死亡的，十有八九是村野之民。从整个传统社会村民的食品结构上看，基本上是"粗茶淡饭，糠菜半年粮"。自种的五谷是他们的主要食物原料，很少有肉可食，其他副食也就是单调的自种菜蔬。食品多来自各自的直接农事，并以一定数量的采集、渔猎食品作为补充和调剂。在食品加工制作方面，一般奉行从简实惠的原则，与市井酒菜馆中的精心烹制尤其是达官巨贾家宴上那些奢侈摆阔的复杂烹制方法，恰成鲜明对比。不过，许多令人望而生畏的山珍海味、野菜山果正是经过村民们大胆尝试之后，才发现其食用价值，流入市井，乃至登临高高的宫墙之中，成为豪门摆阔的象征的。

3. 酣畅的一碗浊酒

上流社会饮酒时有更多的弦外之音，往往有额外的精神负担和压力，远不及村夫饮酒之痛快淋漓、纯朴酣畅。村野之民饮酒旨在解乏，为节日或婚嫁寿庆助兴，并无文人们酒后冥思苦想佳句的精神负担，也无商场酒后遭算计的担忧，更无侠士"舍命陪君子"的争强斗勇及酒后的拔刀争斗，有的只是酒后敞开心扉话家常之痛快。酒在乡村饮食文化中居一谷之下、万物之上的地位，给处于艰难困苦中的农民的精神生活抹上了一点亮色。如果说茶更多地作为中国中上层社会有闲阶层的清逸饮料的话，酒则在乡村饮食生活中扮演着极为重要的活跃气氛、温暖人们身心的角色。

（六）墨家、道家、儒家的饮食思想

在东周时期社会大动荡大变革中，涌现出许多学派，它们的代表人物著书立说，开展争辩，形成百家争鸣的局面。各个学派几乎都有与自己学术思想相关联的饮食理论，这些理论直接影响到整个社会生活。其中有代表性的学派主要有墨家、道家和儒家，其学术代表人物分别是墨子、老子和孔子。

墨子生活极其俭朴，提倡"量腹而食，度身而衣"。他的学生，吃的是藜藿之羹，穿的是短褐之衣，与一般平民无异。为了解决社会上"饥者不得食""寒者不得衣"和"劳者不得息"的"三患"问题，墨子除提倡社会互助外，又提出积极生产和限制消费的主张，反对人们在物质生活上追求过高的享受，认为只求吃饱穿暖即可。他反对不劳而食，自以夏禹为榜样，自愿吃苦，昼夜不息。而且还造出一条圣王制定的饮食之法，即"足以充虚继气，强股肱，耳目聪明，则止。不极五味之调、芬香之和，不致远国珍怪异物"（《墨子·节用中》）。也就是说，墨家不求食味之美、烹调之精，饮食生活维持在低水平。

老子认为发达的物质文明没有什么好结果，主张永远保持极低的物质生活水平和文化水平。老子提倡"节寝处，适饮食"的治身养性原则，比起墨家来，似乎倒退得更远。老子学派的门徒末流既有变为法家的，也有变为阴谋家的，更有变为方士的，他们以清虚自守，服食求仙，梦想长生不老。

孔子把礼制思想融入饮食生活中，其中一些教条法则直到今天还在起作用。儒家的食教比起道家和墨家的刻苦自制更易为常人接受，尤其易为统治者所利用。儒学就是礼学，孔子所创立的儒学，主要内容为礼乐与仁义两部分。礼实际是统治阶级所规定的一切秩序，是根本，由此制定出无数礼仪，用以区别人与人之间复杂的关系，确定每一个人应受的约束，不得逾越。乐则是从感情上求得人与人相互间的妥协和中和，各安本分。礼用以辨异，分别贵贱的等级；乐用以求同，缓和上下的矛盾。

典籍中关于孔子饮食生活的实践内容，比起其他学派的代表人物既丰富又具体。《论语》一书是孔子言行的记录，其中包含不少食教内容，尤以《乡党》为代表。孔子曾说过："君子食无求饱，居无求安，敏于事而慎于言。"他并没有将美食作为第一追求。"士志于道，而耻恶衣恶食者，未足与议也！"对于那些有志于追求真理，但又过于讲究吃喝的人，孔子采取不予理睬的态度；可是对苦学而不求享受的人，他则给予高度赞扬。他的大弟子颜回被他认为是第一贤人，说："颜回要算是最贤的了！一点食物，一点饮料、身居陋巷，别人都忍受不了，可颜回却毫不在意。贤哉，颜回！"孔子自己所追求的也是一种平凡的生活，即粗饭蔬食，曲肱而枕之，乐在其中。

孔子的饮食生活确也有讲究之处，只要环境允许，他还是不赞成太随便。饮食注重礼仪礼教，讲究艺术和卫生，是孔子饮食思想的主要内容。他提倡"食不厌精，脍不厌细"，要求饭菜做得越精细越好，"割不正，不食"，切割不得法的食物不吃，不吃那些变质的饭食和腐败的鱼肉，不吃烹饪不得法、颜色不正、气味不正的食物并且要做到"食不语，寝不言"。

圣人孔子对于自己的一大套饮食说教，大部分是身体力行的，在异常情况下，才有某些违越。如有时赴宴，主人不按礼仪接待他，他也以无礼制非礼。不合礼法，给肉鱼也不吃，若以礼行事，蔬食也当美餐。如《吕氏春秋·遇合》记载，孔子听说周文王爱吃蒲菹，自己也皱着眉头吃那味道极不宜人的东西，三年之后才习惯了那怪味。

以孔子为代表的儒家的饮食思想与观念是古代中华饮食文化的核心，它对中华饮食文化的发展起着不可忽视的指导作用。儒家所追求的平稳社会秩序，也毫不含糊地体现在饮食生活中，这也就是他们所倡导的礼乐的重要内涵所在。

四、当代社会的饮食潮流

（一）外出就餐程度提高

1949年以来，中国的饮食资源处于飞速开发的过程之中。随着人口的急剧增长，饮食问题越显重要。所以，各地开垦荒山，改造沙漠，充分利用平原，围湖造田，以增加可耕之地；同时兴修水利，实现农业机械化、化肥化、良种化；发挥各地传统的农业生产优势，建立粮油、畜牧、水果、蔬菜、药材等生产基地，运用现代科技发展农业的"星火计划"，改善生态环境，实施生物工程等，迅速发展农副业。随着人口激增，人民的饮食水平也有了显著提高。

随着商品经济的发展，饮食市场欣欣向荣，各种国营、私营、合营的饭店酒楼、食品街、早夜市蓬勃兴起，与饮食相结合的节日庙会、食品节层出不穷。对传统饮食现象及文化的研究热潮也是前所未有的。涉及的学科有饮食民俗学、饮食的传统与现代化、食品制造学、饮食资源学、烹调学、食疗学等，专著和刊物不下数百种。饮食学会也纷纷成立。由于城市化、工业化的不断发展，生活节奏的加快，人们要求饮食从精、从简、从快，这势必使传统的饮食文化特色发生很大变化，从传统的家庭做饭到外出餐馆酒店就餐再到目前预制菜一片繁荣景象均已体现。

（二）家庭膳食显著改善

中国传统的饮食科学观念是在几千年的历史过程中形成和完善起来的。到了近现代，尤其是19世纪80年代以后，西方饮食文化和科学思想大规模地进入国门，中国便对其进行吸收、借鉴，并努力促使自身的饮食科学思想更加合理、完善。于是，中国的饮食科学思想有了进一步的发展，主要表现在营养观念上，吸收西方膳食均衡的营养观念，出现了食治养生观念与膳食均衡观念并存的局面。

膳食均衡的营养观念是西方营养学尤其是西方现代营养学的基本观念。它从天人分离与形式结构出发，着重强调通过均衡、合理的饮食，使人健康长寿。天人分离，指人作为主体与人以外的客体是各自独立甚至对立的，强调把客体世界与人分离开来加以研究，把客体世界当作对象化的事物看待。正如古希腊哲学家普罗泰戈拉所说的"人是万物的尺度"，把人作为认识主体，与作为客体、对象的万物相对立。而形式结构原则，主要是对事物本身进行一种数的比例分析和对事物的性质进行种属层级划分，看重部分与整体的关系。以对人自身的认识而言，西方人认为人是由肌肤、骨骼、毛发、血液等有形之物构成的，可以分为头、手、脚、五官、内脏等部分，人体如同一架机器，人的一切运动不论是生理活动还是情感、思想活动，归根到底都是机械运动，遵循机械力学原理。法国人梅特里的《人是机器》一书指出："我们人这架机器的这种天然的或固有的摆动，是这一架机器的每一根纤维所赋有的，甚至可以说是它的每一丝纤维成分所赋有的。"因此，西方认识人本身的方法是通过解剖，将人体各部分加以认识和研究，从而得出关于人的总体认识。西方人认为，要使人体健康长寿，就必须使人体各个部分运行良好，必须根据人体各部分的需要来合理均衡地进食以补充营养，如同根据机器各部件的需要恰当地添加各种油一样。

所谓膳食均衡，就是将食物的结构组成以营养素的方式加以概括，并根据人体各部分对各种营养素的需要来均衡、恰当地搭配食物的种类和数量。其中，营养素是西方营养学特有的术语，指的是维持人体健康以及提供生长发育所必需的、存在于各种食物中的物质，主要包括蛋白质、碳水化合物、脂肪、无机盐、维生素和水等，是根据食物的形式结构检测、分析出来的，具有较强的明晰性，即它们既有质的区别，也有量的差异。因此，西方人不仅根据不同人群的身体需要制订出"每日膳食中营养素供给量表"，而且编撰出专门记载食物营养素构成和数量的《营养成分表》，并把它们作为选择和均衡搭配各种食物原料的依据。人们只要将这两种表组合使用、稍加计算，就可以比较容易地对食物原料进行准确搭配，而很少有随意性。而这种对食物成分分析和搭配的准确性恰恰是中国传统饮食科学思想所缺乏的，也是值得学习和借鉴的。如中国预防医学科学院营养与食品研究所同北京国际饭店合作，对川、鲁、粤、苏等地方风味流派的许多菜肴成品进行营养成分测定；原四川烹饪高等专科学校（现四川旅游学院）对30种川菜筵席进行营养调查与分析研究，并通过实践证明在不改变中国筵席格局的前提下，用现代营养学指导筵席设计，能够做到合理、均衡地膳食。

这种准确、合理地搭配食物也具有一定局限性。因为它立足于"人是机器"的概念，对人进行机械和孤立的认识与研究，而实际上人是具有动物性和社会性的复杂有机体，与周围世界息息相关，互相影响。因此，在当今的中国，人们并不是全盘接受西方现代的营养观念，而是将中国传统的营养观念与西方现代的营养观念相结合，取长补短形成了食治养生与膳食均衡观念并存的科学思想新局面。这样，既在宏观上总体把握，又在微观上深入分析，将使中华饮食科学产生新的飞跃，更好地促进中国饮食快速而健康地发展。

中国人的家庭餐桌在漫长的历史上是传统的杂粮蔬羹类型，小农家庭餐桌的粗陋和城镇普通市民家庭餐桌的单调是中国家庭餐桌的基本特征。19世纪中叶至20世纪百余年间中国人的"吃饭难"是自汉以后2000余年所仅见的。20世纪中叶至20世纪80年代的30余年，是中国人不懈追求"吃饱"理想的艰难历程。20世纪80年代以后，普通民众，首先是城市民众的家庭餐桌产生了越来越明显的变化。粮票的废弃，统购统销政策的终止，肉禽蛋奶比重的提高，最终为普通民众家庭日常三餐的变革准备了必要的物质条件。而购买力的提高和价值观念、消费观念的改变，则使这种变革成为可能。食物原料的丰富，使家庭餐桌具有了越来越多的选择自由性，"荤素搭配、四菜一汤"开始变为越来越多家庭每日正餐和晚餐的理想与标准模式。双休日已经普遍成为城镇市民的例行家庭美食日，并且在越来越多的中国人家庭日常餐饮生活中具有了特别的意义。

（三）中国餐饮步入多元发展市场

现代餐饮市场在20世纪80年代良好发展的基础上出现了多姿多彩的喜人景象。关于餐饮的信息、广告、视频、网站更是异彩纷呈，这昭示着新世纪国民餐饮生活发展的水平和新的风貌。餐饮场所百花齐放，五彩缤纷，为了适应不同人群的饮食需要，不同档次、不同规格、不同特色的餐厅不断涌现，如酒店、餐馆、会所自助餐、夜宵铺等五花八门。餐饮的经营业态日益丰富，不仅在街头和宾馆饭店，而且在大商场、购物中心、居民社区乃至洗浴、度假等一些新型的休闲场所中，都能见到它的身影。

民族餐饮将随着市场大潮的发展越发突飞猛进，各具特色的民族风味菜品将不断走进都市，服务于广大市民，傣族菜、苗族菜、布依族菜、维吾尔族菜、蒙古族菜、朝鲜族菜、彝族菜、壮族菜等，越来越受到人们的青睐，步入繁荣期。

延伸阅读

扫描二维码获取

思考研讨

1. 你对"民以食为天"如何理解?
2. 中华饮食文化的四大基础理论是什么?
3. 结合实际谈谈如何发展中华饮食文化,满足不同消费层次的需要。

第四讲　中华饮食礼仪

内容提要

1. 食是永恒的主题，礼是文明的象征。
2. 以"和"为美的中华饮食礼仪既有庙堂之规，也有民间之范。
3. 中华饮食礼仪是一种精神，贯穿在整个饮食活动中，成为具有人文情怀的饮食生活方式。
4. 中华饮食礼仪已演变为包含在饮食文化中的伦理、道德，是中华饮食文化光辉的思想结晶。

关键词

以和为美；中华食礼；演变；传承。

案例导入

中华文明礼乐之邦又现新史证（节选）

先秦时代，大夫们的食礼有何讲究？古人如何利用乐理知识创作美妙的音乐？战国早期，人们如何看待"天命"与"人命"之间的关系？2023年12月10日，《清华大学藏战国竹简（拾叁）》成果发布会在清华大学人文楼举行，为我们揭示了这些问题的答案。

本辑整理报告共刊布《大夫食礼》《大夫食礼记》《五音图》《乐风》《畏天用身》等五篇竹书，首次发现了战国时期的礼类文献，与传世的《仪礼》17篇有诸多相似之处；同时，首次发现了战国时期简帛文献中的音乐类文献，乐理背后展现了中国古人强大的数学逻辑思维和科学思想。五篇竹书均为传世文献未见的佚籍，为研究先秦时期的礼制、音乐以及思想提供了新的史料。

在"清华简"第13辑中，最为引人关注的是《大夫食礼》《大夫食礼记》两篇礼书。这两篇竹书编连为一卷，分别有竹简51支与14支，前者记载大夫食礼中宾主、傧相的行礼仪节，后者记述行食礼过程中执事者行事的具体礼节，两篇相辅而行。

"礼乐文化是中国文化中非常重要的标志之一，《大夫食礼》为亡佚的先秦礼书，与传世《仪礼》17篇有诸多相同之处，又具有鲜明的楚地特征，对于研究礼书的形成、流传等问题具有重要意义。"清华大学出土文献研究与保护中心副教授马楠介绍，《大夫食礼》基本仪节、行文特点与春秋战国时期的礼制汇编《仪礼》的诸篇相当接近，比如宾、主均分别从西阶、东阶上堂，相拜于中堂。

《大夫食礼》与《仪礼》中的《公食大夫礼》在结构、仪节上更为近似：列鼎庭中，一种叫作梡俎的盛置食物的礼器放置在鼎南；宾客入门之后，为宾客设馔，"醢豆"在前，"食簋"在后，豆和簋都是盛器，豆中盛放酱，簋中盛黍稷稻粱；如是循环几次，完成"三饭"，随后"浆饮"即喝汤，"卒食后皆撤俎归宾"。《公食大夫礼》在设馔、陈设方面叙述详尽，而《大夫食礼》在宾主、傧相礼辞方面论述更为详尽。

"《大夫食礼》写定时间约在战国中期，可以说弥补了礼书流传的缺失。"马楠说，两篇仪礼类文献是散失的先秦礼书的首次发现，不仅再现了战国时期礼书的原始面貌，而且体现了楚地大夫食礼的一些特点，对先秦礼制以及《仪礼》的研究有重要参考价值。

资料来源：李扬. 中华文明礼乐之邦又现新史证［N］. 文汇报，2023-12-11（001）.

民以食为天，中华饮食文化源远流长，最具人间烟火气的传统饮食礼仪在中国传统文化中占有举足轻重的地位。

中华食礼运用非常广泛，上自帝王将相，下至黎民百姓，无不与之存在广泛的联系，无不倚靠它进行社会交际。其包含的内容主要有饮食礼仪、饮食礼制、饮食礼义、饮食礼俗、饮食礼貌、饮食礼节等。根据时代来划分，可分为先秦社会食礼、专制社会食礼、近代社会食礼和现代社会食礼；按民族可分为汉族食礼和少数民族食礼；按社会阶层可分为宫廷皇家食礼、官府缙绅食礼、军营将士食礼、学院士子食礼、乡饮酒礼；根据地域来划分，包括东北、华北、西北、华东、中南和西南地区食礼；根据用途来划分，包括祭神祀祖、重教尊师、敬贤养老、生寿婚丧、贺年馈节、接风饯行、诗文欢会以及社交游乐、百业帮会和民众日常饮食礼，仪间应酬食礼等，形式和内容丰富多彩。

一、先秦社会食礼

先秦饮食文化之"礼"，既是中国古代普遍的一种文化思想观念，也是中国古典审美精神的一种诠释。

（一）中华食礼的起源与成形

1. 中华食礼的起源

中国是"食礼之国"，关于礼的起源，有"礼源于饮食""礼源于对人的欲望的抑制""礼源于商品交换""礼以义起""礼生于理，起于俗""礼源于人性"等多种观点。其中"礼源于饮食"

被更多人所接受。

在远古的"茹毛饮血"时代,并无食制,初民饥饱无定时。捕得食物时就饱餐一顿;运气不佳时,会多日不饱,尤其是冬天。

饮食作为华夏之"礼"的一项重要来源,饮食活动成为中国礼仪的早期应用场景。

《礼记·礼运》说:"夫礼之初,始诸饮食。其燔黍捭豚,污尊而抔饮,蒉桴而土鼓,犹若可以致其敬于鬼神……"意思是说:原始先民将黍米和猪肉块放在烧石上烤炙而献食,然后在地上凿坑当作酒樽用手掬捧而献饮,而且还用茅草扎成长槌敲击土鼓,以此来表达对鬼神的敬畏和祭奠。先民看来,鬼神掌握天地人的规律,人礼敬鬼神是为了自身的幸福。先民采用这些特殊的动作,并辅以一些具有象征性的器物来完成这一礼仪过程,从而表达内心的情感和对生命的企望。在整个祭祀仪式中,饮食中的"谷""肉""酒""乐"成为一个完整的组合,"食礼"的最初形态便包含了与饮食相关的这四大内容。

2. 中华食礼的发展演变

新石器时代晚期,天文历法知识已经萌芽。殷商时,人们已能够根据太阳在天空中的位置来表示时间了。他们一日两餐,"日出而作,日入而息",白天正是繁忙时间,所以重视早餐,以补充所需能量。晚上不事劳作,故不必多吃。

东周时期,随着社会生产的发展,整个社会面貌发生了很大变化,生活内容日渐丰富。战国时专用灯具的大量出现表明有了夜间娱乐活动,开始出现了一日三餐的现象。

战国时秦国民间使用的《日书》采用十六时制,在昏与暮间有了"暮食"时刻。

两汉时,种类繁多的灯具让人们已不再是日入而息了。所以,在汉代的时间分段中,已有早食,晡时或下晡(午餐),暮食或夜食(约晚上十点)之分了,明确表明一日三餐制。另外,汉代以后,中国社会进入大发展时期,劳动强度增大,两餐制不能满足身体的需要。同时,社会的发展,粮食作物丰富,为一日三餐提供了经济基础。至此,一日三餐,经过战国、秦的尝试,到汉代形成定式。

西周初年,周公制礼对王室和诸侯的礼宴作出了很多规定,王廷开始设有礼仪之官。"礼",是历代官修正史的核心内容之一,并按性质分为吉礼(祭祀)、嘉礼(庆贺)、宾礼(朝仪官场)、军礼(军旅等)、凶礼(丧葬)等"先秦五礼",从而奠定了古代饮食礼制。

饮食礼仪随着饮食方式的变化已形成一套相当完善的制度和饮食进餐礼仪,为普遍大众所接受,特别是经曾任鲁国祭酒的孔子的称赞推崇而成为历朝历代表现大国之貌、礼仪之邦、文明之所的重要方面。

3. 中华食礼的社会功能

食礼诞生之后,为了能够使它更好地发挥"经国家、定社稷、序民人、利后嗣"的作用,周公"制礼作乐",儒家学派的三大宗师——孔子、孟子、荀子,又继续对食礼加以规范,补充了仁、义、礼、法等内涵,把其拓展成人与人之间的伦理关系,"以礼定分",消除灾患。他们的学生继续加以阐述、充实，最后形成《周礼》《仪礼》《礼记》三部经典著作，使之成为几千年来宗法专制制度的核心与灵魂，进而更加根深蒂固地存在于民族精神中。

从社会功能看，中国饮食礼仪是中华民族创造的物质文明成果和精神文明成果的结晶，起着继承历史、文化的纽带作用，因此它具有明显的历史功能、教育功能和娱乐功能。

说它有历史功能，是因为中国食礼的孕育呈现出明显的时代层次，它是活的社会化石，是逼真的历史记录，也是饮食文明史中的"特写镜头"。如"仿唐宴"中就有唐人饮食生活的风味，"孔府宴"中就有古代书香门第的翰墨气息。通过这一功能人们可以记录、了解、研究中国烹饪发展史上的某些片段，进而探寻和总结中华饮食文化对全人类的贡献。

说它有教育功能，是因为中国食俗有着深厚广博的群众基础，丰富多彩的食不仅使本民族熟悉自己祖先创造的灿烂文化，还能够通过食俗活动的潜移默化，进行传统教育，增强民族自豪感和民族自信心，形成良好的民族心理和民族性格。

说它有娱乐功能，是因为食俗常和社交、婚恋、欢聚、游乐、竞技、集市相结合，带有很强的娱乐性。人生礼仪食俗情趣盎然，洋溢出健康向上的精神和情调，表现了人们对自己优秀文化和生活的热爱，能在社会上自立自强。"国以民为本，民以食为天"，食礼的研究对于国计民生无疑有着深远的历史意义和巨大的现实意义。

（二）先秦时期饮食方式和餐仪等级

1. 饮食方式

（1）分食制　分食制的历史可以上溯到远古时期。在原始社会里，人们遵循的是对财物共同占有、平均分配的原则。当时，氏族内食物是公有的，食物煮熟以后，按人数平均分配。那时，既无厨房饭厅，也没有饭桌，人们均围在火塘旁进餐。

商周时期，人们在进食时实行的是分食制，进食方式可以说是手抓与用筷子、匙叉进食并存。分食制沿袭了很长时期，直至汉唐仍盛行分食制。这不仅与远古社会平均分食的饮食传统有关，而且与合食所需的新家具、肴馔品种的发展等因素有关。

（2）饮食时间　先秦时期古人的饮食，一日两餐是标准餐。上午一餐，下午一餐。第一餐，在上午九点左右吃，叫朝食，又叫饔。当太阳行至东南角的时候，属隅中，朝食就在隅中之前吃。第二餐，下午四点左右，也就是在申时吃，叫餔食，又叫飧。如果遇到灾荒之年，贫困人家也许就一餐，也许食不果腹，好几天吃不上饭的也有。

2. 饮食上的等级森严

（1）餐仪等级　在我国古代，饮食礼仪是有等级区别的，饭、菜的食用等级和数量也有严格规定。《周礼·天官冢宰》云："凡王之馈食用六谷，膳用六牲，饮用六清，羞用百有二十品，珍用八物，酱用百有二十瓮。"这表明周天子的餐饮食物是很丰富的。王公贵族的食物比天子少。而《战国策·韩策一》记载普通百姓的食物通常就是"豆饭藿羹"。

在周朝，除了饮食的种类有着具体的规定，菜的数量也要符合相应的礼数。《礼记·礼器》

中记载，礼节是以多为贵的，最多的情况下，天子的一顿饭可以有二十六道菜，公爵一顿饭可以有十六道菜，诸侯一顿饭可以有十二道菜，上大夫一顿饭有八道菜，下大夫一顿饭可以有六道菜。

《仪礼·公食大夫礼》记载诸侯招待应聘上大夫的宴会是八豆、八簋、六铏、九俎，外加雉、兔、鹑、鴽四种野味；招待下大夫则为六豆、六簋、四铏、七俎而无野味。一般只有贵族、统治者才能经常吃肉，平民庶人被称为蔬食者。至于奴隶，大多连脱粟米饭都吃不上，只能食"犬彘之食"。

《礼记·乡饮酒义》中"乡饮酒之礼，六十者坐，五十者立侍以听政役，所以明尊长也；六十者三豆，七十者四豆，八十者五豆，九十者六豆，所以明养老也。"在这种宴席上，年长者分到的菜最多。

孟子为"仁政"描绘的蓝图是："五亩之宅，树之以桑，五十者可以衣帛矣。鸡豚狗彘之畜，无失其时，七十者可以食肉矣。"到了"仁政"社会，七十岁的老人可以吃肉；"人生七十古来稀"，"仁政"又难得，可以想见黎民百姓是几乎与肉无缘的。

（2）"鼎"的数量等级　周代时，"鼎"是代表人们身份之物，西周就对其使用做了明确规定，身份不同，用鼎的数量也不同。天子用九鼎，称太牢；诸侯用七鼎，称大牢；大夫用五鼎，称少牢；士用三鼎。

（三）先秦宴礼食礼与餐前祭祀

1. 宴席仪礼

宴席的雏形最早可追溯到尧舜时期，后经过夏、商、周三代不断演变，至春秋战国时已显规模。

"设宴待嘉宾，无礼不成席。"中国的宴饮礼仪始于周公。《仪礼》和《礼记》记载，中国宴会筵席注重礼仪由来已久，世代相承。"乡饮酒礼"发生在西周乡民之间，而王公贵族的宴席则有"燕礼"和"公食大夫礼"。"燕"通"宴"，"燕礼"即"宴礼"。

宴席，最早称"筵席"。"筵"和"席"本是地上的坐具，后来逐渐演化为"酒席""宴会"之意。"燕礼"就是国君宴请群臣之礼。

燕礼中应用的餐具饮器、食物点心、果品酱醋之类，均因地位的不同而有差别。由此可见，燕礼中尊卑差别十分明显。"燕礼"往往与"射礼"联合举行，先行"燕礼"，而后行"射礼"。

《礼记》记载，先秦宴席在饮食礼仪上有着明确的规范。

（1）入座　汉以前席地而坐，进食时入座的位置也很讲究。一般情况下坐要靠后，以示恭谦。进食则须靠前，以免食物掉落弄脏了座席。

（2）食品陈设　周代饮食陈设方式非常讲究。《礼记》记载，干的菜肴放在左手方，羹汤放在右手方，饮料和羹汤放在同个方向，葱等佐料放在旁边。左边放置带骨的菜肴，右边放置需要切的纯肉。醋和酱类放在近处，切细和烧烤的肉类放远一点。此外，脯、脩两种干肉，使它们弯曲的部分朝左而放在右边。

（3）宴饮开始　当非常尊贵的客人到场时，其他客人都要起立以示恭敬。当宴饮菜品端上来时，客人需要起立。主人让食，客人应当热情食用以示尊重。

（4）道谢　古人讲究尊卑等级，如果客人地位比主人低时，客人须双手端起食物，面向主人致谢。主人寒暄过后，客人才能入席落座。

（5）祭祖　周朝时，为了纪念祖先，各色菜肴摆好后，在进食前，主人会引导客人行祭。每吃一道菜之前，先从盘碗中拨出少许菜，放在案上，再将吃的食物放在案上，并把酒水洒向地面行祭。

2. 食礼与餐前祭礼

（1）食礼　古代的饮食礼仪涉及粮食耕作、食品加工、烹饪、进食、祭祀等诸多方面，反映了饮食养生、社会地位、伦理道德、宗教迷信等种种观念。随着时代变迁，饮食礼仪规范逐渐形成。但因宴席的性质、目的、地域不同，饮食礼仪也有差异。

①席次：先秦在座次仪礼上很严格。为了保持清洁，常在地面上铺一层竹或草编的席子，称筵；为了防潮，再在筵上铺比筵小的席，称席。合称为"筵席"。人们进入室内，坐于席上，故曰席地而坐。筵只铺一层，席则因身份不同而有别，一般天子座席铺五层。筵和席可根据情况而随便搬动，临时布置。后因人们常在其上进行饮食活动，逐渐演变成酒席的代名词。

商代以后，室内都铺席，贵族之家除用竹、苇织席外，还有的铺兰席、桂席、苏熏席等，王公之家则铺用更华贵的象牙席。铺席多少也有讲究，西周礼制规定天子用席五重，诸侯三重，大夫两重。

席地而食也有一定的礼节，如：座席要讲席次，主人或贵宾坐首席，称"席尊""席首"，余者按身份、等级依次而坐。

②坐姿：席坐姿势要求双膝着地，臀部压在足后跟上；若座席双方彼此敬仰，就把腰伸直，称之为跪或踞；席坐时不要两腿分开平伸向前，上身与腿成直角，形如簸箕，这是一种不讲礼节、很不礼貌的坐姿。

③进食礼：先秦时代作为贵族社会，对礼仪是非常注重的，在进食方面也不例外。

食礼包括正馔与加馔。正馔主要有黍、稷等，盛于豆、俎、铏。加馔用稻、粱等，盛于簋、簠、豆。这些食物用食器盛着摆放在筵席之上，会占很大的面积，因此形容之为"食前方丈"或"前方丈"。《墨子·辞过》中描述："厚作敛于百姓，以为美食刍豢，蒸炙鱼鳖，大国累百器，小国累十器，前方丈目不能遍视，手不能遍操，口不能遍味，冬则冻冰，夏则饰饐，人君为饮食如此，故左右象之。是以富贵者奢侈，孤寡者冻馁。"由此能够看出当时贵族们在饮食方面的奢华程度。

商周时期，人们的饮食不仅是为了饱腹，而且是庄严的社会活动，有极复杂的礼仪。进食顺序是饮酒、吃饭、吃菜、喝汤。吃饭时有很多规矩，如饭前洗手，不狼吞虎咽，不要大口喝汤，不要发出声音，不要拨弄牙齿。与尊长一起吃饭时，主人亲自向自己进食，就要行拜礼而后再吃；与国君进食，则要讲究辑让周旋之礼，要等国君先吃，国君没有吃饱，侍食的臣子不能先饱。国君饱后，臣子还要劝食，但以三度为限。凡陪尊者进食，都不得放肆，不得吃饱。

④餐仪禁忌：《礼记·曲礼上》记载："共食不饱，共饭不泽手。毋抟饭，毋放饭，毋流歠，毋咤食，毋啮骨，毋反鱼肉，毋投与狗骨，毋固获，毋扬饭。饭黍毋以箸，毋嚺羹，毋絮羹，毋刺齿，毋歠醢。客絮羹，主人辞'不能亨'。客歠醢，主人辞以'窭'。濡肉齿决，干肉不齿决。毋嘬炙，卒食，客自前跪，彻饭齐，以授相者。主人兴，辞于客，然后客坐。"这段话记录了吃饭时需要注意的很多礼仪规范，如不能用手抟饭团来吃，把多余的放回锅中，不能大口喝汤，以免满嘴汁液外流；吃饭时不可以发出"咤咤"的声音；不能咬嚼骨头，以免弄出声响；不可把拿起的鱼肉再放回食器中，不可把骨头扔给狗；不能专挑一样吃；不能为了去热气翻动饭；吃黍米饭时，不要用筷子；羹汤中的菜不能大口囫囵吞下，要经过咀嚼；不可以自己调和羹汤，如果客人调和了羹汤，那么主人就要道歉，表示不会烹调；不能当众剔牙；不能喝肉酱，如果客人喝肉酱，那么主人就要道歉，因为家贫致礼不周；湿软的肉可以用牙咬断，干硬的肉要用手撕开吃，不能用牙咬断；吃烤肉要切成小块吃，不要一口吞一大块；吃完饭，客人要从前面收拾盛饭菜的食器交给在旁服侍的人，主人起立请客人不必操劳，然后客人再坐下。

⑤饮酒之礼：《礼记·燕义》中讲饮酒时，宰夫（主膳食之官）先敬国君，国君饮后举杯向在座的来宾劝饮；然后宰夫向大夫献酒，大夫饮后也举杯劝饮；然后宰夫又向士献酒，士饮后也举杯劝饮；最后宰夫向庶子献酒。

主人向宾客进酒，称为献；宾客回敬主人酒，称为酢；主人先自饮，然后劝宾客饮酒，称之酬。《诗经》中记载：献、酢、酬一轮被称之"一献"。天子飨诸侯，分为九献、七献、五献；卿大夫、士行礼，则三献或一献。正献之后，众宾客依长幼之序互相敬酒，谓之"旅酬"；旅酬后，主人和宾客相互之间敬酒，饮酒无数，谓之"无算爵"。

（2）祭礼　国之大事，在祀与戎。祭祀天地四方诸神及自己的祖先是人们日常生活及国家政治生活中的头等大事之一。祭祀的规模是否隆重，进献的物品是否丰盛，盛牲的器皿是否考究，这一切是否合乎礼的范畴，是当时人们十分重视的事情。

从文字学的角度看，祭在甲骨文中是手拿滴血之肉的象形，"祭，祭祀也，从示，以手持肉"。祀，是祭祀中"尸"（祭祀时代表神灵受祭的活人，一般由晚辈或臣下充当）的象形。礼，在甲骨文中作器物豆上放置祭器的象形。"礼，履也，所以事神敬福也，从示从丰。"由此观之，祭、祀、礼，无不与饮食有关。

祭祀之礼，食物礼器简陋，重要的是献祭者体现了自己的"敬"。远古的祭礼，是人类文明发现最早的礼，也是中国历史上最重要的礼。"礼"字的出现，就是这种祭祀活动和事象的记录与表述。

餐前祭祀。人们在进餐前，一般都要先祭祖先和神灵。这在西周时已成为一种制度。

"礼，饮食必祭，示有所先。""祭先也，君子有事不忘本也。""伺食于君，君祭，先饭"。《礼记》《周礼》《论语》中都有餐前祭祀的礼俗记载，"虽疏食菜羹，必祭，必斋如也。"孔子也主张进餐前必须祭祀先人。

当时一共有九祭：命祭，就是由祝史命之，然后祭；衍祭，就是用酒洒地；炮祭，即祭豆、笾；周祭，即遍祭，既祭食物，也祭食器；振祭，先以肺、菹等蘸于醢中，继而振动；搞祭，即以肝、肺、菹等摇于盐或醢而祭之；绝祭，就是割取肺的一部分以祭；缭祭，用手从上到下摸肺，在下部割取一部分以祭；共祭，由膳夫或佐食将食物交给主人而祭。

商周进餐之前礼祭祖先和神灵的礼俗，对后世产生过较大的影响，并一直在古代中国传承着。中国人讲究"心到神知"，但供品归根结底还是"供膳人吃"。

3. 孔子的食礼

孔子是一个重礼的伟大学者，也是力行食礼的实践家，他主张的食礼，是夏商周三代，尤其是周代贵族食礼下行后的规范，是比上层贵族食礼更普及、更具广泛社会性的食礼的面貌。

《论语·乡党篇》集中记载了孔子膳食观。他关于国君赐食设食、君子依礼而食、民间饮食礼仪、膳食均衡搭配及其色、味、形、质、养、器等话语和教诲，字字为后世箴铭，故称为"孔食箴言"。

其内容可从七方面来理解：

①君子膳食讲求精细之道。

②注重膳食营养均衡。

③重视食物安全。

④讲求饮食规律。

⑤讲求厨艺烹调并且身体力行。

⑥要有节制，提倡适度饮酒。

⑦恪守饮食斋膳礼仪礼节。

孔府膳食活动中的一言一行、一餐一饮，乃至一菜一点、一杯一盏，都充满了"礼"的内涵。"君赐食，必正席先尝之。伺食于君，君祭，先饭。"意思是说，国君赐给熟食，与国君一道吃饭，要先尝一尝。国君代表国家，是一方政权象征。国君饭前祭礼、吃饭，均依礼主动先尝，以谦谦君子的风范表现出他对国家的忠诚、对君王的尊重，对礼的遵从。

二、专制社会食礼

秦汉时期，中国社会首次进入大一统时期，礼俗文化也是经过"大治濯俗，天下承风"，步入了定型阶段，并逐渐趋于民间社会。有主有宾的宴饮活动要有秩序有条理地进行，必须有一定的礼仪规范来指导和约束。

（一）专制时期底蕴深厚的食礼

专制时期的食礼是指从秦汉到明清时期的传统餐饮仪礼。随着社会的发展，普通社会阶层的餐饮礼仪也越来越普及。

1. 饮食方式

中国自原始社会直至汉唐一直盛行分餐制。宴席由分食制向合食制的转变，大约始于唐代中期以后，至宋代逐渐普及开来的。

分餐或合餐受到很多条件的制约，其中之一就是家具。先秦无桌椅板凳之时，人们席地而坐，食案一人一张，各吃各的。汉代仍承袭先秦的分餐制。如在河南密县打虎亭一号汉墓内画像石的饮宴图上，主人席地坐在方形大帐内，其面前设一长方形大案，案上有一大托盘，托盘内放满杯盘。主人席位的两侧各有一排宾客席。《史记·项羽本纪》中的鸿门宴也实行的是分食制，在宴会上，项王、项伯、范增、刘邦、张良一人一案，分餐而食。

西晋以后，随着北方少数民族进入中原地区，胡风南渐，引起了饮食生活方式的一些新变化。北朝时期，北方少数民族南迁，凳子、椅子、胡床等家具的出现，对汉民族传统家具是个重大冲击，也对饮食习俗产生了一定影响。敦煌壁画中有一幅《宫乐图》，十余位宫女围坐在一张大食案前，可见高桌合餐已经开始，随着床榻、胡床、椅子、凳等相继问世，逐渐取代了铺在地上的席子。

发生在魏晋南北朝时期的家具新变化，至隋唐时期已达高潮。新式的高足家具品种不断增多，椅子、桌子均已开始使用。至五代时，这些新出现的家具日趋定型，如南唐画家顾闳中《韩熙载夜宴图》中，可以看到各种桌、椅、屏风和大床等陈设在室内，南唐名士韩熙载盘膝坐在床上，几位士大夫分坐在旁边的靠背大椅上，图中人物完全摆脱了席地而食的旧俗。

合食制的普及是在宋代，饮食市场的繁荣，名菜佳肴的层出不穷，一人一份的进食方式已不适应人们追求多种菜品风味的需要，围桌合食也就成了一种不可阻挡之势。随着桌椅的使用，人们围坐一桌进餐也就顺理成章了，这在唐代壁画中也有不少反映。

由分食制向合食制转变，是一个渐进的过程，在相当长的时期内，两种饮食方式是并存的。

2. 宴礼

汉族的宴会程序，最早见于《礼记》，经过漫长的历史演变，明清时期便已初具现代宴会餐仪的流程。

（1）宴席仪程　总体来说，专制时期一般宴会的流程大致分为六步：

第一步，主人向宾客发出请柬，到了举办宴会的当天，要在室外迎接客人的到来。

第二步，等客人到了之后，主人先要问候客人，并把客人请到客厅小坐，请客人品尝茶点。

第三步，等到宴会正式开始，主人引导客人入席。以明清时代的家具为例，座次以左为上，且为首席。宴席中的座次，以左为首座。首座对面的座位是二座。从首座起按顺时针，首席之下是三座，二座之下是四座，依此类推。

第四步，客人入座后，由主人介绍嘉宾，一般以主宾作为首先介绍的对象，其他嘉宾按照顺时针一一介绍。

第五步，主人宣布宴席开始，敬酒让菜，客人以礼相谢。

第六步，宴会结束，主人引导客人进入客厅小坐。上茶。直到客人一一辞别。

（2）筵宴座次　宴席座次的排序，是中国古代宴饮礼仪中最重要的一项内容。

无论古今，中餐礼仪都非常讲究座次。在一个有多张桌子的大厅内，一般居中前的餐桌为贵宾席，要根据身份、地位等分坐，每张桌子面对大门、面东或居左的座位为主宾座。

清人凌廷堪《礼经释例》："室中以东向为尊，堂上以南向为尊"。在室中，座位通常以"尚左尊东"或"面朝大门"为尊。在筵宴座次的安排上，中国向来有以东为尊的传统。源于先秦，在《仪礼》的少牢馈食礼和特牲馈食礼中可以看到这一现象。郑玄讲：天子祭祖活动是在太祖庙举行的，神主的位次是太祖，东向，最尊；第二代神主位于太祖东北，即左前方，南向；第三代神主位于太祖东南，即右前方，北向；主人在东边面向西跪拜。这反映出室中尊卑位次的排序。一般而言，只要不是在堂室结构的室中，而是在一些普通的房子里或军帐里，都是以东向为尊的。而汉唐时堂上宴席尊卑座次则有所不同。

在堂上举行宴饮活动时，以面南为尊。如《仪礼·乡饮酒礼》中，堂上席位的次序是：主宾席在门窗之间，南向而坐；主人在东序前，西向而坐；介（陪客）则在西序前，东向而坐。

中国古代社会长期沿袭这种礼俗，在汉唐时，若在堂上举行宴会，一般也是南向为尊。因地域不同，而有所差别，大致可分为南、北两种类型。

宴席中最重要的是首席，家宴首席一般是辈分最高的长者，末席则反之。或首席为地位最尊的客人，主人则居末席，以示礼让。

首席没有落座之前，其他人都不能落座，首席没有动筷，其他人都不能动筷，巡酒时从首席开始按顺序一一敬之。另外，如果席间有人来，无论尊卑，全席的人都应起身迎接。

圆桌的座位正对大门的是首席，左手边依次顺序为二、四、六，右手边依次顺序为三、五、七。以八仙桌为例，首席的位置取决于桌子的摆放。若有对门的桌子，则桌子正对门一侧的右位为首席；若无正对门的桌子，则桌子东面的一侧右位为首席。

在正式的筵宴中，座次的排定及宴饮仪礼是十分严肃认真的，有的朝代皇帝还曾经下诏整肃，绝对不容许随便行事。

（3）待客之礼　该怎样以酒食招待客人，在《周礼》《仪礼》与《礼记》中已经有了明细的礼仪条文。

首先，在安排筵席时，肴馔的摆放位置要依照规定进行，要遵循一些固定的法则。带骨肉放在净肉左边，饭食置于左方，肉羹则放在右方；调味品则放在靠近面前的位置；酒浆也要放在近旁；肉脯之类，要注意摆放的方向，左右不可颠倒。这些规定都是从用餐实际考虑的，并不是虚礼，主要还是为了取食的方便。

其次，是食器饮器的摆放，仆从端菜的姿势，重点菜肴的位置，也都有一定规范。仆从摆放酒壶酒樽，要把壶嘴面向贵客；端菜上席的时候，不得面向客人和菜肴大口喘气，如果这个时候客人正巧有问话，必须把脸侧向一边，避免呼气和唾沫溅到盘中或客人脸上。上整尾鱼肴时，必须使鱼尾指向客人，因为鲜鱼的肉由尾部易与骨刺剥离；上干鱼则正好相反，应该把鱼头对着客人，干鱼因为头端更易于剥离；冬天的鱼腹部肥美，摆放时鱼腹向着宾客的右方，方便取食；夏天则背鳍部较肥，因此把鱼背朝右。主人的情意，通常是由这些细微之处体现出来，如果仆人不知事理，免不了会闹出不愉快来。

最后，待客宴饮，并不是等仆从把酒肴摆满就完事了，主人还有一个非常重要的事情要做，那就是要做引导，要做陪伴，主客必须共餐。陪伴长者饮酒时，酌酒时须起立，离开座席面向长者拜而受之。如果长者举杯一饮未尽，少者不可先干。侍食年长位尊的人，少者要"尝饭"。要等尊长者吃饱后才能放下碗筷。少者吃饭时小口小口地吃，而且要快些咽下去，谨防发生喷饭之类的事。水果要让尊者先食，少者不可抢先。尊者赐的水果剩下的果核不可以扔下，要放入怀中而归之，否则便是极不尊重。

（4）进食之礼　进食之礼，谦卑儒雅规范多。

自古至今，从治国到养生，我国大部分的文化内容，都是围绕着"吃"而形成展开的。中国人不仅讲究吃，还讲究吃的艺术，不仅吃得要有滋味，而且要吃得有兴致、有水平、有修养。进餐本是日常最平凡的事情，但有时却是一个人品质、修养的镜子，能够把这个人的内涵深度折射得一览无余。人们对饮食有许多礼仪规矩，如从进餐仪节、饮食器具，到待宾程序、座次排序，甚至特定用语，都有严格的礼制规矩。

《礼记·曲礼》记载，先秦时进食礼仪已有了十分严格的规定，专制时期继续延续和发扬光大。

"虚坐尽后，食坐尽前。"在大多数情况下，要坐得比尊者长者靠后一些，以示谦恭；"食坐尽前"，指的是进食时要尽可能坐得靠前一些，靠近摆放馔品的食案，以免不小心掉落的食物弄脏了座席。

"食至，起。上客，起。……"宴饮开始，馔品端上来时，作为客人的应该起立；在有贵客到来时，其他客人都应该起立，以示恭敬。

"客若降等，执食兴辞。主人兴，辞于客，然后客坐。"如果来宾地位不如主人高，必须双手端起食物面向主人道谢，待主人寒暄结束之后，客人方可入席落座。

"主人延客祭，祭食，祭所先进，殽之序，遍祭之。"进食之前，待馔品摆好以后，主人引导客人行祭。食祭于案，酒祭于地，先食用什么就先用什么行祭，按进食的顺序遍祭。

"三饭，主人延客食胾，然后辨殽。主人未辨客不虚口。"所谓"三饭"，指的是一般的客人吃三口饭后，主人引导客人吃肉。宴饮即将结束，主人不能先吃完而撒下客人，应该等客人食毕才能停止进食。如果主人进食未毕，"客不虚口"，虚口指以酒浆荡口，使清洁安食。主人还在进食而客自虚口，便是失礼。

"毋嚃炙，卒食，客自前跪，彻饭齐，以授相者。主人兴。辞于客，然后客坐。"宴饮结束，客人自己必须跪立在食案前，整理好自己所用的餐具及剩下的食物，交给主人的仆从。等主人说不必客人亲自动手，客人才可以住手，复又坐下。

"共食不饱。"指与别人一同进食，不可以吃得过饱，要注意谦让。

"共饭不泽手。"指的是同器食饭，不能用手，进食要用匙。

尊卑，一向都是食礼的一个重要内容。子女于父母，下属对上司，少小对尊长，须表现出尊重和恭敬。不但经典立为文，朝廷著为令，家庭亦以为训。清人张伯行《养正类编》卷三引《屠羲英童子礼》，就很清晰地记载着这样的训条：

凡进馔于长，先将几案拂拭，然后双手捧食器，置于其上，器具必干洁，肴蔬必序列。视尊长所嗜好而频食者，移近其前。尊长命之息，则退立于旁。食毕，则进而撤之。如命之侍食，则揖而就席，食必随尊长所向。未食，不敢先食；将毕，则急毕之，俟其置食器于案，亦随置之。

（5）箸之礼　用筷之礼，"天圆地方，有品节""纣为象箸，而箕子怖"。古代的箸，后世称为筷，是东方文明的标志物之一。中国是筷子的故乡。用筷吃饭，更是我们中华民族数千年饮食文化的重要组成部分。

①箸的由来与拿箸技巧：筷子的历史，可追溯到商代。先秦称筷为"挟"，到了秦汉叫"箸"，后来古人认为"箸"与"住"谐音，有停止之意，便反其意称之为"筷"。传统筷子，有"七寸六分"长，代表着人的七情六欲。每天手拿着筷子，也时刻警醒着自己要懂节制，有分寸。中国筷子的标准形状是"上方下圆"的造型，即天圆地方的意思。寓意着天地交融，和顺通达，是最好的卦象之一，即"地天泰卦"。反了，则属"天地否卦"，也是最差的卦象之一，因此拿筷毋倒。

学习正确拿筷，是我们每一个中国人从小就需要去面对的一件事情。筷子要成双成对，不可单只使用。使用筷子时，拇指、食指在上，中指在中间，无名指、小指在下，象征天、地、人三才。攥菜时只能从上往下"骑马夹"，而不能从下往上翻着"抬轿夹"。标准的起筷动作，其实下面的那一根是不动的，叫作"静筷"，而上面的一根，是需要借助食指和拇指向内弯曲的动作来靠近下面的"静筷"，从而将食物夹住，所以称为"动筷"。一双筷子，一静一动，阴阳合一，相互配合，开合自如，这才是最理想的状态，这也是我们中国人的哲学。

②箸之礼宾：古礼"人不陪君筷陪君"，在筵席上，一双筷子能折射出一个人的性格与品德。如果运用不当，会被别人视为没有素养。作为主人宴请客人，用箸待客要注重以下礼节：其一，统一筷子；其二，整齐摆放；其三，恭敬递筷；其四，学会动筷，主人先起筷，客人才可以动筷，或者要等长辈先起筷，晚辈方可动筷攥菜吃饭；其五，规矩搁筷；其六，公筷取菜；其七，礼貌架筷。

小小的筷子承载着数千年的美味佳肴，更展现了我们先祖的处世智慧。唐玄宗曾把一双金筷赐给宰相宋璟，赞誉他的品格像筷子一样正直。一双筷子，也可以让人化险为夷，青梅煮酒论英雄，曹操试探性的一句"天下英雄，唯使君与操耳"，刘备巧妙地利用一双筷子，借惊雷之声，"失匕箸"，表明自己是个胆小之人，从而化险为夷。如今，面对我们最熟悉的筷子，更多的是人们对生活的启迪，对中华文化的传承，是明礼，是关爱，是团聚！

3. 名宴仪礼

中华饮食文化经过几千年的历史积淀，形成不同朝代和地域特色的宴席文化，出现了系列古代著名的宴席，其独特的宴席仪礼形成了精美绝伦的饮食仪礼文化。

（1）孔府宴仪礼　"万古衣冠拜素王，千年礼乐归东鲁"。孔府宴并非孔子时代的宴席，而是历代衍圣公接待贵宾、袭爵上任、祭日、节日、寿辰、婚丧时特备的高级宴席，菜品以鲁菜为主，又兼容南北菜系，流传至今，孔府宴已聚集全国各地之精华。其原料有名贵的驼蹄、熊掌等，也有一些地方特产。

孔府宴分为寿宴、花宴、喜宴、迎宾宴、节日宴和家常宴六大类宴席，类别繁多，每类宴席仪程都有差别。以除夕年夜饭为例，宴会仪程大约包括吃素馅饺子、"大祭天地"、祭拜孔圣人像、宴席开始、龙灯会等内容，耍龙灯时，孔府"花炮户"还会放焰火。

（2）鹿鸣宴仪礼　为庆祝乡试考中的举人所举办的宴会，因在宴会上吟诵《诗经·小雅·鹿鸣》，故而称作"鹿鸣宴"。"鹿鸣"也表达了礼遇贤才之意。由于"鹿"与"禄"谐音，古人常以此象征仕途即将开始。

明清两朝的鹿鸣宴，以清代的最为隆重，席间除吟诵《鹿鸣》外，还要跳魁星舞，场面十分热闹。

（3）闻喜宴仪礼　唐代名宴之一。朝廷为新科进士及诸科及第的人举办的宴会，同时向考中的人家中报喜，使家人"闻喜"，得名"闻喜宴"。闻喜宴的曲江会和题名会，是当时读书人的大庆典。孟郊的"春风得意马蹄疾，一日观尽长安花"就是对当时闻喜宴的真实写照。

闻喜宴规格极高，相当于国宴。具体议程有公布新科进士暨及第人员名单（放榜）、曲江聚会游宴、慈恩塔题名、骑马游街等，一般以三日为限。

（4）文会宴仪礼　文会宴是文人之间相互交流文学创作举行的筵席，又称"雅集"。历史上许多著名的文会宴，如滕王阁举办的文人宴，因王勃的一篇《滕王阁序》名传千古。

文会宴以文人雅趣为宗旨，内容一般以文人吟咏诗文、讨论学问为主。形式以琴、棋、书、画、诗、酒、花、茶"八雅"为主题，以展示才艺、抒发情怀。

（5）琼林宴仪礼　琼林宴源于北宋。宋太祖始建殿试制度，殿试后皇帝在琼林苑赐宴，琼林宴因此得名。参加琼林宴预示新科学子们从此步入仕途。

《东京梦华录》和南宋文天祥《御赐琼林宴恭和诗》中均有琼林宴的盛况描写。元代"每年状元及第，赴琼林宴，游街三日，不拣鞍马，酒席供设，乐人祇应。""琼林深处风光好，别是人间一洞天。"由此可见,琼林宴仪式规模极盛。

(6)鹰扬宴仪礼　武举考试乡试放榜后的庆贺活动,称"鹰扬宴"。"鹰扬"是像威武飞扬的鹰一样,取自《诗经·大雅·文王之什》"维师尚父,时维鹰扬"之句。此宴以"鹰扬"为名。既是考官们的自诩,也是对新科武举人的勉励。

(7)会武宴仪礼　会武宴是另一种庆贺武举考试的宴会。自唐以来,古代武科殿试放榜后都要由兵部为武科新进士举行庆贺的宴会,称"会武宴"。会武宴的规模要比鹰扬宴更大。

(8)满汉全席仪礼　满汉全席起源于清朝的宫廷,是集合满族和汉族菜肴的巨型宴席。满汉全席包括廷臣宴、蒙古亲藩宴、万寿宴、千叟宴、九白宴、节令宴等,被誉为"中国古典名席之冠"。节令宴包括冬至宴、除夕宴、元会宴、元日宴、春耕宴、端午宴、中秋宴、乞巧宴、重阳宴等。

根《大清五部会典》等文献记载,光禄寺承办的满宴分六等:一到六等席面。与满宴不同,光禄寺承办的汉席,则分五类,即上席、中席和一等席、二等席、三等席。

满汉全席有着独特的风格。宴请场所会选择在宫廷或官府等庄严豪华、富丽堂皇之地。根据宴席种类不同,仪程不尽相同,宴会典雅高贵,仪礼严谨庄重。

4. 乡饮酒礼

"以醴礼宾,观民风。"乡饮酒礼就是我国历史上范围最广、延续时间最长的一种宴请活动。它最早起于周代,起初只是以酒为乐的一种小聚餐。后来这种形式慢慢发展到,不论从规模、宾客人数还是仪规程序,都要比普通的节日举行的家宴复杂得多,甚至还被纳入了国家礼制体系"五礼"之嘉礼当中。

(1)乡饮酒礼的形式　上至国家,下至地方的乡、州、党,都会以固定的时间、形式,举行乡饮酒礼来燕飨乡民,以达到教化的目的。《仪礼·乡饮酒礼》所述,乡饮酒礼主要有以下几种类型:

第一类,举荐贤者。

第二类,以射取士。射礼是古代六艺之一,能体现一个人的德行高低。其核心就是对手之间讲究谦和、礼让,"君子无所争!"通过这种竞技,来立德立君子,追求体魄与心性的和谐统一。也正因为这种君子精神,我国古代的传统射礼还传到朝鲜、日本,称之为"弓道"。在举行射礼之前,由当地的乡党主持,举行酒宴以飨乡邻,以树德行,达到教化民众的目的,叫作"乡饮酒"。

第三类,以正序齿。宴请本地德高望重的人,以示尊贤,向乡民宣扬忠孝礼教,以扭转社会上酗酒无度的风气,同时对维护乡党团结、稳定社会秩序有积极促进作用。

第四类,年终蜡祭。蜡祭,以祭祀百物之神,是一种丰收的祭祀典礼,同时也为来年的收成祈福。到了汉代,改为"腊",是年终非常重要的祭祀活动。

上述几类是乡饮酒礼的一部分形式,都有严格的仪式和礼节。乡饮酒礼长期为历代士大夫所尊用，前后沿袭约3000年之久。在中国历史上产生了深远的影响。

（2）乡饮酒礼的流程　举办乡饮酒礼，一般由地方官员主持，有严格的固定仪式。参礼嘉宾主要是乡里德高望重者优先。宴请的菜单、种类、器皿的陈设、座次安排、进出次序、摆宴方式，谁站在什么位置，该说什么话，行什么礼，一系列的流程规矩，都有着严格的选择和规定。

乡饮酒礼主要包括"谋宾""戒宾""陈设""迎宾""献宾""乐宾""宴饮""送宾""拜谢"等24个程序，整个仪式庄严隆重，有礼有节。

乡饮酒礼的仪规，献之礼、旅酬、无算爵、无算乐，参礼者从入门登阶、下堂洗涤，到拜爵拜送，祭食祭酒，从坐着行祭，到站着喝酒，整个过程张弛有度，有礼有节，无不体现了古人尊卑分明、谦恭有礼、长幼有别的礼仪风尚。众人虽酬酒欢乐，但所重在礼，不在酒，礼乐有序，更没有混乱的场面。整个仪节足以让乡民得以受到良好的教化，从而主动地端正自身，懂长幼之别，尊老爱幼，恭敬谦让，彬彬有礼，起到宣扬孝顺悌爱、敬老养老的社会风气，再转化为政治上的忠君爱国。正如《礼记·乡饮酒义》有云："民知尊长养老，而后乃能入孝弟。民入孝弟，出尊长养老，而后成教，成教而后国可安也。"人与人之间需要相互尊重谦让，恭敬有序。在今天，每到过年过节也有诸如"百家宴""千人宴"这样的宴请活动，大多有"聚宗亲，睦乡邻，祈丰年，保平安"的美好寓意，从中或多或少也能看到古代乡饮酒礼的传统文化印记。

（二）饮食礼仪文化的核心思想

以"和"为美，重教、敬贤、养老，是中国传统饮食礼制之一，它体现了"温良恭俭让"的风范。上起天子，下至黎庶，均将其视作"国之根本""人之大伦"。重教、敬贤、养老食礼的内容主要是馈赠食品、歌舞宴乐、礼拜侍奉、定期纪念，行礼形式多种多样，都体现出对师长的敬仰，对老人的爱戴，对知识的渴望，对人才的尊重。它最明显的特征是师、贤、老"三位一体"。尊师常是敬贤，敬贤包含养老，养老体现尊师。这种现象，在中国存在了数千年。各种宴请食仪多是一礼三用，兼收尊师、敬贤、养老之效。

重教养老是儒学文化中的基本道德规范。食礼，自然也具有"明尊长""明教化""明礼乐"的属性，对提高老百姓的人文素养具有积极的意义。

1. 立为国策的重教食礼

重教食礼主要包括祭孔与尊师两个方面。

祭孔食礼是祭祀伟大思想家、教育家、儒家学派创始人——孔子的仪典。它多在宫廷、官府和各类学校中举行，有"先师诞""丁祭""释奠礼""释菜礼"等形式，对于孔圣人的祭祀，历朝均列为国家大典。绵延2000余年，还影响到东亚、东南亚、南亚的一些国家和地区，是中华饮食文化和教育礼俗的重要内容之一。

"天地君亲师"，教师享有很高的地位。尊师食礼流传百代而不衰。历朝无不尊师重教，对德行卓著者，天子"赠鸠""赐杖"和"馈食"表示褒扬。

最早的尊师食礼是"束脩"和"释菜"。束脩，就是捆成一束的10条干肉，系学生首次拜见业师的贽礼。各等级的束脩礼一般都比较丰厚。

继而出现"延师礼"和"侍师礼"。再后又有"上学酒"与"下学酒"。

科举考试中也有"敬师宴"。此礼在现今新加坡华人社会中仍很流行。其菜肴款式较多，有"薪火相传（烛光拼盘）、有教无类（烩海中宝）、活学活用（清蒸活鱼）、教育英才（北京烤鸭）、春风化雨（如意素烩）、济济多士（四喜蒸饺）、桃李满门（雪蛤莲子）"等。

2. 仪程规范的敬贤食礼

"学而优则仕"，敬贤食礼是古代朝廷为荐举人才、选拔官吏的一种饮食礼制。它主要通过飨燕养老、抬贤养士、颁赐酒食簪花传胪等形式，储备人才或褒奖贤俊，在社会上起到"唯才是举"的舆论导向作用，鼓励士子读书报国。这是重教食礼的补充和深化。

魏晋选官强调"唯才是举"，曹操父子经常下诏求贤。隋唐科举取士，可以在更大范围内平等地发现人才和任用人才。"燕礼""九献礼""大风宴""鹿鸣宴""射弓宴"等文武相映生辉。朱元璋名楼御赐文会，清"簪花传胪"，均是对选才用能食礼的生动诠释。

敬贤食礼中最著称的"乡饮酒礼"。属于"亲万民"的"嘉礼"的范畴。表彰能人，慰问耆老，以之"正齿位、序人伦、敬老耄、睦乡里、荐贤能、利邦国"。

3. 雅庆戏闹的养老食礼

敬老、养老是人类讴歌的永恒主题。"凡养老，……五十养于乡，六十养于国，七十养于学。"汉武帝专为90岁以上的老人颁布《受鬻法》，"授之以玉杖，哺之以米粥"。明代设"养济院"收养孤老；朝廷操办盛大的敬老嘉会（如清廷"千叟宴"），或是文士私人邀约的敬老文会（如白居易举办的"九老会"）。它们都以尊老敬贤为宗旨，重视人选的代表性和权威性，严格按礼仪程序组织：温文尔雅，精致华美，诗酒唱和，弦乐飞扬。

三、近现代宴席礼仪

近现代常见的用餐方式主要有宴会、家宴、便餐、工作餐（包括自助餐）等。

宴会可以分为正式宴会和非正式宴会两种类型。正式宴会，隆重而正规，讲究排场和气氛。对于到场人数、穿着打扮、席位排列、菜肴数目、音乐演奏、宾主致词等，往往都有十分严谨的要求和讲究。非正式宴会，也称为便宴、家宴，轻松、自然、随意。

中国人在宴席中十分讲究礼仪。宴席中的规矩很多，各地的情形不尽一致，大多数是传统餐仪的延续，这里介绍一下宴席上的一般常用礼仪。

（一）赴宴仪礼

在接到请柬或友人的邀请时，能否出席应尽早答复对方，以便主人安排。一般来说，接到别人的邀请后，除有重要的事情外，都应该赴宴。

参加宴会时应注意仪容仪表、穿着打扮。不要迟到早退，如果确实有事需提前退席，在入席前应通知主人。告辞的时间，可以选择在上了宴席中最名贵的菜之后。吃了席中最名贵的菜，就表示领受了主人的盛情。也可以在约定的时间离去。

赴宴时应"客随主便"，并听从主人安排，应注意自己的座次，不可随便乱坐。开席前若有仪式、演说或行礼等，赴宴者应认真聆听。

（二）位次礼仪

宴请桌次和位置的设置要照顾到赴宴者的性别、年龄、职务和社会地位等要素。

1. 桌次排列

餐桌排列要视桌数多少、宴会厅的大小与形状、主体墙面位置，一般而言，其定位的原则，以居中为上，右边为大，左边为小。主桌应设在面对大门、背靠主体墙面的位置。

2. 席次的安排

宾客邀妥之后，必须安排客人的席次。以中餐圆桌设宴，有中式及西式两种席次的安排。方式不一，可是基本原则相同。一般注意下列原则：

以右为尊，席次的安排以右为尊，左为卑。因此如果男女主人并坐，则男左女右，以右为大。如席设两桌，男女主人分开主持，则应该以右桌为大。宾客席次的安排亦然，也就是以男女主人右侧为大，左侧为小。职位或地位高者为尊，高者坐于上席，依职位高低，即官阶高低定位，不可逾越。

（三）用餐仪礼

1. 就座和离席

要等长者坐定后，才能入座。如果席上有女士，要等女士坐定后，方能入座。用餐完毕，须等男、女主人离席后，其他宾客才能离席。坐姿要端正，与餐桌保持适当的距离。离开席位时，要帮助隔座长者或女士拖拉座椅。

2. 餐巾的使用

当主人示意用餐时，可将餐巾平铺于腿上。一般不要系入腰带，或挂在西装领口。如用手取食，洗手水洗清后用餐巾擦干。可用餐巾轻轻擦拭嘴唇和嘴角，切忌用餐巾擦拭餐具。

3. 餐桌上的一般礼仪

①就座后姿势端正，双脚踏在自己座位下，不可任意伸直，手肘不得靠桌缘，或把手置于邻座椅背上。

②用餐时应该温文尔雅，从容安静，不能急躁。

③在餐桌上不要只顾自己，也要关心别人，特别要招呼身侧的女宾。

④口内有食物，要避免说话。

⑤必须小口进食，不可大口地塞，食物未咽下，不得再放入口中。

⑥取菜舀汤，要使用公筷公匙。

⑦吃进口的东西，不可以吐出来，如食物确实滚烫，可喝水或果汁冲凉。

⑧送食物入口时，双肘要向内靠，不要直向两旁张开，碰及邻座。

⑨自己手上持刀叉，或他人在咀嚼食物时，都要避免跟人说话或敬酒。

⑩好的吃相是食物就口，不能将口就食物。食物带汁，不能匆忙送入口，否则汤汁滴在桌布上，非常不雅。

⑪千万不要用手指剔牙，应用牙签，并以手或手帕遮掩。

⑫避免在餐桌上咳嗽、打喷嚏，一旦忍不住，要说声"对不起"。

⑬喝酒宜各自随意，敬酒以礼到为止，不可劝酒、猜拳、吆喝。

⑭如主人亲自烹调食物，一定要称赞主人手艺。

⑮就餐时要细嚼慢咽，不能狼吞虎咽；更不能挑食，眼睛只盯着自己喜爱的菜，或者把喜欢的菜全堆到自己的盘子里；切勿把盘子里的菜拨到桌子上；更不能发出不雅的声响，如喝汤声、吃菜声；也不要嘴里含着食物和他人聊天；就餐时不要将嘴里的骨头和鱼刺吐到桌子上，需要吐骨头和鱼刺时，可用餐巾纸掩口，用筷子取出放在碟子里。用牙签剔牙时，需用手或餐巾掩住嘴。就餐时切勿大声喧哗。

⑯食毕，餐具一定要摆放整齐，不可凌乱放置，餐巾应折好，放于桌上。

⑰进餐的速度，应该与男女主人同步，不宜太快，也不宜太慢。

（四）敬酒礼仪

餐桌及宴会上的近现代饮食礼仪可归结为：众欢同乐，切忌私语；瞄准宾主，把握大局；语言得当，诙谐幽默；劝酒适度，切莫强求；敬酒有序，主次分明。

敬酒可以随时在饮酒的过程中进行。要是致正式祝酒词，就应在特定的时间进行，并不能因此影响来宾的用餐。祝酒词适合在宾主入座后、用餐前开始。也可以在吃过主菜后、甜品上桌前进行。在宴客时，主人应率先敬酒。敬酒碰杯时，主人和主宾先碰。人多时可同时举杯示意，不一定碰杯。在主人与主宾致辞、祝酒时，应暂停进餐，停止碰杯，注意聆听。提议干杯时，应起身站立，右手端起酒杯，或者用右手拿起酒杯后，再以左手托扶杯底，面带微笑，目视其他特别是自己的祝酒对象，嘴里同时说着祝福的话。

一般情况下，敬酒应以年龄大小、职位高低、宾主身份为先后顺序，一定要充分考虑好敬酒的顺序，分明主次。

四、优秀食礼传承

一方水土养一方人，中国的水土和文化积淀成就了中国的美食文化的璀璨。"天人合一"的儒家思想构成了中华饮食文化的"人格"，是中华饮食文化的文脉。契合于人心的中国儒家文化引领着社会生活，中国人找到了富有人文情怀的"饮食生活样式"并将继续延续。

食礼是饮膳宴筵方面的社会规范与典章制度，餐饮活动中的文明教养与交际准则，赴宴者和东道主的仪表、风度、神态、气质的生动体现。中华饮食礼仪是一种精神，贯穿在整个饮食活动中，已演变为包含在饮食文化中的伦理、道德，它是中华饮食文化光辉的思想结晶，也是中华民族宝贵的精神财富。中华传统饮食礼仪文化的继承和发展具有划时代的意义。

（一）取其精华，去其糟粕

中华传统食礼早已渗透到中国历史的方方面面，庙堂之上、江湖民间、市井陋巷。但是，传统礼仪文化也不是完美的，随着时代变迁，日月更迭，有一些传统礼节已无法适应当今这个年代。因此，在学习和传承中华传统礼仪要去其糟粕取其精华，从传统礼仪里面寻找真正适合现代社会，注入了我们民族灵魂的东西。尊老敬贤、仪尚适宜、与人为善、礼尚往来、仪容有整等，都是可以传承下来的，将这些中华传统礼仪文化的精髓，跟当今我们提倡的社会主义核心价值观相互融合，对家庭、社会乃至整个国家的和谐稳定会产生潜移默化的引导作用。

当然，也有一些不够合理、健康的食礼，如一些地区男女不同席、妇女不上正席等陋习仍然存在，需要改革除之。

（二）理解蕴意，把握内涵

重教、敬贤、养老的中华饮食礼仪文化就其深层内涵来看，可以概括成四个字：精、美、情、礼。反映了饮食活动过程中饮食品质、审美体验、情感活动、社会功能等所包含的独特文化意蕴，也反映了饮食礼仪文化与中华优秀传统文化的密切联系。只有准确把握"精、美、情、礼"，才能深刻地理解中华饮食礼仪文化，也才能更好地继承和弘扬中华饮食礼仪文化。

这一内涵意蕴在第一讲中已有介绍，在此不再赘述。

（三）与时俱进，多元发展

首先，世界飞速发展，为现代饮食礼仪文化提供了必要的物质基础与技术前提。其次，生活节奏加快，人们有必要改变自己的饮食方式以适应新生活的需要。最后，也是最为重要的是，理性精神和科学精神的崛起，一种与之相应的新的饮食礼仪文化便呼之欲出了。与古代的饮食礼仪文化相比，现代的饮食礼仪文化是多元的，打破了以往的形而上枷锁，恢复了饮食活动的本来目的，因而有其积极的进步意义。

（四）多方配合，共同传承

传统食礼的传承，还需要全社会的共同努力，包括家庭、学校和社会。

首先是家庭。家庭教育至关重要。饮食礼仪绝大多数场景是在家庭日常生活中养成。餐桌礼仪体现一个家庭的教养，孩子的用餐习惯，决定着未来与发展。"冰冻三尺，非一日之寒"，古人历来重视家庭教育，家规家训都依据礼仪为基础来订立，旧时书香门第的门上会挂着"诗礼传家"的牌匾。传统家教名著《颜氏家训》《弟子规》等，对现在的孩子来说也是有作用的，通过诵读名篇，可以让其明事理懂食礼。同时，父母要在日常生活中努力践行文明食礼，培养正确的价值观和行为方式，久而久之，孩子就会有意识地成长为有礼之人。

其次是学校。学校要重视食礼和礼仪文化教育。通过开设食礼相关的课程或者举办相关的讲座和活动，把中华优秀的食礼推广出去，从思想观念和具体行为方式上培养学生的礼仪意识和文明举止，帮助学生将礼仪规范真正内化为自身的行为模式。着力提高传统饮食文化与礼仪修养的认识，养成文明礼仪习惯，慢慢转变成自身的自觉行为，进而促进身心健康发展，就可以"少成若天性，习惯成自然"。

最后是社会。中华饮食文化的传承，最终是要落实到社会，落实在每个人的身上。每个人都要不断加强道德修养，存敬于心，待人有礼，自觉去传承优秀的中华食礼，自觉去践行社会主义核心价值观，美好的中国梦终将会实现。

将传统中华食礼文化结合社会主义核心价值观做创新性的传承和转化，让其重新回归到家庭、学校和社会，融入我们日常生活的方方面面，就一定能实现中华传统食礼文化的当代价值，让我们中华民族这个"礼仪之邦"始终屹立在世界民族之林。中华食礼不仅是中国的瑰宝，而且必将以其永恒的魅力征服世界。

延伸阅读

扫描二维码获取

思考研讨

1. "孔食箴言"是如何来阐述食礼的？
2. 中国古代有哪些著名的宴席，各自有什么特点？
3. 饮食礼仪文化的核心思想是什么？
4. 结合现代宴请实际，实际谈一谈如何传承中华优秀食礼文化。
5. 根据材料填座次。

鸿门宴充满玄机的座次

《史记·项羽本纪》中记载了鸿门宴的座次安排，"项王、项伯东向坐，亚父南向坐——亚父者，范增也。沛公北向坐，张良西向侍。"项羽东向坐，是自居尊位而当仁不让，项伯是他叔父，不能低于他，只有与他并坐。范增是项羽的最主要谋士，乃重臣，故其座次虽低于项羽,却高于刘邦。刘邦势单力薄屈居亚父之下。张良是刘邦手下的谋士,在五人中地位最低,自然只能忝陪末座,也就是"侍"坐。这种主客座次安排,短短几句,却充满了玄机和微妙。

请根据这段记载填一填鸿门宴座次图(图4-1)。(东向坐指坐在西面,面向东而坐)

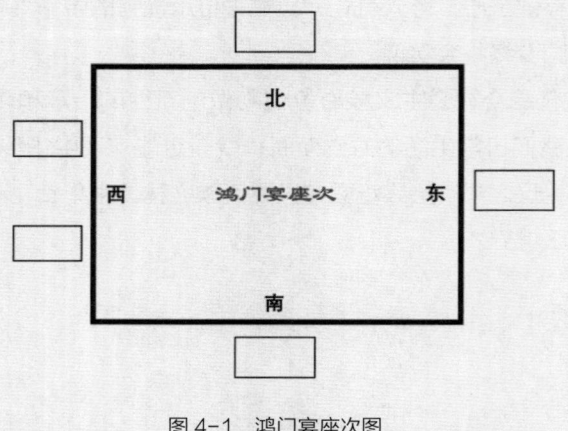

图4-1 鸿门宴座次图

第五讲　中华饮食习俗

内容提要

1. 中华饮食文化历史悠久，日常饮食形成了诸多习俗，饮食结构科学合理，饮食种类丰富多彩。
2. 中国最大的人生礼即寿、诞、婚、丧，在跨越人生的每一个里程碑时逐渐形成了一系列饮食习俗。
3. 中国传统节日是中华民族悠久历史文化的重要组成部分，节日习俗始终少不了饮食，形成了不同的节日饮食风俗。
4. 宗教信仰食俗，是在原始宗教或现代宗教的制约下所形成的食禁、食性、食礼与食规。

关键词

食俗；节日；宗教；人生礼。

案例导入

故乡的味道，就在年夜饭里

又到团年夜，家家户户摆上了年夜饭。年夜饭是春节文化的重要组成部分，也是中国人乡情的重要寄托。《舌尖上的中国》里有这样一句话："这些味道，已经在漫长的时光中和故土、乡亲、念旧、勤俭、坚忍等情感和信念混合在一起，才下舌尖，又上心间，让我们几乎分不清哪一个是滋味，哪一种是情怀。"故乡的味道，就在除夕夜的餐桌上。故乡变化日新月异，但这种味觉记忆是变化中的不变，提醒我们来自何方，将去向何处。

年夜饭是中国人过年的最高仪式。清代顾禄所著的《清嘉录》记载，"除夜，家庭举宴，长幼咸集，多作吉利语。名曰年夜饭，俗呼合家欢"。南方春节吃的汤圆，象征着团团圆圆；北方春节必吃的饺子，因其状如元宝，便被赋予了"招财进宝"的意义，也有"饺子就酒，越喝越有"的说法。在湖南长株潭地区，年夜饭的菜色通常有全家福、团年肘子、五圆整鸡等，拥有好寓意的彩头；而郴州、益阳等地则一定有青菜、豆腐、萝卜等，寓意一年"清清洁洁"；衡阳年夜饭的第一道菜则一定是土头碗。年夜饭展现的是一年奋斗成果的丰收喜悦，对一家人团圆的信仰，以及对来年美好生活的祝愿。

年夜饭也是中国人生活质量提升的重要缩影。不少人犹记得，曾经，称上几斤肉，一条鱼，一只鸡，加点豆腐青菜，就是过年最幸福的事，能让全家吃上几天。改革开放以来，年夜饭的餐桌发生很大变化，物质不断丰富，从想吃而不能尽吃的鸡鸭鱼肉，到之前想都不能想的海鲜特产……年夜饭折射中国经济社会发展的快速变化，人们对美好生活的向往不断成真。

年夜饭更是中华优秀传统文化的传承。习近平总书记指出："共欢新故岁，迎送一宵中。"湖南十里不同音，百里不同俗。年夜饭里藏着许多"小秘密"，有"赶年"习俗的张家界、湘西等地通常会在大年二十九或大年三十凌晨开吃，衡阳、岳阳部分地区也有中午吃团年饭的习惯，长株潭、永州等地则多为大年三十晚上吃。不管年夜饭怎么吃，这里面承载的是人们对传统的珍视，更重要的是其中蕴含的"家"的价值。生活要有仪式感，节日更离不开仪式对内涵的体现。年夜饭不必吃得奢靡浪费，但传递家国一体、生活越来越好，应该是永恒的节日主题。这是一种情感的表达，也是过年最大的价值和意义所在。

资料来源：杨兴东. 故乡的味道，就在年夜饭里［N］. 湖南日报，2024-02-10（002）.

一、日常食俗

（一）日常饮食习惯

1. 餐制

餐制是从生理需要出发为了恢复体力而形成的饮食习惯。据史书记载，正常的饮食制度大约形成于夏商周时期，当时普遍采用的是两餐制。这种餐制适应了"日出而作，日落而息"的生产作息制度。到了春秋战国时期，随着农业生产的发展，社会上开始有了三餐制，在上述两餐之间加一餐，称为"昼食"。实行三餐制后，分别把它们叫朝食、中食、夕食。自汉代之后一日三餐的习惯已在民间普遍实行。《论语·乡党》曰："不时，不食。"是说不到该吃饭的时候不吃。郑玄解释为："一日之中三时食，朝、夕、日中时。"郑玄是以汉代人们的饮食习惯来注解孔子这句话的，这说明汉代已初步形成了三餐制的饮食规律。但有些地方还是随着季节不同和生产需要仍然采用两餐制，有些穷苦人家也因物资匮乏常年采用两餐制，而在上层社会，比如皇帝饮食甚至多为一日四餐。但时至今日，三餐制仍然是人们日常饮食的主流习惯。

分餐制在我国历史非常久远，我们祖先聚宴吃饭，是双膝着地席地而坐，人前各放一张低矮的小食案摆放饭菜，即便只有两人也是分案而食。古代分餐制的形成主要原因有两个，一是物质条件匮乏；二是长幼尊卑秩序。分餐制是需要礼仪和经济作为基础的，所以早期的分餐制盛行于贵族阶层中，而底层庶民是没有分餐条件的，他们多为合餐制，然而历史上多记载的都是贵族，所以我们只看到分餐制。五代北宋以后，由于士族消亡，寒族崛起，中国由贵族社会转型为平民社会，流行于寒族的合餐制必然取代昔日的贵族分餐制，一并消亡的还有各种贵族礼仪和贵族精神,当然分餐并没有完全消失,因为皇家是皇权社会的唯一贵族,所以皇家还是实行的分餐制。直到明代以后,皇家也变为合餐制了。

2. 饮食结构

饮食结构又称膳食结构,是指人们饮食生活中食物种类和相对数量的构成。《黄帝内经·素问》中说:"五谷为养,五果为助,五畜为益,五菜为充。""五谷",在中国古代,既有具体所指,如粳米、小豆、麦、大豆、黍或麻、黍、稷、麦、豆等,也有泛指粮食。五谷为养的含义就是指包括谷类和豆类在内的各种粮食是人们养生所必需的、最主要的食物。中国的主食包括饭、粥、面等,品种十分丰富,而它们基本上都是用粮食作为主要原料的。从营养学的角度上来说,"五谷"提供了大量碳水化合物和植物蛋白质,碳水化合物能够转化成能量,为人体提供生命活动所需要的动力,而蛋白质也是细胞结构最基本的组成成分。"五果",不仅指具体的五种果品,如桃、李、杏、栗、枣等,也泛指各种果品,包括水果和干果等。水果中含有大量的维生素、矿物质,"五果为助"说的就是指食用少量的果品作为对粮食和肉、蔬品的辅助调节,对维护人体健康有很大帮助。"五畜",在中国古代,也是既有具体所指,如牛、羊、猪、狗、鸡或马、牛、羊、猪、狗等,也可泛指家禽家畜及其副产品乳和蛋等。肉类食品及副产品含有丰富的蛋白质和脂肪,"五畜为益"的含义就是指适量地食用动物性食物原料,对人体健康特别是机体的生长有很大的补益。"五菜"在中国古代同样有具体所指,如葵、韭、藿、薤、葱等,也有泛指,指对人工种植的蔬菜和自然生长的野菜的统称。李时珍在《本草纲目》指出:"凡草木之可茹者谓之菜。"蔬菜中富含人体所需的维生素、无机盐、膳食纤维和水等丰富的营养成分,"五菜为充"的含义就是指食用一定量的蔬菜作为对粮食和肉食的补充,可以使人体所需的营养得到充实、完善,有效地促进人体健康。

从现代营养学来看,人体必须从外界摄取食物获得营养素才能维持生命与健康,营养素包括六个种类,即碳水化合物、蛋白质、脂肪、矿物质、维生素和水。中国传统的食物结构正好提供了人体需要的这六大营养素,满足了养生健身的基本营养需要。中国是一个以农为本的农业大国,粮食、蔬菜、果品等植物原料的产量大、价格低,在正常状态下能够比较充分地满足人的饮食需要,普通百姓也有条件把它们作为常食之品,而动物性食物原料,其产量较小、价格也较贵,不太容易满足人的饮食需要,普通百姓常常只能根据自己的条件来选择。但无论如何,由于有豆类提供的蛋白质作支撑,不会从根本上影响人体的健康与繁衍。因此可以说,中国人选择这个以素食为主的食物结构是非常符合实际的,也是非常明智的。

3. 饮食特点

中华饮食素以历史渊源悠远、流传地域广阔、烹饪工艺卓绝、文化底蕴深厚而享誉世界。中国物华天宝、物产丰富,光是烹饪原料就有1000多种,调味料有500多种可供选择,菜品多选用普通原料制作,朴实、不重奢华,以适合家庭成员口味为前提,家常味浓。各家既能兼取百家之长,又有各家的特色。

一年四季，按季节而食，是中国烹饪一大特征。自古以来，中国一直按季节变化来调味、配菜，冬天味醇浓厚，多炖焖煨；夏天清淡凉爽，多凉拌冷冻。

以热食、熟食为主，也是中国人饮食习俗的一大特点。这和中国文明开化较早和烹调技术的发达有关。所谓："水居者腥，肉玃者臊，草食者膻。"热食、熟食可以"灭腥去臊除膻"（《吕氏春秋·本味》）。用火精妙，烹法丰富，是对中国烹饪制熟技艺的概括。

中国烹饪不仅表现在精湛的烹饪技术上，而且还讲究菜肴的美感，注意菜肴的色、香、味、形、器的协调一致。对菜肴美感的展现也是多方面的，一个红萝卜和一棵白菜心，烹调大师们都可以雕出各种精美的造型，达到色、香、味、形、美的和谐统一，人们可以享受到精神和物质高度统一的美感。

中国烹饪还十分注重菜的品位情趣。中国菜肴的名称可谓神奇瑰丽、雅俗共赏，烹饪大师对各种菜的命名、品味的方式、进餐节奏、娱乐穿插等都有一定的要求。菜肴名称根据主、辅、调料及烹调方法的写实命名，而且还引入一些历史典故、神话传说、名人食趣。有些饭店就是以菜肴名来彰显自己的门店形象，如"全家福""将军过桥""狮子头""叫化鸡""龙凤呈祥""鸿门宴"等。也可以说这些都是他们的招牌菜，而且大多数食客也都是冲着这些名菜而去。

中国药膳源远流长，医食结合是我国饮食的又一大特点。我国自古就有"医食同源"及"药膳同功"之说，这也是我国的烹饪技术的又一大特色。利用食物原料的药用价值，做成各种美味佳肴，在享受美食的同时也起到了一定的医疗保健作用，还可以达到医食双重目的。《食疗本草》是世界上现存的最早的食疗专著，融合了古代的"食经"与"本草"，摘取本草和食经中的药食两用之物，选择其性味、主治、功效等内容分条列述，再选取食禁、食忌类著作中的相关内容附于其后，形成前代食经和本草的汇合。书中开具的食疗品，日常生活中比比皆是。生活中的鸡、鸭、鱼、肉、水果、蔬菜无所不括。如"鸭：主补中益气、消食、消十二种虫，白鸭肉补虚""柿子：补虚。红柿：补气，续经脉气。干柿：厚肠胃、温中，健脾胃气消血。""黑豆：令人长生，又益阳道……"如此食疗品，生活中寻常易见，食疗方法简便易行。这些食疗品可在人有病时治病，无病时则养生。

在食具使用上，"筷子"是一大特色，而且一直沿用至今。筷子，古代称箸。《礼记》中说："饭黍无以箸。"可见，至少在殷商时代就已经使用筷子进食。筷子一般以竹制成，一双在手，运用自如，既简单经济，又很方便。许多欧美人看到东方人使用筷子，叹为观止，赞为一种艺术创造。其实，东方其他国家也采用了中国的这种饮食习俗，这也可以说是中国对人类文明的一大贡献。

（二）日常饮食种类

中华饮食因其源远流长而丰富多彩，成为世界饮食文化中一颗最为璀璨的星，它深深植根于5000多年的农耕文明之中，得益于广袤的山川丘陵和江河湖海中繁衍的动植物资源。

1. 主食

古人的主食品种因时代、地域的不同，区别也比较大。如夏商周时，人们的主食多为黍、粟、菽。春秋战国时，麦、稻渐多，黍退居次要地位。汉代以后，粟的数量渐居麦、稻之后。另外，从地域上看，由于汉族的分布特点，不同区域生产的粮食作物不同，形成不同的主食种类和制作方法。米食和面食是汉族主食的两大类型，种植稻类的地区以米食为主，种植小麦的地区则以面食为主。现在，中国东南方仍以米食为主，大米制品种类繁多，如米饭、米糕、米粥、米团、米面、粢饭、汤圆、粽子等；东北、西北、华北则以面食为主，馒头、包子、面条、烙饼、馅饼、饺子等都为民众日常喜爱食物，其他如山东煎饼、陕西锅盔、山西刀削面、西北拉面、华北抻面、四川担担面、江苏过桥面等都是有名的面制风味食品。汉族主食的制作方法丰富多彩，米面制品不少于数百种，在广大地区呈现出多姿多态的风格。不少食品除了营养学上的价值，还具有美学欣赏价值，食之味美可口，观之赏心悦目。

2. 菜肴

汉族菜肴的不同类型，受到多方面的影响。首先，当地的物产和风俗习惯，中国地域辽阔，由于各地物产不一样，如中国北方多牛羊，常以牛羊肉做菜；中国南方多水产、家禽，人们喜食鱼禽肉；中国沿海多海鲜，则长于用海产品做菜。其次，各地气候差异，形成不同口味。一般来说，北方寒冷，菜肴以浓厚和咸味为主；华东地区气候温和，菜肴则以甜味和咸味为主；西南地区多雨潮湿，菜肴多为麻辣浓味。人们常把汉族和其他有关民族的食俗口味概括为"南甜、北咸、东辣、西酸"。虽然过于笼统，但也反映出带有区域性的某些口味的差异和区别。最后，各地烹饪方法不同，形成了不同的菜肴特色。如山东菜和北京菜擅长爆、炒、烤等；江苏菜擅长蒸、炖、焖、煨等；四川菜擅长烤、炒等；广东菜擅长烤、焗、炒、炸等。中国的烹饪技艺历史悠久，经历代名厨传承至今，形成了各具特色的菜系，除影响较大的川菜、鲁菜、淮扬菜、粤菜四大菜系之外，还有浙菜、闽菜、徽菜、湘菜、京菜、上海本帮菜等地方菜系。

3. 饮料

酒和茶是汉族主要的两大饮料。酒文化和茶文化在中国源远流长，数千年来，构成汉族饮食习俗不可缺少的部分，在世界上也产生了广泛影响。

酒不仅能满足提神、解除疲劳、医用等生理需要，而且是一种重要的文化媒介。人们用酒来成就礼仪，用酒来消忧解愁。李白有诗称："但得酒中趣，勿为醒者传。"汉族地区历代酿酒、饮酒成风，人们大多用粮食酿造出了香型众多、名称美妙的优质白酒，有句俗话叫"无酒不成宴"。酒可以助兴，可以增加欢乐的气氛，至今还在不少地区流行饮酒时"猜拳""酒令""酒曲"等活动，既是一种饮酒习俗，又是一种民间游艺和民间智慧，它具有活跃气氛、消除酒力、显示和锻炼智力等多种功能。

对许多人来说，茶几乎是一日不可无之物，是比酒更为普及的一种饮料。俗语说"开门七件事，柴米油盐酱醋茶"，可见茶与人们日常生活息息相关。人们用茶来消暑止渴，用茶来提神醒脑。正因为如此，作为茶叶故乡的中国，大多数地区广种茶树，制作出了无数品类丰富、质地优良的著名茶叶。饮茶也是有很多讲究的，从茶叶、水质，到火候、水温的选择再到茶具的风格以及饮茶的环境、气氛等都是饮茶者需要考虑思量的。

除酒和茶两种主要饮料，某些水果制品也成为不同地区、不同季节人们的饮料。

4. 点心

关于点心的起源，一种说法是来源于古代饮食习惯，由于早餐时间晚，往往会饥饿得心里发慌，人们便在早餐前吃一些糕饼之类的食品来稳定心神，故有"点心"之称，而两餐之外有时也要吃一些点心。另一种说法是，相传东晋时期有一将军见到战士们日夜血战沙场，英勇杀敌，甚为感动，于是传令军中厨师，烘制出大家爱吃的美味糕饼，送到前线，慰劳将士，以表"点点心意"，这种糕饼传到前线后，大受战士们喜欢，战斗力可想而知。从那以后，人们便将各种美味糕饼统称为"点心"，并沿用至今。

我国面点的风味流派大致可分为两大类型：北味和南味。北味以面粉、杂粮制品为主；南味则以米制品、米粉为主。最初，中国面点被分为苏式、广式和京式三大流派。

江浙一带为富饶的鱼米之乡，经济繁荣，交通发达。诞生于此地苏式面点以苏州地区为代表，馅料多用果仁、猪板油丁，用桂花、玫瑰调香，口味重甜，代表品种包括苏式月饼、猪油年糕等。苏式面点花色繁多，在中国烹饪史上占据了重要地位。

广州对外开放较早，近代以来，一直是我国南方的经济文化中心，贸易发达，外来商贾较多。广式面点因以岭南小吃为基础，广泛吸取了各地面点制作技艺和西式糕饼制作技艺发展而成，具有鲜明南方风格，中西合璧。在面点制作中，使用糖、油、蛋较多，味道清爽甜香，营养价值很高，并善于利用荸荠、马铃薯、芋头、山药及鱼虾等为配料，吸取了西点中布丁和蛋挞的做法，风味独特，如沙河粉、虾饺、马蹄糕、南瓜饼、叉烧包、莲蓉甘露酥等面点，具有浓厚的南国特色。

京式面点泛指黄河以北的大部分地区（包括山东、华北、东北等地）制作的面点。大众口味的京式点心油厚味重，面皮较厚，常常是皮厚馅少。烹饪方法上有蒸、炸、煎、烙等做法。常用素馅，咸味较重。而宫廷式点心则特别讲究造型精美，常常是形式大于内容。

中国的节日食品大都是点心，如元宵节的汤圆、端午节的粽子、中秋节的月饼等，由此可见点心在中国饮食习俗里占有举足轻重的地位。

二、人生食俗

在人生的每一个里程碑，人们都会用相应的仪礼加以庆祝或纪念，在这些人生仪礼活动中逐渐形成了一系列饮食习俗。

（一）生育饮食习俗

新生命的降生是一件可喜可贺的事情，随着婴儿的呱呱坠地，一系列的诞生礼仪便正式开始了。许多地方关于生育庆贺仪式是在新生儿降临三天或满月日举办三朝宴以及满月宴等。这些宴会既充满喜庆气氛，也寄托着亲友们对幼小生命健康成长的希望和祝福，所以孩子的亲友们常带着鸡、鸡蛋、红糖、醪糟等食品前来参加。三朝宴，古代也称之为汤饼宴，是婴儿诞生的第三天举行的庆贺宴。清朝冯家吉《锦城竹枝词》描写道："谁家汤饼大排筵，总是开宗第一篇。亲友人来齐道喜，盆中拿掷洗儿钱。"汤饼即面条，它在唐代时通常作为新生婴儿家设宴招待客人的第一道食品。清朝以后，"三朝宴"的重要食品不再是面条，而是鸡蛋。

婴儿满月宴相对来说更加隆重一些，很多地方不举办三朝宴但是会举办满月宴，小孩做满月时，女儿要抱着孩子到娘家过门，母亲要酿米酒、备鸡蛋，第三天挑着米酒和鸡蛋去看女儿和外孙，娘家要给外孙买新衣、鞋帽、座椅、推车、摇篮等小儿用品，在小孩满月的那天送去，通常叫送祝米。小孩满月请酒，也叫吃满月蛋，家里要接客，亲戚需送贺礼。这种喜酒凡坐席吃酒的宾客东家都发四个煮熟染色的红鸡蛋，人们带回去做礼品。后来，也有的人家做满月将鸡蛋不煮熟，只将生鸡蛋染上红色就行了。满月设宴的习俗起于唐代，延续至今。

小孩出生满一年称周岁，我国民间在给婴儿庆周岁生日时，常有几个重要的仪式分别是抓周礼、开荤礼、除脚绊。抓周礼是指在桌上摆着书、笔、算盘、秤、尺、剪刀、玩具等任小孩自由抓取，以此预测小孩日后的前途、性格、志向和兴趣。开荤礼是让宝宝形式上品尝一些有象征意义的食物，说明小朋友可以吃荤食了，更看重的是对小朋友未来生活的祈福和祝愿！一般品尝的有天上飞的鸡、陆上走的肉、水里游的鱼，分别寓意着一飞冲天、前程似锦、鲤跃龙门。所谓小儿尝鸡，将把志立，鹏程大展，岂可小视；小儿尝肉，大有成就，继往开来，承前启后；小儿尝鱼，鱼游江湖，苍龙出海，其志腾空。除脚绊也就是说周岁的宝宝开始蹒跚学步，俗信宝宝两腿之间有一条看不见的绳索，叫"脚绊"。周岁时父母剪断这根绳索，宝宝以后可以更快地学会走路，也预示着今后的人生路越走越顺。

除了备受关注的新生儿，此时生育婴儿的妇人也需格外关照。妇人生育后体质较为虚弱，此时需要大量的营养以分泌乳汁滋养婴儿，因此妇人"坐月子"期间的饮食一直备受重视。地域不同，月子饮食也不尽相同。在山西农村，多给乳母吃小米粥、鸡蛋、挂面，尤其要吃催奶的食品，如鲫鱼汤、猪蹄汤等，乳母饮食要清淡，少食盐，不吃生冷食物，忌食上火食物，如辣椒等。妇女生孩子后，要在房内调养一个月才出房门，乳母待遇优厚，成为全家人的"核心"。最有特色的是"鸡子酒"，用油锅将姜炒香，加上糯米酒，将大公鸡用微火煨熟。随着时代的进步，如今提倡科学坐月子，月子期间除要做好保暖工作之外，最重要的就是饮食问题，饮食以清淡为主，少吃多餐，产后不能急于大补，以流食为主。也不应盲目遵守所谓的地方习俗或按照个人的喜好来，讲究科学"坐月子"。

(二)婚礼食俗

1. 定亲食俗

民间婚俗，若男女双方相互中意，生辰八字相合，并经父母同意，便可正式订婚。订婚之日，男方必备聘礼，聘礼中除衣物饰品外，还有食物。这些食物除食用价值之外，还结合婚嫁的主题，含有某种吉祥寓意。

茶叶在我国并不是每个地方都利于种植，物以稀为贵，因此旧时在我国多数地区，茶叶是必不可少的一种聘礼食品，后来有的地方把聘礼统称为"茶"，如某人去提亲就是去了"茶"。

旧时鸡、鹅也是聘礼中的重要物品。聘礼用鸡、鹅，这与古代订婚、迎亲时，男子须向女家献雁为礼有关。后来由于雁难擒获，故人们便以鸡、鹅取而代之。

关于订婚，陕北有喝订婚酒、给女方送高母饭、吃儿女饺子等婚姻食俗。此外，一些地方还有用红糖、石榴、莲子、糕点、面条等作为聘礼的，这些则是包含了对生活甜美、多子多福、健康长寿的美好祝愿。

2. 传统婚礼现场的食俗与文化内涵

交杯酒是中国婚礼程序中的一个必不可少的传统礼节。作为汉族婚俗之一，交杯酒起源于周朝，程序是新郎新娘进入洞房后先各饮半杯，然后交换后一齐饮干，谓之饮交杯酒，在古代又称为"合卺"。喝交杯酒这种习俗在我国非常普遍，延续至今。只不过在现代的婚礼上，喝交杯酒的形式发生了变化，不再是交换酒杯，而是男女双方握酒杯的手互相交互。

结婚后自然都想早得贵子，于是就有了求子习俗。早期人们最初是向自然神灵求子，后来人们是向神佛求子。在婚礼过程中，人们则是用一些有寓意的食物求子，如红鸡蛋、南（谐音男）瓜、莴苣、子母芋头、枣（谐音早）、栗子、花生、桂圆、莲子、石榴、葫芦（谐音福禄）等食物常作为求子之用，这些食物要么外形多分枝、要么多籽、要么含有"生"和"子"两个字，总之都有早生贵子、多子多福、生育力旺盛之意。

有些地区还有意不将食物煮熟，以示"生"，如满族人的新婚之夜，新娘要吃煮得半生不熟的"子孙饽饽"，当闹新房的人们问新娘"饽饽生不生"时，新娘自然会脱口说"生"。

部分地区还有铺床仪式，最被大家熟悉的是"撒帐（撒床）"了。"撒帐"是指将花生、桂圆、莲子、栗子、枣等干果铺撒在婚床上，取义"早立子、莲生子、花生子（儿女双全）"的美好祝愿。

（三）寿庆食俗

中国人非常重视生日，每一个生日都有或大或小的庆祝活动和仪礼，而祝愿长寿是这一系列活动和仪礼的重要主题。祝寿，是孝敬长辈的一种表达方式。自古以来，不分贫富之家，在老人寿辰之时，都要庆贺。尊老爱幼是中华民族的传统美德，人们在礼尚往来的交流过程中，形成了独具特色的寿诞食俗和饮食文化，从寿面、寿桃到寿宴，气氛庄重而热烈，无不寄托着对生命敬畏而长久的美好愿望。

所谓寿面，其实是指生日时吃的面条，古时又称"生日汤饼""长命面"。因为面条形状细长，便用来象征长寿、长命，成为生日时必备的食品。不论达官显宦还是平民百姓，也不论男女老幼，都要在生日时吃寿面。一般来说，长寿面整碗只有一根面条，吃法比较讲究，必须一口气吸食一箸，中途不能把面条咬断，一碗面条要照此方法吃完，否则便不吉利。这一习俗一直沿袭至今。

所谓寿桃，是用米粉或面粉为原料制作的桃形食物，也有的用鲜桃，由家人置备或亲友馈赠。汉代东方朔《神异经》言："东方有树，高五十丈，叶长八尺，名曰桃。其子径三尺二寸，小核味和，和核羹食之，令人益寿。"即吃了这种直径长三尺二寸的桃子可以聪明、长寿。同时在中国古代神话中，王母娘娘做寿，设蟠桃会款待群仙，所以民间习俗一般用桃来做庆寿的物品。庆寿时，陈于寿案上，九桃相叠为一盘，三盘并列。

所谓寿宴，又称"寿筵"，是生日时举办的庆祝宴会。其菜品常用象征长寿的六合同春、松鹤延年等，也常用食物原料摆成寿字，或直接上寿桃、寿面来烘托祝愿长寿的气氛。菜肴多多益善，取多福多寿之兆。因"酒"与"久"谐音，故祝寿必用酒。寿宴过后，寿翁本人或由儿孙代表，向年高辈尊的亲族贺客登门致谢，俗称"回拜"。

（四）丧葬食俗

从人生礼仪的时序上看，丧葬礼仪是人生最后一项"仪礼"活动，民间称"送终""办丧事"等，古代视其为"凶礼"，若生命匆匆结束或中途夭折，则是凶丧，是极悲哀的事，总是简单了结。若逝去的是长寿之人或寿终正寝，则是吉丧，民间称"白喜事"，一般会举行较为隆重的葬礼和宴会，不仅祭奠死者，也安慰生者，还有祝愿生者长寿之意。在丧葬礼仪中，饮食内容同样重要。

丧葬仪式中的饮食，主要是感谢前来奔丧的宾客，不同地域有所差异。汉族民间的一般俗规是送葬归来后共进一餐，这一餐大多数地方称"豆腐饭"。根据儒家的孝道，当父亲或母亲去世后，子女要服丧。这期间以吃素食表示孝道，据说这是中国民间"豆腐饭"的由来。后来席间也有了荤菜，如今已是大鱼大肉了，但人们仍称之为"豆腐饭"。此外还有丧礼吃"泡饭"之说，《西石城风俗志》载："出柩之日，具饭待宾，和豌豆煮之，名曰'泡饭'；素菜十碗、十三碗不等，贫者或用攒菜四碗，豆腐四碗，分置四座。"扬州丧席通常都是六样菜：红烧肉、红烧鸡块、红烧鱼、炒豌豆苗、炒大粉、炒鸡蛋，称为"六大碗"。其中肉、鸡、鱼代表猪头三牲，表示对死者的尊敬；豌豆苗、大粉、鸡蛋是希望大家安安稳稳，彼此消除隔阂，冲淡对立情绪。四川一带的"开丧席"，多用巴蜀田席"九大碗"，即干盘菜、凉菜、炒菜、镶碗、墩子、蹄膀、烧白、鸡或鱼、汤菜等。有的地方在举行丧礼时以"七星席"待客，仅六菜一汤，少荤腥，多豆腐白菜、素面清汤，餐具也是素色，气氛低沉。吃丧饭一般不喝酒，即使主人备酒，客人也不能闹酒，不能谈笑风生，否则与丧事悲哀的气氛不合，而被视为对主家不尊重。

除招待宾客以外，还有一部分食物是用来祭奠亡灵。祭奠亡灵的食物称之为冥食，也称祭食、共享。严格的冥食要求高雅尊贵，回避血腥荤腥，颜色都是自然白色，姜葱蒜韭芥等辛辣怪异气味食物不宜使用，讲究形状完整，寓意天圆地方。

三、节庆食俗

中国人十分重视饮食，崇尚"民以食为天"，使得其节日习俗始终少不了饮食，常常以吃喝为主题，几乎每个节日都有品种多样的相应食品，除可以祈求自身的吉祥幸福之外，还能反映出我们民族的传统习惯、饮食风尚、礼仪内容及其道德观念。

（一）春季节日食俗

1. 春节

春节俗称"新年"，是中华民族最隆重的传统节日。春节最初的日期也不是我们现在农历正月初一，而是二十四节气中"立春"这个节气。在历史发展演变中，由于朝代更迭、历法变动，直到西汉时期《太初历》的颁行，正月初一才作为新年的日子得到确定，并历代相传。在民间，传统意义上的春节是从腊月初八的腊祭或腊月二十三或二十四的祭灶开始，一直持续到正月十五，其中以除夕和正月初一为高潮，是中国最重要的传统节日。最早记载我国先民辞旧迎新、庆祝春节的文献是《诗经》，《诗经·豳风·七月》写道"朋酒斯飨，曰杀羔羊，跻彼公堂，称彼兕觥，万寿无疆"，短短的二十字，描述了商周时期先民年终聚饮、互相祝颂的欢快图景。

春节活动五彩纷呈，而始终贯穿其中的就是美食，在古代，一进入腊月，家庭主妇们就开始准备过年的饮食了，最先准备的是肉制品，由于古时肉类防腐技术有限，只能以腌制为主，所需时间较长，因此需要提前准备，直至现在我国许多地方依然有腌制腊味的习俗。我国腊味种类繁多，以产地而论，有广东、湖南、云南、四川、陕西、湖北等之别，因制作工艺的不同，又有许多品种，其中著名的有广式腊肉和湖南腊肉。广式腊肉以糖、酒腌制，红肉颜色明亮，白肉呈琥珀透明状，晶莹剔透，入口甜美并伴有一股淡淡的酒香味；湖南及四川等地以盐腌制为主，后期加以烟熏，白肉稍有发黄，红肉颜色紫红，入口咸香。

南方盛产鱼米，春节多吃年糕和汤圆。年糕多用糯米做成，象征"年年高"之意。汤圆也由糯米做成，又称"团子""圆子"，有"团圆"之意。

北方以小麦为主食，以吃饺子为美味。饺子也称为"交子"，以谐音取"更岁交子"之意。为讨吉利，有的人会在饺子里放一枚或多枚硬币，吃到有硬币的饺子，意味着来年交好运。

东北的年夜饭，酱肘子和熘肉段是必不可少的，而陕北的则是大盘鸡，华东地区会出现炒年糕，中部地区会出现藕夹的身影，而两广一带的年夜饭桌上少不了白切鸡。

过年的美食烙在每个人的味蕾上，成为我们记忆最深处的一部分。无论时代如何变迁，春节里那一道道揪心想念的味道将永远不会变。

元日

（北宋）王安石

爆竹声中一岁除，春风送暖入屠苏。

千门万户曈曈日，总把新桃换旧符。

2. 元宵节

每年农历的正月十五，春节刚过，迎来的就是另一个传统节日——元宵节。正月是农历的元月，古人称夜为"宵"，所以称正月十五为元宵节。元宵节又称上元节、元夕节、灯节，更是一年中第一个月圆之夜。满月，即"望"日，象征团圆、美满。在这天合家团圆，祈求丰年。按中国民间的传统，在这皓月高悬的夜晚，人们要点起彩灯万盏以示庆贺。出门赏月、点灯放焰、喜猜灯谜、共吃元宵，合家团聚、同庆佳节，其乐融融。

每到正月十五，家家户户都会悬挂灯笼，大放烟火来纪念这个日子。美食与节日分不开，除了张灯结彩就是盛吃元宵。元宵寓意团圆之意，又有春节结束了之意。随着时代的发展，元宵的制作日渐精致。光就面皮而言，就有江米面、黏高粱面、黄米面和苞谷面等。馅料的内容更是甜咸荤素、应有尽有。甜的有所谓桂花白糖、山楂白糖、什锦、豆沙、芝麻、花生等。咸的有猪油肉馅，也可以油炸或炒元宵。素的有芥、蒜、韭、姜组成的五辛元宵，有表示勤劳、长久、向上的意思。制作的方法也南北各异。北方的元宵多用箩滚手摇的方法，南方的汤圆则多用手心揉团。元宵可以大似核桃，也有小似黄豆，熟食的方法有带汤、炒吃、油氽、蒸食等。不论有无馅料，都同样美味可口。

上元竹枝词

（清）符曾

桂花香馅裹胡桃，江米如珠井水淘。

见说马家滴粉好，试灯风里卖元宵。

3. 清明节

清明是我国二十四节气之一，在一年季节变化中占有特殊地位，古时寒食与清明两节紧密连缀，因而成为一个重要的传统节日。关于寒食节起源，长期以来，中国历史上流行纪念介子推之说，即春秋时晋文公重耳下令在介子推死亡日禁火寒食以寄哀思。清明节的习俗是丰富多样的，除了讲究禁火、扫墓，还有踏青、荡秋千、蹴鞠、打马球、插柳等一系列风俗体育活动，在饮食方面，各地有不同的清明节令食品。

清明时节，江南一带有吃青团的风俗习惯。青团是用一种名叫"浆麦草"的野生植物捣烂后挤压出汁，接着取用这种汁同晾干后的水磨纯糯米粉拌匀揉和制作而成。青团的馅心是用细腻的糖豆沙制成，在包馅时，另放入一小块猪油。团坯制好后入笼蒸熟，出笼时用毛刷将熟菜油均匀地刷在青团的表面，这便大功告成了。青团油绿如玉、糯韧绵软、清香扑鼻，吃起来甜而不腻，肥而不腴。青团还是江南一带人用来祭祀祖先必备食品，正因为如此，青团在江南一带的民间食俗中显得格外重要。古代，清明节一般人家要用四碟六碗时馐、清酒等祭祀食物祭奠先祖。祭毕，家人和应邀来访的亲戚好友共享祭祀的酒食，而称"吃清明"。关于清明节的饮食活动，各地方志多有记述。清同治年间湖北《竹溪县志》云："清明日，男妇皆祭坟，设肴馔、酒醴；祭毕，即茔前席地食饮，谓之'俊（饺）余'，亦寒食意也。"1915年所刊北京《顺义县志》云："清明节，妇女簪柳于头，以秋千为戏。陈蔬馔，祭祖先，各拜扫坟，墓添土标钱，陈馂欢饮而散。"

寒食野望吟
（唐）白居易
乌啼鹊噪昏乔木，清明寒食谁家哭。
风吹旷野纸钱飞，古墓垒垒春草绿。
棠梨花映白杨树，尽是死生别离处。
冥冥重泉哭不闻，萧萧暮雨人归去。

（二）夏季节日食俗

端午节

端午节，又名端午、端五、端阳、重午、重五、五月五、端节、蒲午、蒲节、天中节、诗人节、龙船节，时在农历五月初五。关于端午节的起源，有许多说法，最主要的说法还是源于纪念屈原。所以在每年的五月初五，就有了龙舟竞渡、吃粽子、喝雄黄酒的风俗。

史料中关于粽子的记载始于东汉，当时的粽子包成牛角状，称为"角黍"。如晋周处《风土记》中说："古人以菰叶裹黍米煮成，尖角，如棕榈叶心之形。"在南北朝时，粽子的名称已逐渐代替了角黍，其制作原料也由黍米改为主要用大米了。端午节及其节日食品粽子的影响不断扩大，以至于中国的邻邦等国也时兴过端午节并吃粽子。粽子的品种也因习俗、爱好的不同而不同，如形状有三角形、锥形、斧头形、枕头形等，馅心有火腿馅、红枣馅、豆沙馅、芝麻馅、肉馅等。

除吃粽子以外，各地汉族人民的应节食品很多，江西萍乡一带，端午节必吃包子和蒸蒜，山东泰安一带要吃薄饼卷鸡蛋，河南汲县一带吃油果；东北一些汉族地区节日早晨由长者将煮熟的热鸡蛋放在小孩的肚皮上滚一滚，而后去壳给孩子吃下，据说这样可以免除日后肚子疼。江南水乡的小孩们胸前都要悬挂一个用网袋装着的咸鸡蛋或鸭蛋；而很多地方的汉族人在这一天饮雄黄酒，并用雄黄酒洒于墙角和四壁，以求避邪；还用此酒涂擦小孩子额门，或在额门上画"王"字，预示小孩子如虎之健。

己酉端午
（元）贝琼
风雨端阳生晦冥，汨罗无处吊英灵。
海榴花发应相笑，无酒渊明亦独醒。

（三）秋季节日食俗

1. 七夕节

农历七月初七俗称"七夕节"，又称"乞巧节""女儿节"。这天古时就是中国传统节日中的妇女节，也是中国传统节日中最具浪漫色彩的一个节日。每到农历七月初七，相传牛郎织女鹊桥相会的日子，姑娘们就会来到花前月下，抬头仰望星空，寻找银河两边的牛郎星和织女星，希望能看到他们一年一度的相会，祈求上天能让自己能像织女那样心灵手巧，祈祷自己能有如意称心的美满婚姻，由此形成了七夕节。

七夕节的主要饮食活动是在农历七月初七晚，家家陈列瓜果食品，焚香于庭以祭祀牵牛、织女二星乞巧。所供瓜果食品，种类颇多，因朝代和地区不同而异，如周密的《武林旧事》卷三称，临安府七夕的节物多尚果食和茜鸡。元代七夕节时，宫廷宰辅及士庶之家都做大棚，张挂七夕牵牛织女图，陈列瓜、果、酒、饼、蔬菜、肉脯等品。清代，在北方地区，七夕节时，民间有设果酒、豆芽、具果鸡、蒸食相馈，街市卖巧果，家人设宴欢聚等节日饮食文化活动。七夕的应节食品，尤以巧果最为出名。《东京梦华录》中称为"笑厌儿""果食花样"。宋朝时，街市上已经有七夕巧果出售。巧果的主要材料是油、面、糖、蜜，具体做法是先将白糖放在锅中溶化为糖浆，然后和入面粉、芝麻，拌匀后摊在案板上擀薄，凉凉后用刀切成长方块，最后折成梭形巧果坯子，放入油锅炸至金黄色即成。手巧的姑娘还会捏出各种与七夕故事有关的花样。此外，七夕食用的瓜果也有多种变化，或雕成奇花异草，或在瓜皮表面浮雕图案，称为"花瓜"。

七夕

（唐）李商隐

鸾扇斜分凤幄开，星桥横过鹊飞回。

争将世上无期别，换得年年一度来。

2. 中元节

中元节又称为"鬼节"，民间世俗称为"七月半"，节日习俗主要有祭祖、放河灯、祀亡魂、焚纸锭、祭祀土地等。七月乃是吉祥月、孝亲月，七月半是民间在初秋时庆贺丰收、酬谢大地的节日，民间按惯例要祀祖，用新稻米等祭供，向祖先报告秋成。所以它是追怀先人的一种文化传统节日，而其文化的核心是敬祖尽孝。

七月十五的祭食在食物上也和其他的节日不同，即以素食为主，而其中必不可少的就有豆腐、粉皮、粉块等。此外，在祭食时还会伴以烧纸钱、放河灯等祭祀活动。

对于活着的人来说，中元节也有特别食俗。有句老话说："七月半吃只鸭，万事不用怕"，鸭子的"鸭"和"压"谐音，中元节的阴气和霉运比较重，吃鸭子有压住霉运的说法，而且中元节还在三伏天，天气比较燥热，鸭肉是凉性的，这个时候吃点鸭肉对身体有好处。

中元夜
（唐）李郢

江南水寺中元夜，金粟栏边见月娥。
红烛影回仙态近，翠鬟光动见人多。
香飘彩殿凝兰麝，露绕青衣杂绮罗。
湘水夜空巫峡远，不知归路欲如何。

3. 中秋节

中秋节是我国的传统佳节，与春节、端午、清明并称为中国汉族的四大传统节日。中秋节的主要习俗有赏月、祭月、观潮、吃月饼等节庆活动。中秋节还有许多传说故事，其中最著名的是嫦娥奔月的故事，除此之外，还有吴刚伐桂、玉兔捣药等传说故事。

中秋节最具代表性的食物是月饼，象征团圆、吉祥，晚辈给长辈送月饼，朋友之间互送。月饼花色品种繁多，风格各异。中秋节这一天人们都要吃月饼以示"团圆"。月饼又叫胡饼、宫饼、月团、丰收饼、团圆饼等，是古代中秋祭拜月神的供品。但"月饼"一词，最早是见于南宋吴自牧的红菱饼。在明代，月饼被赋予团圆之意，刘侗、于奕正在《帝京景物略》中说："八月十五日祭月，其祭果饼必圆。"直到清代，中秋吃月饼已成为一种普遍的风俗，且制作技巧越来越高。清人袁枚《随园食单》介绍刘方伯月饼道："用山东飞面作酥为皮，中用松仁、核桃仁、瓜子仁为细末，微加冰糖和猪油作馅。食之，不觉甚甜，而香松柔腻，迥异寻常。"北京的月饼则以前门致美斋所制为第一。遍观全国，已形成京、津、苏、广、潮五种风味。另外，围绕中秋拜月、赏月还产生了许多地方民俗，如江南的"卜状元"：把月饼切成大中小三块，叠在一起，最大的放在下面，为"状元"；中等的放在中间，为"榜眼"；最小的在上面，为"探花"。而后全家人掷骰子，谁的点数最多，即为状元，吃大块，依次为榜眼、探花，游戏取乐。

水调歌头
（宋）苏轼

明月几时有？把酒问青天。不知天上宫阙，今夕是何年。我欲乘风归去，又恐琼楼玉宇，高处不胜寒。起舞弄清影，何似在人间。

转朱阁，低绮户，照无眠。不应有恨，何事长向别时圆？人有悲欢离合，月有阴晴圆缺，此事古难全。但愿人长久，千里共婵娟。

4. 重阳节

农历九月初九，是民间的重阳节。古人以九为阳数，月、日都逢九，叫"重阳"，俗称"重九"，故又称"重九节"。一般庆祝重阳节包括出游赏景、登高远眺、观赏菊花、遍插茱萸、吃重阳糕、饮菊花酒等活动。

重阳节由来早在春秋战国时的《楚辞》中已提到了，屈原的《远游》里写道："集重阳入帝宫兮，造旬始而观清都"。这里的"重阳"是指天，还不是指节日。三国时魏文帝曹丕《九日与钟繇书》中，则已明确写出重阳的饮宴了："岁往月来，忽复九月九。九为阳数，而日月并应，俗嘉其名，以为宜于长久，故以享宴高会。"晋代文人陶渊明在《九日闲居》诗序文中说："余闲居，爱重九之名。秋菊盈园，而持醪靡由，空服九华，寄怀于言"。这里同时提到菊花和酒。大概在魏晋时期，重阳节已有饮酒、赏菊的做法。到了唐代重阳被正式定为民间的节日。1989年，我国把重阳节定为老人节，传统与现代巧妙结合，成为尊老、敬老、爱老、助老的老年人节日。

重阳节这天有吃重阳糕之俗。重阳糕，因其形色花巧，故又名"花糕"，是重阳节蒸食的节日糕点。宋朝时重阳糕的花样款式已经非常多了。北宋时孟元老在《东京梦华录》中曾记载说：重阳节前一两天，各家都以粉面蒸糕互相赠送，上面插上剪彩小旗，掺和果实，如石榴子、栗子黄、银杏之类。明清时，京师重阳节花糕极盛。有用油糖果炉做的，有用发面垒果蒸成的，有用江米黄米捣成的，都是剪五色彩旗作为标志。自汉以来，重阳节食糕的风俗一直沿袭至今。如今，各地的花糕也各具特色。"糕"与"高"同音，重阳节时，老人们和忙于生计未能登高的人，是日有以食糕代替登高的说法。

古代重阳节还要赏菊饮菊花酒。早在汉代，人们在菊花盛开之际，采其茎叶，杂和黍米，酿成美酒，翌年重阳，即可饮之。后来，饮菊花酒就慢慢演变为赏菊。

重阳节插茱萸的风俗，在唐代就已经很普遍。古人认为在重阳节这一天插茱萸可以避难消灾，或佩戴于臂，或作香袋把茱萸放在里面佩戴，还有插在头上的，大多是妇女、儿童佩戴，有些地方男子也佩戴。

九月九日忆山东兄弟

（唐）王维

独在异乡为异客，每逢佳节倍思亲。

遥知兄弟登高处，遍插茱萸少一人。

（四）冬季节日食俗

1. 腊八节

腊八节又称腊日祭、腊八祭、王侯腊或佛成道日，是古人欢庆丰收、感谢祖先和神灵（包括门神、户神、宅神、灶神、井神）的祭祀仪式，除祭祖敬神的活动外，人们还要逐疫。

腊，是古代的一种祭礼，即一年风调雨顺，喜获丰收，到了年底举行的一种对天地神灵的答谢祭。古代中国人多在十二月腊祭先祖百神，因而把十二月称作腊月。后来这个腊祭的日子就选定在每年的十二月初八，即称腊八。到了南北朝时期，腊八就成为祭祀节日。腊八节主要是供奉天帝、祭祀神灵、祭奠祖先、祛鬼禳灾等，后来又增加了"赤豆打鬼"和吃"腊八粥"等习俗。

宋代孟元老《东京梦华录》对汴京腊八节的追忆为："初八日，街巷中有僧尼三五人，作队念佛，以银铜沙罗或好盆器，坐一金铜或木佛像，浸以香水，杨枝洒浴，排门教化。诸大寺作浴佛会，并送七宝五味粥与门徒，谓之'腊八粥'。都人是日各家亦以果子杂料煮粥而食也。"清光绪年间《顺天府志》云："腊八粥，一名八宝粥。每岁腊月八日，雍和宫熬粥，定制，派大臣监视，盖供上膳焉。其粥用米杂果品和糖而熬，民间每家煮之，或相馈遗。"

腊八粥在最初是用红小豆、糯米煮成，后来材料逐渐增多。古时，腊八粥不仅配料讲究，而且工序也考究。先用旺火，后用文火，使粥的稠度适当，吃时加糖，或拌煮红枣、栗子等，因地方不同，风味也就不同，这就使腊八粥的品种变得更为多样。至今，腊八节吃腊八粥的风俗仍很盛行，品种也更多了。《本草纲目》记载，制腊八粥之红枣、白果、薏米等20余种原料，皆属食疗药味，而腊八粥则当属药膳之组成。冬季常食这种腊八粥，不仅能驱寒保暖，而且养人补体，延年益寿。

腊八粥

（清）王季珠

开锅便喜百蔬香，差糁清盐不费糖。

团坐朝阳同一啜，大家存有热心肠。

2. 冬至节

冬至作为中国二十四节气的一个重要节点，时间在每年的农历十一月二十一至二十三，冬至节历史悠久，周代以十一月为正，已有祭神仪式。秦沿其制，也以冬至为岁首，这就是把冬至视为"过年""过小年"的历史原因。所以这天朝野上下要放假休息，军队待命，边塞闭关，商旅停业，亲朋各以美食相赠，相互拜访，欢乐地过一个"安身静体"的节日。南北朝时，民间有拜父、拜母之礼，吃赤豆粥以辟邪之俗。在唐宋时，冬至与岁首并重。明清仍承冬至过节习俗。节日期间，有祭天、祭祖、送寒衣、宴饮、腌制鱼肉等习俗。

北方人在冬至的时候习惯吃饺子，饺子的馅也有很多种类，比如羊肉馅、猪肉白菜馅、韭菜馅、素馅等。冬至有"不吃饺子冻掉耳朵"的传统俗语，于是乎大家纷纷在这天吃饺子，以便于应对寒冷的冬天。

南方人在冬至的时候会选择吃汤圆，汤圆馅有豆沙、黑芝麻、花生、水果等，口味各式各样。浙江台州人喜好在冬至这一天吃"冬至圆"，又称硬擂圆、翻糙圆，其主要原料是糯米粉，寓意着圆圆润润、团圆之意。每到冬至时节家家户户都喜欢围坐在一起，吃冬至圆，保佑全家人来年一切平安如意。

在首都，过去有"冬至馄饨夏至面"的说法。原因就是最初制成馄饨是在冬至这一天，所以在冬至这天北京人家家户户都喜欢吃馄饨。

在江南水乡，每年冬至节的晚上都有全家欢聚一堂共吃赤豆糯米饭的习俗。这是古时候流传下来的习俗，人们就在冬至这一天煮吃赤豆饭，用以驱避疫鬼，防灾祛病。

有些地区在冬至节还喜欢吃狗肉、羊肉，人们认为是冬补食品。

古往今来，时至今日，古时隆重的冬至，在现代社会淡化了许多，但其中的饮食习俗却一直保留至今，可见中国人的"民以食为天"是深深地刻在骨子里的，中华饮食文化是博大的中华文化中不可或缺的一部分。

冬至日

（宋）苏辙

阴阳升降自相催，齿发谁教老不回。
犹有髻珠常照物，坐看心火冷成灰。
酥煎陇坂经年在，柑摘吴江半月来。
官冷无因得官酒，老妻微笑泼新醅。

四、宗教食俗

宗教信仰食俗，是在原始宗教或现代宗教的制约下所形成的食禁、食性、食礼与食规。与其他食俗相比，宗教信仰食俗上都具有"准法律性"，教徒奉行心甘情愿，谦恭虔诚。为了避免不必要的冲突，我们必须懂得佛教、道教、伊斯兰教、基督教等各宗教信仰的饮食习俗，从而使人与人之间和谐共处、相互理解、彼此尊重。

延伸阅读

扫描二维码获取

思考研讨

1. 简述古代饮食的餐制和现代饮食餐制的区别和形成原因。
2. 各大节日食俗有哪些？至少一个节日列举一种。
3. 调研一下你家乡的节日食俗，在班级进行交流。

第六讲　中华少数民族食俗

内容提要

1. 通过对满族、蒙古族、朝鲜族、鄂伦春族、赫哲族等民族食俗的介绍，了解北方少数民族饮食文化。
2. 通过对壮族、彝族、土家族、侗族、傣族等民族食俗的介绍，了解南方少数民族饮食文化。
3. 通过对维吾尔族、回族、柯尔克孜族、哈萨克族、锡伯族等民族食俗的介绍，了解西北地区少数民族饮食文化。
4. 通过对藏族、土族、撒拉族、门巴族、珞巴族等民族食俗的介绍，了解青藏地区少数民族饮食文化。

关键词

食俗文化；少数民族；饮食习俗；民族文化。

案例导入

云南的饮食文化

　　云南的饮食文化，受川味辛辣、注重小吃的深刻影响，菜肴讲究鲜嫩，原料采用及烹饪方式的多样化以及具有云南地方和民族的鲜明特色为基调，以兼收并蓄、体现多种文化的交融为主要特征。其文化内涵，一方面具有千余年来云南历史发展累积的深厚积淀；另一方面又表现出近数十年吸收国内外多种文化的色彩。

　　云南饮食文化以本色突出、复杂多元和丰富多彩引人注目，同时其发展程度有限，在原料加工、菜式设计、规范操作和相关文化的打造、宣传等方面，较先进省份稍逊一筹，未形成被烹饪界认可的"滇式菜系"或地方风味流派。中国烹饪界有"四大菜系""八大菜系"之说，或进一步扩展为地方风味十二流派，均无云南饮食文化的位置，难免使人感到遗憾。

　　云南饮食文化的一个重要特点，是可按地理区域划分为若干区域性的饮食文化。在长期的发展过程中，云南区域性饮食文化形成自己鲜明的特色，并为社会各界所认同。其有力的证据，即凡重要的地方性饮食文化区,在昆明、大理、玉溪等重要城市均开办其特色餐馆或茶馆,并受到当地居民的普遍欢迎。如以昆明三七汽锅鸡、蒙自过桥米线、宣威火腿、大理砂锅鱼、文山酸汤鸡、版纳傣族酸笋鸡、玉溪刺桐关辣子鸡、红河小卷粉、宣威洋芋鸡、大理三道茶、云南普洱茶等地方性菜肴或茶水为招牌的餐馆或茶馆,在昆明、大理、玉溪等地随处可见,并与流行全国的广州海鲜、北京烤鸭、重庆火锅、内蒙古小肥羊等著名饮食品牌的餐馆并肩而立,而且光顾云南特色餐馆的顾客如过江之鲫络绎不绝,其吸引力甚至胜过外地著名品牌菜肴。这一奇特的现象,在其他省区市并不多见。

资料来源:方铁. 云南饮食文化与云南历史发展[J]. 民族艺术研究,2005.

中华饮食民俗是中华饮食文化的重要组成之一。中国历史悠久、地域辽阔,自古以来就是一个多民族国家,由于各民族所处的地理环境、历史进程以及宗教信仰等方面的差异,其饮食习俗也不尽相同,它们共同构成了中华民族食俗庞大纷繁的体系。从区域文化差异来看,大致可分为北方少数民族饮食文化、南方少数民族饮食文化、西北地区少数民族饮食文化、青藏地区少数民族饮食文化。

一、北方少数民族食俗

(一)满族

满族,人口约为1042万人,主要分布在黑龙江、辽宁、吉林、内蒙古、河北等地,尤其以辽宁省最多。在16世纪后期,努尔哈赤统一女真各部,建立了以女真人为主体的民族共同体。1636年,该民族建立了清朝,1644年定都北京,对中国文化产生了深远影响,其中满族的饮食文化更是深刻地影响了中国人的饮食习俗。

早期,满族先民主要以游猎和采集为主要谋生手段。到了17世纪中叶,满族分为了故地满族、京满和驻防八旗满族三个部分。在其中,东北故地满族相对较为完整地保留了满族传统风俗文化。他们主要从事农业,过去以玉米、高粱米、小米为主食,而如今则更多地使用面粉和稻米作为主食。同时,他们还喜欢在米饭中加入小豆。有些地区将玉米制成主食,通过发酵制成"酸汤子"食用。东北地区的满族习惯将做好的高粱米或玉米饭过清水后再泡入清水中,待食用时捞出,称之为"水饭"。

满族人喜欢食用黏性食物,尤其喜欢蜂蜜,糊米茶也是他们钟爱的饮品。由黏米做成的饽饽、糕点如"萨其马"是满族人喜爱的具有民族特色的食品。此外,满族人还喜欢涮火锅,尤其在寒冷的冬季,涮火锅备受青睐。他们多养猪,并以猪肉为主食,不食狗肉。

满族的节日和汉族有许多相似之处,如在庆祝节日时也会杀猪。每年农历腊月初八他们会食用腊八粥,而除夕则是吃饺子的日子。包饺子时,会在其中放入一枚铜钱,吃到铜钱的人被视为幸运、富有财运。满族人尊敬老人、爱护幼儿，在入关后大力推行儒家文化，出现了著名的"千叟宴"。进餐时，老人要坐在饭桌的西侧，以表示对长者的尊重。此外，满族人不习惯在用餐时唱歌。

（二）蒙古族

蒙古族，人口约为629万人，主要分布在内蒙古自治区，其余分布在新疆、河北、辽宁、吉林、黑龙江等地区。起源于古代望建河（今额尔古纳河）东岸一带的蒙古族，其名称最初源自东湖一带的部落，为"蒙古"一名的最早使用者。随着时间的推移，他们逐渐吸收并融合了漠北地区的森林狩猎和草原游牧部落，最终形成了一个新的民族共同体。13世纪初，蒙古族以成吉思汗为首，统一了蒙古地区各部落，形成了一个统一的民族共同体。

蒙古族的牧民将绵羊视为生活的保证和财富的源泉。他们日常三餐都离不开奶与肉。奶制品在蒙古族饮食中占有重要地位，被称为"查干伊德"（白食），包括饮用的鲜奶、酸奶、奶酒，以及食用的奶皮子、奶酪、奶酥、奶油、奶酪丹等。白食不仅美味可口，而且营养丰富。肉制品在蒙古族饮食中同样占有重要地位，被称为"乌兰伊德"（红食）。蒙古族的饮食习惯是先白后红，即先食用白食，然后再享用红食。乳制品被视为高贵吉祥之物，是每天不可或缺的食物，不论是大小宴席，主人都会以白食开场。在一年一度的盛大"祭敖包"仪式中，蒙古人会用新挤的鲜奶进行祭酒，通过这个仪式来祈祷和庆祝。即使在吃手扒羊肉时，也会在羊头上抹上黄油，以表示红食仍以白食为先。

蒙古族主要食用牛、绵羊肉，次之为山羊肉、骆驼肉和少量的马肉。羊肉是传统的食用肉类，包括全羊宴、嫩皮整羊宴、煺毛整羊宴、烤全羊和烤羊肉、烤羊心、炒羊肚、羊脑烩菜等70多种烹饪方式，其中最具特色的是烤全羊，也被称为"乌查之宴"。此外，蒙古族还食用骆驼肉和马肉，其中油炸驼峰片蘸白糖被视为上等美味。为了方便保存，族民通常将牛、羊肉制成肉干和腊肉。

在日常饮食中，炒米是蒙古族特有的食品之一。西部地区的蒙古族还有用炒米做"崩"的传统，炒米时加入羊油、红枣、红糖或白糖拌匀，捏成小块即可。面粉制品在蒙古族的日常饮食中也逐渐增多，最常见的是面条和烙饼，同时还擅长用面粉加馅制作蒙古包子、蒙古馅饼以及蒙古糕点新苏饼等。

蒙古族每天都离不开茶，特别喜欢饮用用砖茶沏泡的浓茶。除饮用红茶外，几乎所有人都有饮奶茶的习惯。蒙古族主妇每天早上第一件事就是煮奶茶。煮奶茶时，他们使用新打的净水，烧开后，冲入茶末，慢火煮2~3分钟，再将鲜奶和盐兑入，烧开即可。奶茶的配制也可以加入黄油、奶皮子、炒米等，味道香浓，咸爽可口，是一种富含多种营养成分的滋补饮料。此外，蒙古族还热衷于高粱酒，男女老少皆以醉歌为乐，饮料包括奶茶、奶酒、酸奶子等。

大多数蒙古族都能饮酒，尤其喜欢烈性酒，常饮白酒、啤酒、奶酒、马奶酒等。在酿制奶酒时，他们首先将鲜奶入桶，然后加少量酸奶汁作为引子，每日搅动，3~4日后奶变酸，即可入锅加温。锅上盖一个无底木桶，木桶内挂上数个小罐，再在无底木桶上坐上一个装满冷水的铁锅。酸奶经加热后蒸发遇冷凝成液体，滴入小罐内，形成头锅奶酒，如度数不够浓，还可再蒸二锅。在节日或宴会上，蒙古族都有豪饮的传统。

蒙古族一年中最重要的年节是"白月"或"白节"，相当于汉族的春节。蒙古族以白色为纯洁、吉祥之色，以此将春节称为"白节"。腊月二十三过小年，全家团聚吃团圆饭、喝团圆酒；腊月二十三至正月初五过春节，三十晚上守岁，除夕吃扒肉、制烙饼、包饺子。初一早上，晚辈向长辈敬酒，称为"辞岁酒"。在一些地区，夏天还有过"马奶节"的习俗，节前家家户户要宰羊，做全羊宴或手扒羊肉，挤马奶酿酒。在这一天，牧民用上等的奶制品款待客人。

蒙古族的饮食偏好不吃海味、鸡、鸭内脏以及肥猪肉，也不喜欢食用青菜和带有汤汁的菜肴。

（三）朝鲜族

朝鲜族聚居在中国东北地区，人口约为170万人，主要分布在吉林、黑龙江和辽宁等地，其中以延边朝鲜族自治州为主要聚居区。这一地区的农、林、牧、副、渔业生产全面发展，形成了以烤烟和水稻为主的多元化农渔业体系。

朝鲜族的饮食文化极富特色，主食以大米和小米为主。大米饭在朝鲜族民日常饮食中占有显著地位，喜好吃干饭、打糕和冷面。对于米饭的烹调有着讲究，采用深底、收口、盖严的铁锅，通过巧妙的火候掌握，烹制出颗粒分明、松软可口的米饭。此外，各类用大米面制作的点心和主食，如糕点和面条，也是他们日常生活中不可或缺的一部分。

在不同的节日和喜庆时刻，朝鲜族通过食用特制的食物来彰显不同的节庆氛围。例如，过冬期间，家家户户都会参与泡菜的制作，将白菜、萝卜等蔬菜腌制成美味的泡菜，为寒冷的季节增添了一抹鲜美的色彩。

朝鲜族的饮食偏好包括狗肉、猪肉、泡菜和咸菜，而不太喜欢羊肉、肥猪肉和花椒的风味。朝鲜族对海鲜也有浓厚的兴趣，包括鱼、贝类和海藻等。他们以各种方式烹饪这些海鲜，如煮海带汤、烤紫菜和拌海白菜等。

朝鲜族的饮食中有一些独特的菜肴和饮品，如"八珍菜"和"酱木儿"（大酱菜汤）。八珍菜是由八种原料制成的复合菜肴，包括绿豆芽、黄豆芽、水豆腐、干豆腐、粉条、桔梗、蕨菜和蘑菇。酱木儿则是一种以大酱为主要调味料的菜汤，其主要原料包括小白菜、秋白菜、大兴菜和海带等。

朝鲜族的特色还体现在其饮料中，如"岁酒"，这是一种在"岁首节"前酿造的酒。岁首节相当于汉族的春节，而"岁酒"则以大米为主料，配以多种中草药，用于春节期间的自饮和待客，被认为可以避邪、长寿。

朝鲜族特别强调礼节和尊老敬长。在其饮食文化中，表现为父子不同席、年长者先用等传统。晚辈在长辈面前避免抽烟和饮酒，若在家宴中与老人同席，也需举杯背席而饮，以示尊敬。

在正式的宴席上，倒酒和举杯的顺序也必须按照长幼的次序进行，体现了朝鲜族对家庭和社会礼仪的高度重视。

（四）鄂伦春族

鄂伦春族主要分布在内蒙古自治区呼伦贝尔市和黑龙江省大兴安岭林区，人口约为0.9万人。这个族群的历史较为短暂，于1640年左右以"俄尔吞"身份首次出现，直到1690年后才统一使用"鄂伦春"作为族群自称。鄂伦春一词的字面意思是"使用驯鹿的人们"，他们是以游猎为主的民族，在20世纪50年代才逐渐定居下来。

鄂伦春族的主要生计来源是狩猎业和林业，部分族人也涉足农业、捕鱼和采集。他们传统上以一至两餐的方式进食，主食以瘦肉为主。日常的用餐时间不固定，夏季他们在早晨出猎，打猎归来再吃早餐，而冬季则在太阳未升起之前进食。有时候，由于需要在猎区过夜，他们会采用晒干的方法保存猎物。

鄂伦春族民通常的饮食由家中的妇女负责制作。他们喜欢吃各种兽肉，制作方式包括烧、烤、煮、熏以及生食肝肾等内脏。他们会将肉块煮至半熟，捞出后切成小块，然后蘸盐水一起食用。

（五）赫哲族

赫哲族人口约为0.5万人，主要分布在黑龙江省。赫哲族过去以渔猎为主要生产生活方式，随着时间的推移，逐渐过渡到了渔业、农业和打猎相结合的生活方式。

赫哲族的主食以鱼肉和兽类为主，但后来逐渐过渡至粮食，如馒头、米饭等成为他们现代饮食的主要组成部分。

赫哲族人的饮食分为生食和熟食两种。生食包括鲜鱼和鱼、兽肉干，而熟食则包括各种烹饪方式，如鱼松、炖鱼、煎鱼、炸鱼、烤鱼、兽肉干、炖肉、炒肉、鱼肉粥等。鱼松是每餐必上的一道菜，常用的鱼类有鲟鱼、鳇鱼、鲤鱼、白鱼、草根鱼、鲢鱼等。赫哲族人通常喜欢吃拌菜生鱼，将剔下的鱼肉切成细丝，拌上野生的洋葱、野辣椒、醋和盐。

赫哲族尤其喜欢的两道特色饭菜是拉拉饭和莫温古饭。拉拉饭是由小米和玉米制成的软饭，再拌以鱼松或动物油。莫温古饭则是将鱼或兽类肉与小米一同煮熟，再加入盐制成的稀饭。

赫哲族的吃鱼方式非常多样化。有的人会将鱼肉抹上盐，串进烤叉进行熏烤后食用；有的会将鱼去除内脏后撒上盐，然后火烤去除鱼鳞后食用；还有将鱼肉制成风干鱼干即食的方式。春节时，鱼宴更是不可或缺的，每家每户都会吃由大马哈鱼子制成的菜肴、菜拌生鱼和饺子。过年期间，鱼头通常会敬献给长辈，以表达对长辈的尊敬。

赫哲族人喜好饮酒，特别喜欢喝生水而不喜欢饮茶。在结婚习俗中，新郎吃猪头，新娘吃猪尾巴，象征夫唱妇随。新婚夫妇还需要一起同吃一碗面条，寓意着情意绵绵，永结同心，白头到老。

二、南方少数民族食俗

（一）壮族

壮族人口约为1957万人，主要分布在广西壮族自治区，也有分布在云南、广东、湖南、贵州等省。壮族是岭南民族，拥有丰富的南方稻作文化，其饮食文化特色在古籍史料中有所记载。

农业是壮族主要的产业，主食多为大米和玉米。肉类方面，主要食用猪肉、牛肉、羊肉、鸡肉、鸭肉、鹅肉等。饮料方面，壮族人喜欢自酿米酒、木薯酒和红薯酒。壮族人习惯一日三餐，晚餐为正餐，有时会在下午加一餐，吃四餐。

在节日方面，春节是一个重要的节日，除夕宴席上通常有一整只被煮的大公鸡，以象征过一个好年。过年期间，吃汤圆、喝甜酒是传统，而大年初二之后则开始拜年，互相赠送粽子、糍粑等食品礼物。另外，农历三月初三是传统歌节，壮族妇女会制作五彩糯米饭和壮粽庆祝这一节日。

壮族人喜爱猎食和烹调野味、昆虫，对三七的食疗有研究。在烹饪技巧上擅长烤、炸、炖、腌、卤，口味偏麻辣和酸。一些主要特色菜肴包括：辣血旺、火把肉、壮家烧鸭、盐风肝、脆熘蜂儿、五香豆虫、油炸沙虫、仔姜野兔、白炒三七花田鸡等。

壮族人热情好客，喜欢设宴席，有相互做客的习惯。在宴席上，不设座位次序，不论辈分均可同桌，餐食人人有份，平等相待。宴席上讲究每桌备酒，男女分席，敬酒时通常由两人用白瓷汤匙从各自碗里舀上一勺，真诚对视，交相而饮。每次揽菜，主人会先帮客人揽最好的菜放至客人碗里，然后其他人才开始动筷。在壮族文化中，菜堆得越高越表示尊重。一些地区还有特色的风俗，如用一根筷子穿起几块肉，喂到客人嘴里，称为"灌肉"。在龙州一带，有"空桌留客"的风俗，即家有来客，主人会摆好饭桌餐具，表示已约客人吃饭，客人不能拒绝，以示尊重。

（二）彝族

彝族人口约为983万人，主要分布在云南、四川、贵州等省。

彝族人日常主食以杂粮面、米为主，喜欢食用疙瘩饭和粑粑。疙瘩饭是将杂粮磨成粉，和成小面团，加水煮成面疙瘩，配以酸菜、豆豉、辣椒等。粑粑是将杂粮面和好，贴在锅上烙熟，尤以荞麦粑粑做得最具特色。荞麦粑粑有消食、化积、止汗、消炎的功效，并可以久存不变质。贵州的女宁荞酥是当地著名的传统小吃。

晚餐多做疙瘩饭，搭配一菜一汤和咸菜。在农忙或盖房等重要场合，晚餐还会加入酒、肉、煮豆腐、炒盐豆等丰富的菜肴。

在春夏季，族民喜欢使用酸菜或干板菜拌豆米煮成酸汤，或将玉米磨成米粒与大米合在一起蒸熟作为主食。此外，还有擀成粗面条的面食作为主食。

肉食主要包括猪、羊、牛肉，常做成坨坨肉、牛汤锅、羊汤锅、烤羊、烤小猪等。狩猎也是他们获取肉类的途径之一。

彝族山区盛产蘑菇、木耳、鸡、核桃等，加上蔬菜园里的蔬菜，使得他们的蔬菜来源十分广泛。酸菜是重要的蔬菜加工品，分为干酸菜和泡酸菜两种，用煮过肉的汤煮酸菜可解油腻、醒酒，每餐都少不了。

彝族的饮料主要有酒和茶。酒在待客时常用，有"汉人贵茶，彝人贵酒"之说。饮酒时，大家常常席地而坐围成一个圆圈，边谈边饮，端着酒杯依次轮饮，称为"转转酒"，且有饮酒不用菜之习。酒的种类有烧酒、米酒、荞面疙瘩酒等。制作荞面疙瘩酒时，先将荞面疙瘩蒸熟，倒入簸箕中，待降温后，撒上酒曲，拌匀，盛入垫有芭蕉叶的簸箩中，再用芭蕉叶密封，置于火塘边发酵，过五六天即成。在四川凉山州彝族民间，坛酒（哑酒）较为有名。坛酒有用高粱、玉米、荞麦等杂粮为原料，加上草药制成的酒曲，入坛用泥巴封口，酒味甜中带苦，饮时加冷开水，用竹管饮用，人多时可多插入几根竹管，多在年节、婚礼时饮用。饮茶之习在老年人中比较普遍，以烤茶为主，一般都在天一亮便坐在火塘边泡饮烤茶。所饮用的烤茶是把茶放入小砂罐内焙烤，待烤成酥脆略呈黄色发香时，冲入少许沸水，稍煨片刻倒入开水即可饮用。彝族饮茶每次只斟浅浅地半杯，徐徐而饮。

彝族的食用器皿以马樱花和红椿木为主，分有漆和无漆两种。包括勺、碗、瓢、盘、盆、盒、罐、钵、锅、甑、酒杯和酒壶等。酒杯的制作尤其讲究，除木制外，还有用羊角、牛角、牛蹄、猪蹄挖空制成的精美杯脚。

（三）土家族

土家族人口约为958.8万人，大多分布在湖南、湖北、重庆、贵州等地。土家族大都聚居在山里，重岗复岭，陡壁悬崖，山多田少。以务农为主，兼事渔猎和采集，山的天地，造就了土家族取山所产，吃山所长，办山风味，颇富山地民族的饮食文化和风情。

土家族平时每日三餐，闲时一般吃两餐；春夏农忙、劳动强度较大时吃四餐。如插秧季节，早晨要加一顿"过早"。"过早"大都是糯米做的汤圆或绿豆粉一类的小吃。据说"过早"餐吃汤圆有五谷丰登、吉祥如意之意。土家族还喜食油茶汤。

土家族日常主食除米饭外，以苞谷饭最为常见。有时也吃豆饭，粑粑和团馓也是土家族季节性的主食，有的甚至一直吃到栽秧时，过去红薯在许多地区一直被当成主食，现仍是一些地区入冬后的常备食品。

喜好酸辣，是土家族饮食的一大特色，土家族有"三天不吃酸和辣，心里就像猫儿抓，走路脚软眼也花"的说法。土家族的菜肴讲究"酸、辣、香"三字，民间家家都有酸菜缸，用以腌泡酸菜，几乎餐餐不离酸菜。豆制品也很常见，如豆腐、豆豉、豆叶皮、豆腐乳等。尤其喜食"合渣"。土家族平常爱把黄豆磨成浆，加入鲜青菜，当作佳肴。土家族人称为"合渣"，也有的地方称"懒豆腐"。还有一些地方的土家族人则喜欢做成豆花，调上野胡椒和盐做"豆花饭"吃。

土家族一年过三次年，六月是"小年"，十二月二十八是"赶年"，除夕是"胜利年"。其中的"赶年"有提前抢着过的含义，赶年的酒菜充满"烽火硝烟"：糍粑上插满梅枝松针，上挂纱布，表示"帐篷"；猪肉做"坨子肉"，菜做"杂合菜"，表示"紧迫"；座席时大门一方不设位，以"观察敌情"；一人在外执梭镖肃立，以示"时刻戒备"。

土家族人过年过节时，家家户户都爱打粑粑，再用木模子印出各种各样的图案，称"印印儿粑粑"。拜年送粑粑、腊肉等礼品。每户要打两三担粑粑，过年打的粑粑越多，表示家中越富有。

土家族人十分好客，待客往往要大办宴席。宴席分为"酥扣席"和"砍剁席"两种。"酥扣席"有酥肉、扣肉等主要菜肴；"砍剁席"有盖面肉、炖肉等主要菜肴。

土家族也重祭扫。祭祖用猪重达200多千克，祭神酒缸高于人齐。献祭的对象有梅山神（狩猎神）、土地神、四官神（牲畜保护神）、五谷神、阿密妈妈（小孩守护神），以及土王祠、八部神庙、三抚宫供奉的先祖灵牌，还包括逝去的亲人。凡祭必杀牲畜，数家或全寨一起行动，礼仪古老，态度虔诚。

土家族人善豪饮、饮酒和煮酒，都有民族传统。土家族人承其先民酒艺，酿酒种类繁多，并且有特殊的喝酒习惯，谓之"咂酒"。饮用时，揭开坛盖，兑上凉水，插入一支竹管，轮流吸饮，又甜又香，别有一番情趣。"咂酒会"古今传名。客到"进门三杯酒"，客走"上马三杯酒"，无酒难以成欢会。

茶是土家族生活必需品，有凉水甜酒茶、凉水蜂蜜茶、姜汤茶、锅巴茶、绿茶等。在待客时，土家族人会拿出上等好茶款待远方客人，既显示出他们热情好客的习俗，又反映出了土家族源远流长的茶文化。土家族人的食禁森严。过年这天没吃东西前，不准哭泣、吵架、骂人和说犯忌的话，连与"死""病""穷""杀""没有""不要""睡了"等同音的字词都不能讲。过年前一天忌杀生，停止到水井挑水，过年饭上甑后不许做活，吃年饭时不许用菜汤泡饭。

土家族人一般不吃敬过神的酒、菜、肉、饭。烧饭的火炕、三脚架、鼎锅都是"神物"，禁止任何人跨越和践踏；也不可将鞋袜衣裤和其他脏物放在灶上。

（四）侗族

侗族人口约为349.6万人，主要分布在贵州、湖南及广西壮族自治区。

侗族习惯一日三餐，有些地区一日四餐，其中分两茶两饭，中间是两顿正餐。主食为米饭，坪坝地区吃粳米，山区则吃糯米。

油茶是侗族的特色饮品，是由猪油、大米、红豆或者黄豆、花生及茶叶制成的。油茶在侗族的节日庆典活动中不可或缺。吃油茶有一定的讲究，家庭会备有油茶专用小碗，并搭配辣椒、姜等小料供客人自主选择。

侗族口味喜好酸辣，有俗语"侗不离酸"来形容。特色食物包括酸汤、酸菜、酸肉、酸鸡、酸鸭、酸鱼等。腌制肉类多用筒，腌酸菜则用坛。

在招待客人时，侗族人会用各种酸菜搭配上好的苦酒待客，有"苦酒酸菜待贵客"之说。若以鸡、鸭款待客人，通常将头和爪敬献给客人。若用酸鱼招待客人，讲究"有吃有余"，客人应当留上一两块鱼，不要吃光。

侗族的饮食文化反映了他们对口味的独特追求，尤其是对酸辣口味的钟爱，以及在待客时对客人的尊重和热情。

（五）傣族

傣族人口约为133万人，主要聚集在云南的西双版纳和德宏州。

傣族生活在亚热带地区，森林密布，土地肥沃。主要从事农业，盛产水稻、蔬菜，也饲养猪、牛、鸡、鸭。

傣族主食以粳米和糯米为主，颗粒大，油性丰富。通常现舂现吃，不吃或很少吃隔夜米饭。喜欢用手捏饭食用，外出劳动时用竹筒盛装，或用芭蕉叶包饭。

在副食方面，傣族善于利用野生动植物，包括猪、牛、鸡、鸭等，以及昆虫如蝉、竹虫、大蜘蛛、田鳖、蚂蚁蛋等。调味料中常用香茅草、酸果和野生花椒。

大部分菜肴和小吃以酸味为主，结合酸辣风味。著名品种有牛撒撇凉拌拼盘、酸笋、酸豌豆粉、酸肉、腌牛头等。苦瓜和苦笋也是常见的食材。

傣族地区以产米著称，主食为米饭。粳米和糯米都有特点，颗粒大，富有油性，糯米的黏度高。不食或很少食用隔夜米。

傣族人喜食水产品，包括鱼、虾、蟹、螺蛳等。烹饪方式有酸鱼、烤香茅草鱼、鱼剁糁等。

傣族人嗜酒，但酒的度数低，味道香甜。饮酒是傣族的古老风俗，有"哑酒"之俗，即饮酒不仅限于吃饭时，也伴随着跳舞、唱歌、游乐等活动。

茶是傣族地区的特产之一，普洱茶是主要产物，傣族人有喝茶的传统。

傣族的饮食文化丰富多彩，反映了他们对于自然环境的适应以及丰富的农产品和野生资源的利用。

三、西北地区少数民族食俗

（一）维吾尔族

维吾尔族人口约为1177万人，主要分布在新疆地区。

维吾尔族主食以面食为主，包括馕和抓饭。馕是一种别具特色、历史悠久的食品，由于含水少、久储不坏，便于携带，成为不可缺少的主食之一。抓饭是传统食品之一，制作材料多样，包括羊肉、牛肉、鸡肉、葡萄干、杏干、鸡蛋、南瓜等，味道鲜美、营养丰富。

烤全羊是维吾尔族的传统名肴，常见于节庆和宴会。选用绵羯羊或肥羊羔，烤至金黄色，肉质嫩滑，香味四溢。烤羊肉串是一种富有特色的传统风味小吃，以羊肉为主要原料，撒上精盐、孜然和辣椒面后烧烤，味道鲜美、微辣。

馓子是维吾尔族的节日食品,由面搓成细条后油炸,呈大半圆状,色泽黄亮、酥脆爽口。

维吾尔族还喜欢各种果品,包括桑葚、杏子等。常吃核桃、杏干、杏仁、葡萄干、沙枣、桃干等果干。

维吾尔族在日常生活中喜欢喝茶,茶水是待客的主要饮料。茶种类丰富,茯茶是最受欢迎的传统饮料之一。

传统调味品主要有孜然、胡椒、辣面子、藿香、黑芝麻、醋等。在中华人民共和国成立后,蔬菜在饮食中占有重要地位,炒菜技术也逐渐传入维吾尔族餐桌,使饮食更加丰富。

维吾尔族的饮食文化充满特色,反映了他们丰富的农产品和游牧文化的融合。传统的主食、烤肉、小吃以及茶文化都构成了独特的维吾尔族饮食传统。

(二)回族

回族人口约为1138万人,广泛分布在宁夏、甘肃、河南、新疆、青海、云南、河北、山东、安徽、辽宁、内蒙古、黑龙江、陕西等地。

回族的饮食习惯因地域而异。北方回族以面食为主,南方回族以米食为主,同时也食用其他杂粮。主食包括面条、馒头、包子、烙饼以及一系列特色小吃,如馓子、麻食等。

肉类选择取决于地域,北方回族多食羊牛驼兔,南方回族则更倾向于鸡鸭鱼虾。

烹调方式包括炸、熘、爆、煮、焖、烤等,其中爆法有油爆、盐爆、葱爆、酱爆、汤爆等之分。

回族口味注重咸鲜、酥香、软烂、醇浓,强调生熟分开、咸甜分开和冷热分开。

回族的清真菜、清真小吃、清真糕点在中国烹饪和食品中有着重要的地位,享有很高的社会声誉。

著名的回族菜肴包括涮羊肉、酱爆羊肉、炸羊尾、炖羊羔、水爆羊肚仁、滑熘羊里脊、手抓羊肉、煨牛蹄筋、牛干巴、发子面肠、羊肉水饺粉汤、天水呱呱(荞麦凉粉)、羊杂碎、香酥鸡、红烧鲤鱼、油烹大虾等。

甜食在回族饮食生活中占有一定地位,甜食包括凉糕、切糕、八宝甜盘子、甜麻花、甜馓子、糍糕、江米糕、柿子饼、糊托等。

回族喜欢饮茶,南方回族喜欢绿茶,而北方回族以盖碗茶和罐罐茶为特色。

回族注重餐桌礼仪,例如长辈要坐正席,晚辈不能同长辈同坐在炕上,只能坐在炕沿或地上的凳子上。

(三)柯尔克孜族

柯尔克孜族人口约为20万人,主要分布在新疆南部。

柯尔克孜族一日三餐,早餐通常以馕(烤饼)搭配奶茶或茯茶为主。午餐和晚餐以面食为主,主要食材包括小麦、青稞等耐旱作物。

牛、羊等肉类是主要的蛋白质来源,常见的烹饪方式有手抓羊肉、烤肉。一些肉类也会制作成灌肺、灌肠、肉汤、油炒肉等美食。

手抓羊肉和烤肉是柯尔克孜族主要的肉类美食。烹制方法注重火候和调味，以保持肉类的鲜嫩口感。

粮食主要用于制作面食，如馕、奶皮面片、面条、油饼、油稞等。这些面食成为日常饮食的重要组成部分。蔬菜占比较小，主要有圆白菜、马铃薯、洋葱等。奶制品在柯尔克孜族饮食中很受欢迎，包括牛奶、马奶、酸奶、奶皮、奶油等。这些奶制品不仅满足了饮食的需求，也反映了畜牧业的发达。

"牙尔玛"是一种由青稞、麦子发酵而成的饮料，受到柯尔克孜族人的喜爱。此外，茯茶也是他们常饮的饮料，通常会将茶煮沸后加奶或盐。

宴请客人吃羊肉时，羊头肉被视为待客的尊贵食物。礼仪要求先让客人品尝羊尾巴油，然后再吃胛骨及羊头肉部分。

在用餐时，需将肉先分一些给主人家的妇女儿童。吃饭时不要吃光盘中的食物，更不要将剩饭剩菜留在餐具中或者倒在地上。

柯尔克孜族的饮食文化体现了他们畜牧业和农业的特色，以及对肉类和奶制品的偏好。宴请礼仪也反映了对待客的重视和尊重传统的习惯。

（四）哈萨克族

哈萨克族人口约为156万人，主要分布在新疆的伊犁哈萨克自治州、木垒、巴里坤两个自治县等地。

哈萨克族主要从事畜牧业，以肉、奶制品为主要食物来源。哈萨克族的食物主要包括牛、羊、马等肉类，以及牛奶、羊奶、奶茶、奶油、酥油、酥奶酪、奶豆腐等奶制品。同时，面类食品如油馃子、烤饼、面片、油饼也是日常饮食的重要组成部分。

手抓饭是一道特色美食，通常将米饭与油、羊肉、洋葱、胡萝卜等混合在一起，制成手抓饭。"金特"是一种将幼畜肉类混合奶油一起装进马肠蒸熟后食用的特色美食。

哈萨克族的奶制品有冬肉、奶疙瘩、奶豆腐、酥奶酪等。冬肉是由入冬后宰杀的马、牛、羊肉制成，经过盐卤处理后熏烤贮藏，方便随时取用。

日常饮品主要有牛奶、羊奶、马奶子和奶茶。马奶子是一种通过发酵制成的高级饮料，备受欢迎。

哈萨克族以热情好客著称，尊敬老人，对客人和老人的态度尤为热情和尊敬。他们会将最好的食物献给客人和老人。

在餐桌上，有一系列的餐饮礼仪，如不许年轻人在老年人面前饮酒，不允许用手去乱摸食物，不可坐在盛装食物的容器或用具上，也不能踏过或跨过餐布。在太阳下山前不招待客人被视为侮辱。

（五）锡伯族

锡伯族人口约为19万人，主要分布在辽宁、新疆等地。

锡伯族大多以农业为生，新疆地区的族人还兼顾畜牧业和狩猎业。他们种植的农作物包括玉米、小麦、水稻、高粱、谷子、胡麻等，同时饲养猪、马、牛、羊、鸡、鸭等牲畜。各种蔬菜和瓜果也是他们的主要食材。

锡伯族的主食以米面为主。过去，他们以吃高粱米和发面饼为主，也会食用馍馍、韭菜合子和面条。居住在新疆的族人则会食用馕、抓饭、酥油和奶茶。

肉类在锡伯族的饮食中占有重要地位，主要以猪、牛、羊为主。锡伯族人在吃肉时通常会随身携带小刀，将煮熟的肉切割后蘸上由葱蒜制成的调料一起食用。猪血和猪血灌肠也是他们喜爱的食物。

夏季时，锡伯族人会制作面酱，而冬季则会进行狩猎，捕猎野生猪、兔等动物，并制作腌菜。

过去锡伯族在餐饮上有一系列的规矩，如发面饼上桌时要分天、地面，天面必须朝上，地面朝下，切成四瓣摆在桌沿一边。

在餐桌上，禁止坐在门槛或站立行走，不得用筷子敲打饭桌、饭碗，或把筷子横在碗上。

四、青藏地区少数民族食俗

（一）藏族

藏族人口约为706万人，主要分布在西藏、四川、青海、甘肃、云南等地。大部分藏族群众日食三餐，但在农忙或劳动强度较大时有日食四餐、五餐、六餐的习惯。绝大部分藏族人以糌粑为主食，即把青稞炒熟磨成细粉。特别是在牧区，除糌粑外，很少食用其他粮食制品。食用糌粑时，要拌上浓茶或奶茶、酥油、奶渣、糖等一起食用。糌粑既便于储藏又便于携带，食用时很方便。在藏族地区，随时可见身上带有羊皮糌粑口袋的人，饿了随时可食用。

四川一些地区的藏族还经常食用"足玛""炸果子"等，足玛是藏语，为青藏高原野生植物蕨麻的一种，俗称人参果，形色如花生仁，当地春秋可采挖，常用作藏族各菜点的原料。炸果子即一种面食，和面加糖，捏成圆或长条状后入酥油锅油炸而成。藏族群众还喜欢食用小麦、青稞去麸和牛肉、牛骨入锅熬成的粥。"推"是聚居于青海、甘肃的藏族群众喜爱的食品，用酥油、红糖和奶渣做成，形似大奶油蛋糕。

藏族过去很少食用蔬菜，副食以牛、羊肉为主，猪肉次之。藏族食用牛、羊肉讲究新鲜，在牛羊宰杀之后，立即将大块带骨肉入锅，用猛火炖煮，开锅后即捞出食用，以鲜嫩可口为最佳。民间吃肉时不用筷子，而是将大块肉盛入盘中，用刀子割食。牛、羊血则加碎牛羊肉灌入牛、羊的小肠中制成血肠。四川、云南等地的藏族多将猪肉用来制成猪膘，便于保存。制猪膘时去掉猪的头蹄，剔除猪骨，四川的藏族还要割下瘦肉，然后抹上花椒、香樟籽，撒上盐，缝合成方形，风干。云南藏族在将猪肉缝合之后，还要加一块重石板压，称"琵琶肉"。食用时一圈圈切下，蒸熟后用刀切食。其色蜡黄，香而不腻。肉类的储存多用于风干法。一般在入冬后宰杀的牛、羊，一时食用不了，多切成条块，挂在通风之处，使其风干。冬季制作风干肉既可防腐，又可使肉中的血水冻固，能保持风干肉的新鲜色味。云南藏族称这种风干肉为"牛羊干巴"。奶类及奶制品也是藏族日常生活中不可缺少的食品。最常见的是从牛、羊奶中提取的酥油，除饭菜用酥油外，还大量用于制作酥油茶。酸奶、奶酪、奶疙瘩和奶渣等也是经常制作的奶制品，作为小吃或其他食品搭配食用。在藏族民间，无论男女老幼，都把酥油茶当作必要的饮料，此外也饮奶茶。酥油茶和奶茶都用茯茶制作。茯茶含有维生素和茶碱，可以补充由于食用蔬菜少而引起的维生素不足，帮助消化。藏族普遍喜欢饮用青稞制成的青稞酒。在节日或喜庆的日子里尤甚。

藏族的炊餐具自成一体。在藏族地区，家家都备有酥油茶筒、奶茶壶，以干牛粪为燃料，炊具多以铁三脚架为灶。云南藏族茶具、酒具、餐具多用铜制，其余地区则用漆上红、黄、橙色的油漆木碗，比较讲究的还要在碗上包银。牧区的藏族都要随身带一把精制的藏刀，主要用来切割食物，还用于宰羊、剥皮、削账房橛子等。藏刀的制作历史悠久，工艺精湛。

（二）土族

土族人口约为28万人，主要分布在青海、甘肃等省。其饮食文化经历了历史的变迁，从畜牧为主逐渐过渡到农业经济。

土族一般习惯于日食三餐，其中早餐相对简单，主要以煮洋芋或糌粑为主。午餐较为丰富，包括饭菜，主食则以面食为主，制成薄饼、花卷、疙瘩、干粮等。晚餐则常吃面食，如面条或面片、面糊糊等。

土族的主粮主要是青稞，小麦次之。在蔬菜方面，选择较为有限，主要有萝卜、白菜、葱、蒜、莴笋等10余种。酸菜是常见的食材，常与肉食搭配。奶茶在饮品中占有一席之地，而酥油炒面则是受欢迎的食品之一。

土族在喜庆节日时会制作各种油炸食品和手抓猪肉、手抓羊肉。酒在土族的饮食中占有重要地位，酿造"酩馏"是其传统之一，是一种低度青稞酒。

土族注重饮食卫生，每人都有固定的碗筷。在节日方面，土族与汉族有类似的庆祝方式，但互助地区的部分土族忌讳过中秋节。此外，他们避免吃圆蹄牲畜的肉，如马、骡、驴，并忌讳用有裂缝的碗给客人倒茶，还有关于询问客人吃饭的禁忌。

（三）撒拉族

撒拉族人口约为16.5万人，主要分布在青海省。以农业为主要生计，养殖牛、羊、马、驴、鸡、鸭，种植青稞、小麦、荞麦、马铃薯、豌豆及各种蔬菜瓜果。

撒拉族主食以面食为主，包括搅团、散饭、馒头、花卷、面片、拉面、烙饼等。散饭是一种由面粉或豆面撒入沸水中搅拌而成的粥，而搅团则更为黏稠，常搭配酸菜、辣椒、蒜泥等调味品。奶茶和麦茶是常见的饮品，而撒拉族几乎不饮酒。

撒拉族女性在厨房中扮演主导角色，负责菜肴制作和餐中服务，一般不与长者同桌进食。特色食品如麦仁饭，用小麦去皮混合羊肉或牛肉，加入一些蚕豆、豌豆，熬煮后撒上盐、花椒和面粉调味。

开斋节、古尔邦节和圣纪节是撒拉族的三大节日。在这些节日里，人们宴请宾客，准备手抓羊肉、炖鸡肉、糖包、油炸蛋糕、炸馓子、"比利买海"等美食。礼物之间常有锅馍、酥盘和"比利买海"等面食的赠送。

（四）门巴族

门巴族人口约为1.1万人，主要分布在西藏的珞渝、门隅等地区。当地沟深谷狭，雨量充沛，气候炎热，刀耕火种地适宜种植玉米，因此，玉米和鸡爪谷成了门巴族的主食。玉米一般和大米掺和煮成混合饭，玉米细粉煮成面团。玉米也是酿制白酒的主要原料，另加部分玉米渣和鸡爪谷。鸡爪谷是热带作物，我国海南省有种植，大小颜色和油菜籽相似，它是酿造邦强（甜酒）的主要原料，人们也喜欢吃鸡爪谷粉煮成的面团。水田多的地方，以吃大米饭为多。西部门巴多以荞麦饼和青稞为当家粮食。常见的蔬菜有木耳、香菇、竹笋、茄类、瓜类、辣椒、豆类、萝卜类。灶具主要是皂石锅、铁锅等，人们喜欢用石锅煮饭煮菜，石锅传热和散热慢，炖出的饭菜鲜美可口，这是金属锅所不能媲美的。门隅地区的门巴族食荞麦饼，饼是用一块圆形薄石板，放在火塘三脚架上，然后把荞麦粉调成糊状，摊在石板上翻烙烤成。吃的方法是在烤好的麦饼上抹上奶渣、盐、辣椒糊，趁热卷着吃。

西部门巴不杀牛，不食耕牛和奶牛，不养猪，不食猪肉，养鸡但不杀鸡，不吃鸡，老年人连鸡蛋也不吃，不打猎，许多人不食兽肉。墨脱门巴则相反，养牛、养猪又养鸡，吃牛肉、猪肉和鸡肉，个个都是好猎手，人人吃兽肉、鱼肉。豆酱，是门巴族饮食中不可缺少的主要调料。酱是煮熟的黄豆加工、发酵而成。待豆子冷却到不烫手时，约25℃，将食盐、辣椒粉、胡椒粉、蒜泥、茴香等调味品均匀拌和，然后装入直径30厘米、长50厘米左右的竹桶里，顶部塞一把蕉叶，糊泥封顶，置于灶台的后部，保持一定温度，一般一个月即可食用，但置放时间越久，色泽鲜艳，略呈紫黑色，超过一年的变成了黑色。此酱味道辛辣，口感浓香，细细品味，不咸不淡，香辣适口，特别能增强食欲，辣味中透出浓郁的清香，青辣椒蘸之，清香可口，别具一番风味，家家户户都备有几桶豆酱备用。酥油茶是门巴族人们的每日必备，夏天还饮一种自制的酸奶。男女老少普遍嗜好饮酒。自制的青稞、大米酒多装入大葫芦、大竹筒里，客人将至，男的做菜陪客，女的敬客，客人喝一口，女主人便在一旁随时添加，客人醉，被视为看得起主人，主人才高兴。

（五）珞巴族

珞巴族人口约为0.4万人，主要分布在西藏地区。受到藏族文化的深刻影响，生活习俗和饮食方式与藏族农区基本相同。

珞巴族喜欢食用烤肉、干肉、奶渣、荞麦饼，尤其喜欢用粟米搅煮的饭坨，且喜欢以辣椒调味。蔬菜方面，常见的有白菜、油菜、南瓜、圆根（芜菁）和马铃薯等。他们普遍嗜酒，除喝青稞酒外，也常饮用玉米酒。

珞巴族进行狩猎时，通常使用野生植物制作毒药，涂在箭头上，用于射杀野兽。狩猎活动大都是集体进行，而猎获的野物则会平分。

由于珞巴族居住分散，交通不便，各地年节日期不一，一般定在每年的劳动之后。年节前夕，家家都要舂米酿酒、杀猪宰羊，甚至有宰牛的富裕家庭。过节时，珞巴族会进行"氏族集合"，各家自带酒肉欢聚，男女老少席地围坐，进行各种娱乐活动。在招待客人时，主人会先喝一杯酒、先吃一口饭，以表示对客人的真诚和对食物的安全保证。对于从远方而来的客人，主人还会以最喜欢的干肉、烤肉、奶渣、玉米酒、荞麦饼和辣椒等进行热情款待。

延伸阅读

扫描二维码获取

思考研讨

1. 请分析我国南方地区少数民族食俗的共同点。
2. 请分析我国青藏地区少数民族食俗的共同点。
3. 学生以小组为单位，根据当地主要少数民族饮食食俗策划一次具有代表性的主题餐饮宴会活动。
4. 选择两个不同的少数民族，比较它们在饮食文化特色、饮食习惯、食物选择等方面的异同，分析不同因素（如地理环境、宗教信仰、历史背景等）对其饮食文化的影响，并探讨这些影响因素在少数民族饮食文化形成过程中的作用。

第七讲　中华饮食风味流派

内容提要

1. 中华饮食集中了各民族烹饪技艺之精华，使中式菜肴形成了各具民族风格的特点，形成了具有不同地域特征、不同民族风格的风味流派。
2. 中华烹饪饮食风味流派众多，不同菜品之间相互影响、相互补充，在形成自己独特个性的基础上，跟随时代的步伐不断发展和完善。
3. 筵宴是具有一定规格质量的由一整套菜点组成的多人聚餐的一种饮食方式。筵宴设计与菜点质量是烹饪艺术高度集中的表现。

关键词

饮食风味流派；菜系；筵宴；改革与创新。

案例导入

一馔千年，寻味鲁菜

汪曾祺在《人间滋味》中写道：四方食事，不过一碗人间烟火。

真正的生活者，源于对食物的无比热爱。民以食为天，食以礼为先。中国饮食文化源远流长，早在商周时期就形成膳食文化的雏形，唐宋年间逐渐成形并走向高峰，到清代已逐渐形成了川鲁粤苏等菜系，并在清末至民国时期正式形成"八大菜系"。

饮食，是绽放在舌尖上的文化，凝聚着一个地区的精气神，每一个菜系都是各自地理特点、人文风俗和性格习惯的浓缩。在中国美食领域，鲁菜是一个特别的存在，没有鲁菜，就不可能衍生出如今多滋多味的菜系品种。作为中国多样化菜系源头之一的鲁菜，是中国唯一自发型菜系、八大菜系之首和北方菜的代表。鲁菜起源于春秋战国、鼎盛于元、明、清，有2500年的发展史；以山珍海味为材，既有宫廷宴席，又有市肆美食；技法丰富、难度最高，也最见功力；数十种烹饪技法，上千道菜品，"满汉全席"中一半的佳肴来自鲁菜……掀起鲁菜的神秘面纱，其承载着的丰富历史和独特文化令人惊叹。

地方特色，其精髓就在于"地方"二字。当我们翻开历史的画卷，追溯鲁菜源流，在感叹物华天宝、人杰地灵的同时，会更加深刻地领悟到鲁菜厚重的文化底蕴。

"齐带山海，膏壤千里。"齐鲁大地，山海相拥，优越的地理环境造就了山东强大而丰饶的物产，诞生了既有擅长烹制肉类菜肴的济南菜，也有以海鲜菜品驰名的胶东菜。

齐鲁之地，礼仪之乡。孔子曰："夫礼之初，始诸饮食。"两千多年来浸润着儒家学派"食不厌精，脍不厌细"的精神追求，终于成就鲁菜的洋洋大观。将儒家思想与美食结合形成的孔府菜，是古代官府菜的最高水准。

鲁菜之所以流传千年，发展至鼎盛，享誉中国烹坛，皆因得"天之厚、地之华、人之灵"，而"人之灵"则体现了世代劳动人民的勤劳与智慧。从明清时期山东厨师主导皇宫御膳房，到民国时期山东人在京师餐饮业独领风骚，直至今天鲁菜泰斗王义均和国宝级烹饪大师崔玉芬将鲁菜传承发扬，勤劳而聪慧的山东人民懂得充分利用本地食材，将普通的食材变为令人垂涎欲滴的美食。无论是宴席上的珍馐美馔还是乡村家庭的简单饭菜，鲁菜讲究酸甜苦辣咸五味的平衡，不仅注重口感，更融入了人生的哲学。

属于鲁菜的黄金时代，曾经热烈地存在过。可能有人会说，鲁菜如今呈式微状，实在没有什么存在感。鲁菜不常见？其实鲁菜处处见。在百姓餐桌上的家常菜里，到处都有鲁菜的影子：油焖大虾、爆炒腰花、熘肝尖、木须肉、烤鸭、糖醋里脊、炸丸子、爆炒里脊……就连爆、炒、烩、蒸、煎等中式菜肴烹饪手法，或多或少都有些鲁菜的底色在其中。

原来，鲁菜早已以细雨润无声之姿，沁入了所有人的生活里，化入寻常百姓家中，为我们的生活添上了一丝烟火气，让人"才下齿尖，又上心头"。

资料来源：郭晓娟. 一馔千年，寻味鲁菜[J]. 走向世界，2024（10）.

一、风味流派的形成

（一）烹饪风味流派的定义

中华烹饪举世闻名，不同的地理环境与气候，提供了不同的烹饪原料，形成了不同的饮食习惯与文化。

中华菜肴由于地方不同，体现出明显的差异性，如鲁菜的咸鲜、粤菜的清鲜、川菜的麻辣等，它们所用的原料、方法等各有差异。这种差异性，我们称之为风味。

由于地理环境、气候物产、文化积淀等原因，在烹饪原料的选择、烹调技法、味型特点相同或者相近的一定区域内的烹调师往往相互交流，形成一定区域内的烹饪饮食圈，他们烹调菜肴的风味表现出鲜明的一致性。这种烹饪方式相近、风味特色相近的集合体，称之为风味流派。

（二）烹饪风味流派的成因

1. 自然因素

在地理环境因素方面，我国地势西高东低，山地、高原和丘陵约占陆地面积的67%，盆地和平原约占陆地面积的33%。在中国辽阔的大地上，有雄伟的高原、起伏的山岭、广阔的平原、低缓的丘陵，还有四周高中间低平的盆地。加上地形地貌复杂，山川地形纵横交错，在不同地区生长着不同的烹饪原料，而当地人民的口味喜好也随原料不同。例如北方气候多干燥，多以牛、羊等畜肉为馔，口味以咸鲜多为常见。南方雨水充足，气温温和，盛产海鲜，以清淡多为常见。

在物产因素方面，人们在选择烹饪原料的时候多是就地取材，例如，北方盛产小麦，南方盛产水稻，由此呈现出"南米北面"的饮食习惯。楚地物产以水产为本，鱼菜为主，以武昌鱼、鲴鱼、鳜鱼等诸多名贵淡水鱼组成烹饪原料，形成了近千种风味鱼菜。

2. 经济因素

生产力的发展促进经济的繁荣，纵观我国的四大菜系发源地，可见风味流派的发展受经济的发展影响较大。例如广东省菜系的形成就是如此。2023年，广东省GDP突破13万亿元，世界上经济总量超过这个数字的国家仅有12个。

3. 文化因素

中国烹饪经历了数千年的发展历程，形成了独具特色的烹饪体系，成为中国乃至世界的宝贵文化遗产。它有着悠久的昨天、灿烂的今天并将有辉煌的明天。例如《吕氏春秋》《齐民要术》《食疗本草》《随园食单》和《调鼎集》等典籍为地方风味的研究发展提供了重要的理论基础。至于各地的典故、史书、名菜、名点、名厨、诗词等不计其数，都为地方风味菜的形成、发展起了促进和推动作用。

4. 政治因素

纵观历史，一些名城曾是国家的政治中心，往来交往频繁，商业兴盛，加上古代历代统治者讲究烹饪饮食，达官贵族、商贾宴请都刺激了该区餐饮业的提高和发展。例如，南京市是首批国家历史文化名城，也是中华文明的重要发祥地，长期作为中国南方的政治、经济、文化中心。东吴孙权从武昌（今湖北鄂州）迁都建业，是为南京建都之始，从此，"钟山龙盘，石头虎踞"的帝王之宅——南京作为国都的形象出现在中国的历史舞台上。继三国吴后，又先后有东晋，南朝宋、齐、梁、陈在建康（今南京）建都，前后共320余年，史称六朝。六朝上承两汉，下开盛唐，在中华文明史上起到承前启后的重要作用，也使南京成为中华饮食文化的繁荣之地。

5. 宗教因素

在中华大地上各民族集聚，在一些地区不同宗教信仰对地区的饮食习俗产生了较大影响。如佛教反对食肉、反对饮酒、反对吃五辛（葱、薤、韭、蒜、兴蕖）；道教主张少食辟谷、拒食荤腥；伊斯兰教的饮食禁猪肉、驴肉、狗肉，禁食自死的动物、血液，禁食无鳞鱼和凶猛食肉、性情暴躁的动物等。

6. 其他因素

除上述因素外，我国烹饪风味流派的形成还受到大众喜好、市场、交通等诸多因素的影响。

（三）烹饪风味流派的认定

我国不同的地域特征、气候环境、物产状况、文化传统、民族习俗等，造就了不同地区民族菜馔中独具特色的风味流派。这些不同地方风味流派的交相辉映，彰显了中华烹饪文化的独特魅力。根据我国菜系的历史发展和现状研究来看，凡是被社会大众所认可、认同的菜系，一般都具有5个方面的特征。

1. 食材选择突出特色的乡土原料

菜品是菜系唯一的表现形式，而菜品的制成依赖食材原料。如果食材原料特异，有着浓郁的乡土气息，菜品风味往往独树一帜。不少菜系，都很注重对本菜系特异食材的开发，用本地所特有的名特食材制成菜品，提高菜系的竞争能力。另外，一些特殊调味品的使用，在某种程度上推动了菜肴独特风味的形成，比如郫县豆瓣、广东蚝油、湖南豆豉、江苏香醋，其相应的菜系受欢迎的原因也在于此。

2. 工艺制法确有独到之处

烹饪工艺是形成菜肴的重要手段。不少菜肴能闻名于世，正是凭着对炊具火工上的特定要求，在味型和制法上的独树一帜，进而创新出一系列菜品，如山东的汤菜、湖北的蒸菜、安徽的炖菜和辽宁的扒菜等。还有些菜系，如海派川菜、港式粤菜、谭家菜和宫保菜等，则是由于技法有别，菜品质感截然不同，故而可以以"专"擅名，以"独"争光，以"异"取胜。

3. 菜品具有浓郁鲜明的乡土气息

菜品中的乡土气息，是菜系风味流派的灵魂。它能确定流派的"籍贯"，并助其自立。菜品中的乡土气息似乎看不见摸不着，但是菜一入口，人们就会感觉到它的存在。对漂泊在外的家乡人来说，它是那样的亲切、温馨和舒适。其实，地方特产、风味、习俗和地方礼仪都可以让菜肴具有乡土气息。所谓川味、闽味、豫味、湘味，这个"味"字正是指的乡土情韵。

4. 形成多种格局的筵席

菜系的认定，不仅取决于质，还需要依靠一定的量。筵席则是认定菜系的主战场。因为无论是烹饪工艺的展现，还是名菜美点的汇展，都是在筵席上进行的。因此，筵席应是区分菜系和菜种的标准之一。当然，只有格局不同、菜品丰富、风味特异的菜系，才能在饮食市场的激烈角逐中立于不败之地。

5. 必须能经受住较长时间的考验

对菜系的认定，应该是全面的、辩证的考察与认定，不能仅凭一时一事。菜系的最终形成少则需要一个世纪，多则数百上千年，其间经历的多少波折、弯弯曲曲，数不胜数。只有久经考验，通过时代的筛选，才能日臻成熟，逐步定型，并在稳定中求发展，在发展中再创新。

二、主要菜系的划分

（一）黄河流域的山东菜

山东菜，简称鲁菜、齐鲁风味，是华北地区肴馔的典型代表，中国"四大菜系"和"八大菜系"之一，源于春秋时期的齐鲁大地。它从鲁西北平原一路向胶州湾推进，其影响面覆盖了京津、华北和关外以及黄河上中游的部分地区。它由3个区域的菜品构成：济宁风味（含曲阜市）、济南风味（含德州市、泰安市）、胶东风味（含青岛市、烟台市）。山东菜的特色是：咸鲜纯正，强调鲜香脆嫩；火候严谨，善于制汤和用汤；烹制海鲜，尤显独到之处。

山东地区中部山地凸起，西南、西北低洼平坦，东部缓丘起伏，形成以山地丘陵为骨架、平原盆地交错环列其间的地形大势。泰山雄踞中部，境内地貌复杂，大体可分为平原、台地、丘陵、山地等基本地貌类型，平原面积占全省面积的65.56%。山东菜讲究调味醇正口味偏于咸鲜，具有鲜、嫩、香、脆的风味特色，擅用葱蒜烹制菜肴，多以鲜活海味的原味和吊制清汤调味取鲜。常用的烹调技法有30种以上，尤以爆、熽、扒技法独特而专长。"爆"法讲究急火快炒，火候掌握细致入微。"熽"的技法为山东菜独创，原料经腌渍或夹入馅心，再粘粉或挂糊，用油煎黄两面，再放调味，慢火熽尽收汁。"扒"菜加工讲究，成品整齐成形，味浓质烂，汁紧稠浓。山东菜讲究丰满实惠，这是山东人朴实、好客的地方特性所决定的。

山东菜风味的影响遍及黄河中下游及其以北广大地区，除山东、北京外，河南、天津、河北及东北的菜肴风味也以山东菜为主。因此，山东菜是我国覆盖面最广的地方风味菜系。山东菜，菜名朴实，敦厚庄重，深有儒家饮馔风采。代表名菜有：德州扒鸡、九转大肠、一品豆腐、白扒四宝、葱烧海参、锅熽豆腐、清蒸加吉鱼、油爆双脆和糖醋鲤鱼等。

（二）长江中上游的川渝菜

川渝菜又称川菜、巴蜀风味或天府风味，四川自古有"天府之国"的雅称。川渝菜也是"四大菜系"或"八大菜系"之一。

川渝菜起源于周秦时期的巴国和蜀国，四川盆地是其基地，后向川西高原拓展。现今影响所及云贵、甘南、藏北、湘鄂陕三省边界，以及京、津、沪等地，在美国、加拿大、西欧、日本也有较大的市场。四川历来是巴蜀文化的一个组成部分。早在5000多年前，巴蜀地区已出现早期烹饪。川渝菜发源于古代的巴国和蜀国，萌芽于西周至春秋时期。西汉至两晋时期，川菜已初具轮廓。战国时，由于都江堰排灌水利工程的修筑成功，川西平原变成了千里沃野，物富民殷，成为"天府之国"。当地丰富而独特的物产，为川地烹饪的发展奠定了雄厚的物质基础。西汉扬雄的《蜀都赋》对川菜的烹饪原料、烹调技巧和筵席情况，做过不少详细的描述。东晋史学家常璩《华阳国志》，首次记述了巴蜀人"尚滋味""好辛香"的饮食习俗和烹调特色。唐宋时期川渝菜已开始以其独特的风味赢得各地人们的赞美和称颂。当时的许多名家诗文中常见有对"蜀味""蜀蔬""蜀品"的赞美之词，川渝菜开始流向全国许多城市。

川渝菜分支构成有三种说法：一是成都菜（上河帮）、重庆菜（下河帮）、自贡菜（小河帮）；二是以成都为代表的传统川菜和以重庆为代表的创新川菜；三是以成都菜为主体，重庆菜是其重要流派，还有自贡、乐山、绵阳、南充、万州区等分支。目前第一种说法为主流派观点。

川渝菜的风味特色是：清鲜醇浓并重，以善用麻辣著称；以小煎、小炒、干烧、干煸见长，独创出鱼香、家常、糊辣、椒麻、红油、甜咸、陈皮、怪味等20余种味型，有"一菜一格，百菜百味"的美誉。近几年以山城火锅为代表的民间川菜和迷宗川菜纵横南北，占尽了风光。川渝菜以锲而不舍的创新精神，为全国同行所称道。

川渝菜的代表品种有：毛肚（指牛肚）火锅、宫保鸡丁、樟茶鸭子、鱼香肉丝、豆瓣鲫鱼、河水豆花、麻婆豆腐、干烧岩鲤、开水白菜、家常海参、鱼香腰花、回锅肉、灯影牛肉、水煮牛肉等。

（三）长江中下游的江苏菜

江苏菜，简称苏菜，是华东地区肴馔的典型代表，也是"四大菜系"和"八大菜系"之一，起源于春秋时期的吴国，发端于宁镇丘陵和苏南平原，逐渐影响到北京、上海、华东和长江中下游部分地区。江苏风味菜简称苏菜，由淮扬风味、金陵风味、苏锡风味和徐海风味构成。江苏菜的主要特点是：用料讲究、四季有别。江苏菜选料严谨，制作精细，在讲究原料选择的同时，不拘一格、因材施艺、物尽其用，菜肴别具风味。同时，随四季变化，清、腻、淡、浓的口味也有区别；刀工精细、刀法多变。江苏菜讲究刀工成形，注重在加工原料过程中刀法的运用，能根据原料质地的不同运用不同的刀法处理，形成刀法多样、富于变化、精妙细致的特色；重视、讲究火候。江苏菜在烹调方法上以炖、焖、蒸、烧、炒见长，同时重视煨、叉烧等。这些烹调方法都体现了火候的精妙，如"扬州三头""苏州三鸡""金陵三叉"等；口味清鲜、咸中稍甜。江苏风味菜所用的原料都突出其主体本味的鲜，调味过程中注重其"清"，保持一物呈一味、一菜呈一味、浓而不腻、淡而不薄，形成了江苏菜的基本格调。

隋炀帝开凿大运河后，扬州成为南北交通枢纽和重要商埠。从隋唐到清末，扬州古城一直极其繁华昌盛。江苏人文荟萃，善知味者世代有之，故烹饪典籍多出此处，如隋代诸葛颖《淮南王食经》、元代倪瓒《云林堂饮食制度集》、明代韩奕《易牙遗意》、清代袁枚《随园食单》等，对推动江苏菜烹饪技艺的提高，促进苏菜发展，扩大苏菜影响，都起了很大的作用。

江苏风味菜的代表菜有松鼠鳜鱼、大煮干丝、清炖蟹粉狮子头、三套鸭、清蒸鲥鱼、拆烩鲢鱼头、水晶肴蹄、梁溪脆鳝、镜箱豆腐、将军过桥、金陵桂花鸭等。

（四）珠江流域的广东菜

广东菜又称粤菜、岭南风味，是华南地区肴馔的典型代表，也是"四大菜系"和"八大菜系"之一。广东菜起源于秦汉时期的南越珠江三角洲和潮汕平原，后向粤北山区和粤西南等地拓展。现今影响所及广西、海南、香港、澳门和北京、上海等地区，在东亚、东南亚、欧美和大洋洲等国家也有较高知名度。广州一直是中国的南大门，是与海外通商的重要口岸。当地的社会经济因此而繁荣，广东菜的烹调技艺也由此得以不断充实和完善，其独具的风格日益鲜明，饮食业获得长足发展。城内酒楼林立，官绅富商筵宴不断，广东菜借此之势飞速发展，终于形成了"熔南北风味于一炉，集中西烹饪于一体"的独特风格，并在各大菜系中脱颖而出，名扬海内外。

广东特殊的地理条件和物产资源，对粤菜风味的形成具有极其重要的影响。广东地处东南沿海，属热带、亚热带地区；珠江三角洲平原河网密集，纵横交错；岭南山区岳陵岗峦错落；沿海岛屿众多，所以物产丰富，动植物品类繁多，这些地域条件为广东菜用料广博奇异，鸟兽蛇虫均可入馔的特殊风格奠定了物质基础。飞禽中的鹧鸪、鹌鹑、乳鸽等都列于菜谱之中，取蜗牛、蚂蚁子、蚕蛹制成美馔。浩瀚的南海，为广东菜提供了许多海鲜珍品，如鳊鱼、鲈鱼、鲟鱼、鳜鱼、石斑、对虾、龙利鱼、海蟹、海螺等。

广东菜分支构成有三种说法：一是广州菜（含韶关、肇庆、湛江）、潮州菜（含汕头、海丰）、东江菜（主要是客家菜）；二是广州菜、潮州菜、东江菜、港式粤菜（新派粤菜）；三是广州菜、潮州菜、东江菜、海南菜（琼菜）、港式粤菜。目前第一种说法为主流派观点。

广东菜的风味特色：用料广泛而精致，口味清淡而醇厚，技法博采中外。广东菜用料奇特而又广博，其"料功"为中国厨艺之冠；技法广集中西之长，趋时而变，勇于革新，饮食潮流多变，点心精巧，大菜华贵，设施和服务一流，有"食在广东"的褒词；肴馔的商品气息特别浓烈，商贸饮食文化是其灵魂。改革开放更使广东菜如虎添翼，其不断推出的八珍玉食，征服了海内外的高档消费群，是时尚饮食的弄潮者。

广东菜的代表品种：大良炒鲜奶、烤乳猪、佛山柱侯鸡、玫瑰酒焗乳鸽、蒜子瑶柱脯、蚝油网鲍片、东江盐焗鸡、冬瓜盅、白云猪手等。

（五）其他区域的地方菜

1. 浙江菜

浙江菜，简称浙菜，中国八大菜系之一，起源于春秋时期的越国，杭州湾沿岸是其中心之所在，覆盖浙江全境和上海等地。主要由杭州风味（西湖菜为代表）、宁波风味、绍兴风味3个分支构成，其中最负盛名的是杭州菜。浙江菜的风味特色是：鲜嫩、软滑、注重原味、鲜咸合一；擅长烹制海鲜、河鲜与家禽，有鱼米之乡的风情；形美色艳，典故、传闻多，饮食文化的格调较高。菜式小巧玲珑，菜品鲜美滑嫩、脆软清爽。传统菜历史久远，精益求精，民间菜别具风格。爆炒技法兼收北方之艺，从而形成了自己的烹饪特色，在我国地方风味中占有重要的地位。

代表性名菜有：西湖醋鱼、叫化童鸡、一品南肉、冰糖甲鱼、蜜汁火方、油焖春笋、干炸响铃、双味蟠蜂、龙井虾仁、芥菜鱼肚和西湖莼菜汤等。

2. 福建菜

福建菜又称闽菜，在台胞和华侨中声誉甚高。福建菜由福州菜、闽南菜和闽西菜组成，习称"八大菜系"之一。福建菜的风味特色是：清鲜、醇和、荤香、不腻，重淡爽、尚甜酸。善于调制山珍海味；精于炒、蒸、煨三法，习用红糟、虾油、沙茶酱（虾肉、蒜头、葱头、辣椒、茴香、肉桂、花生酱、白糖等调制），橘汁佐味提鲜，有"糟香满桌"的美感；素有"一汤十变""百汤百味"之说。

福建菜的代表品种有：佛跳墙、太极芋泥、龙身凤尾虾、淡糟香螺片、鸡汤氽海蚌、通心河鳗、东璧龙珠、八宝芙蓉鲟、荔枝肉、掌上明珠等。

3. 湖南菜

湖南菜，简称湘菜、潇湘，习称"八大菜系"之一。湖南气候温暖，雨量充沛，湘、沅、资、澧四水流经全省。湘西多山，盛产笋和山珍野味；湘东南为丘陵和盆地，农牧副渔兴旺；洞庭湖平原堤垸纵横，素称"鱼米之乡"。湘菜历史悠久，地方特色浓郁，辣味菜和熏、腊制品是其主要特色。这种特色的形成既有历史的原因，也与当地气候、环境有密切的关系。湖南大部分地区地势较低、气候温暖潮湿，人们喜食辣椒已成习俗，辣味有提热祛湿、祛风之效；而食品经熏腊后，不仅别具风味，在潮湿条件下也容易保存。在菜肴的烹制上，湖南菜讲究原料入味，口味偏重酸辣，烹调方法擅长煨蒸炒。湘菜主要有湘江流域、洞庭湖区和湘西山区三地风味流派，已成为我国著名的菜系之一。

代表性名菜有：剁椒鱼头、东安仔鸡、腊味合蒸、冰糖湘莲、清蒸水鱼、腊肉焖鳝片、清汤柴把鸡、红烧猪脚、黄焖鱼等。

4. 安徽菜

安徽菜，简称徽菜，中国八大菜系之一，起源于汉魏时期的歙州，中心在歙县，因商而彰，餐馆遍及三大流域的重镇。安徽菜的构成主要有3个分支，即皖南风味、沿江风味和沿淮风味，其中以皖南菜为代表。其风味特色是：擅长制作山珍，精于烧、炖、烟熏和糖调；重油、重色、重火力，原汁原味；山乡风味浓郁。

代表性名菜有：无为熏鸡、屯溪臭鳜鱼、八公山豆腐、软炸石鸡、红烧划水、毛峰熏鲥鱼、和县炸麻雀、酥鲫鱼、金雀舌、葡萄鱼、李鸿章杂烩等。

5. 湖北菜

湖北菜，又称楚菜，是我国传统菜系之一。湖北各地名师大厨循历史上鄂菜特色，集南北各派之精华，形成了集汉沔风味、荆宜风味、襄郧风味、鄂东南风味、鄂西南土家族苗族风味于一体的鄂菜鱼馔特色。以烹制淡水鱼鲜技艺见长，以"味"为本，讲求鲜、嫩、柔、滑、爽，自成体系，在中国烹饪百花园中独树一帜。湖北省位于长江中游，地形以丘陵低山、平原为主，境内河网交织，湖泊密布，是全国淡水湖泊最集中的省份之一，素称"千湖之省"。楚菜的特点是：鱼米之乡，蒸煨擅长，鲜香为本，融和四方。

代表性菜品有：橘瓣鱼氽、荆沙鱼糕、沔阳三蒸、冬瓜鳖裙羹、钟祥蟠龙、瓦罐汤、红烧鮰鱼、红菜薹炒腊肉、清蒸武昌鱼、母子大会、潜江油焖小龙虾等。

6. 北京菜

北京菜又称京帮菜，起源于金、元、明、清的御膳、官厨和食肆。以北方菜为基础，受鲁菜、满族菜、清真风味和江南名食的影响较大，覆盖天津和华北，近年来又流传到海外。北京菜由本土地方风味、齐鲁风味、蒙满风味、清真风味、宫廷风味、斋食风味和江南风味七个分支构成。其风味特色是：选料考究，搭配和谐，以爆、烤、涮、八见长；菜品酥脆鲜嫩，汤汁汁浓味足，名副其实；吸收各地饮食精华，菜路宽广，品类繁多。

代表性名菜有：北京烤鸭、涮羊肉、三元牛头、一品燕菜、八宝豆腐、三不沾、京酱肉丝、烤肉、翡翠羹和罗汉大虾等。

7. 河南菜

河南菜，简称豫菜。河南地处中原，物产丰富，史书中较早就有许多关于烹饪饮食的记载。从商初大臣伊尹善于烹调到姜尚"屠牛于朝歌"，这些都可证明早在公元前11世纪。中原已有商业性饮食业的出现。北宋时，开封成为全国的政治、经济、文化中心，酒楼饭馆鳞次栉比。《东京梦华录》载："集天下之奇珍，皆归市易；会寰区之异味，悉在庖厨。"河南风味，其原料以黄河中游盛产之鱼及中原的畜、禽、蔬、果为主。烹调方法众多，尤以烧、烤、扒、抓、炒见长。味型多样，以咸鲜为主，具有滋味适中、适应性强的特点。比较名优的原料主要有大别山区、桐柏山区、伏牛山区的猴头菇、竹荪、羊素肚、木耳、鹿茸菜、蘑菇等菌类，南阳的黄牛、固始的黄鸡、黄河的鲤鱼、淇县的双脊鲫鱼等都是当地的名贵烹饪原料。

著名的菜肴有：糖醋软熘鲤鱼焙面、三鲜铁锅烤蛋、牡丹燕菜、汴京烤鸭、道口烧鸡、桂花皮丝、玉珠双珍、马豫兴桶子鸡、鸡蓉酿竹荪等。

8. 辽宁菜

辽宁菜又称辽菜、关东（指山海关以东地区）菜或辽沈风味，近年异军突起，连连在全国大赛上摘金夺银，以不凡的业绩进入中国著名菜系之林。

辽宁菜起源于辽金时期的女真部落（满族先祖），植根在辽河流域，向长白山、千山、松岭、黑山和辽西走廊地区拓展。它曾受山东菜和满族菜较深的影响，现今活跃在东北和京、津地区，并且逐步南移，在日本、韩国和俄罗斯声誉较高。辽宁菜的风味特色是：就地选用山珍海味，菜品档次高，筵宴华贵；注重刀工、勺工和火候，以炖、烧、熘、扒见长，精于围、配、镶，菜形华美；脂滋多咸，汁宽芡亮，香鲜酥烂，口柔色艳，海味菜功力深厚；有满人食风和辽河流域古文化深厚内涵，有较强竞争力。有人用"十年不鸣、一鸣京人"来形容辽宁菜的崛起，并不过分。辽菜之好，既好在山珍海味菜，也好在民间家常菜。

辽宁菜的代表品种有：白肉火锅、红梅鱼肚、松仁玉米、小鸡炖蘑菇、鸡丝拉皮、李记坛肉、红烧大马哈鱼、珍珠大虾、扒三白等。

9. 陕西菜

陕西菜的风味特色是：取料广泛，以对家畜及其脏器的深度加工利用见长；以香为主，以咸定位，料重味浓，原汤原汁，肥浓酥烂，光滑利口；古老烹调法（如石烹、汤爆、生炝、火燎）多，有研究价值；体现了汉唐文化遗风和西北人的爽直个性，与旅游观光业结合紧密。改革开放以来，陕西厨艺界下了许多真功夫，使一度沉寂的秦菜又重吐芳华，为时人所珍视。其中的关键是他们抓住了"仿唐菜"这个突破口。

陕西菜的代表品种有：薇菜里脊丝、带把肘子、海味葫芦头（大肠）、清炖牛羊肉、奶汤锅仔鱼、遍地锦装鳖、葫芦鸡、三皮丝（熟猪肉皮丝、熟鸡皮丝和海蜇皮丝）、商芝肉（五花肉和蕨菜制）、樊记腊汁肉、老童家腊羊肉等。

此外还有河北风味、上海风味、江西风味、天津风味、山西风味、香港风味、澳门风味、台湾风味等。

三、筵宴历史与名品

（一）筵宴的历史发展

1. 古代筵宴菜单的演变

在我国筵宴的历史由来已久。总的来说，古代筵宴菜单（菜点的安排与设计）的演变，随着社会的发展，经历了由简到繁、由繁到简的变化过程。

殷朝时并无菜单之制，仅用牛的头数来表示宴会规格，到西周时期，才有一定的制度，特别是春秋时期更有许多讲究，菜点的多少表示了森严的等级身份的差别。诸如："天子之豆二十有六，诸公十有六，诸侯十有二，上大夫八，下大夫六。"战国时期，屈原在《招魂》中所描述的一个菜单，前后总共有14种馔肴，2样主食，2样点心，10个菜肴。

两汉时期的筵宴不亚于先秦时期的排场，并且所食用的肴品更加精美。长沙马王堆墓出土了一个食物的单子（竹简），共计有品类100多种。文字记载则有士大夫们列五鼎而食的说法。三、五、七、九鼎列而食之，其他的馔肴无数（多为双数）。这大概是根据《礼记》中所说的"鼎俎奇（单数），笾豆偶（双数）"的说法而来。

唐宋时期，筵宴之风得到进一步的发展，最具代表性的是韦巨源招待唐天子的"烧尾宴"，奇特的菜点就有58道。当时，各种丰富的食物原料和一些先进的饮食器具，大大地促进了我国各地烹饪技艺的发展。据史料记载，隋唐以来，奢侈之风盛行于世，宫廷宴席的豪华已达到"四海之内，水陆之珍，靡不毕备"的程度。宋代人对饮食生活也是相当讲究的。当时的宴会酒席有繁有简，各式不一。《东京梦华录》记载，北宋时期百官给天子、皇后上寿，皇帝设筵席招待，用酒只有9杯，除看盘、果子之外，前后总共有20种左右。但是到了南宋，"天基圣节"之日则是：3盏之后再赐宴，上寿13盏，初坐10盏，再坐20盏，总共46盏。这桌酒席计算起来，要用百十件馔肴了，看盘、果子还不计算在内。今天所能看到的文字记载，南宋时期最大的一个菜单，要算绍兴二十一年（1151年）清河郡王张俊在家中宴请宋高宗赵构所供奉的"御宴"了，从"绣花高钉"到15盏"下酒"（每盏2件菜肴），从"插食"到"对食"，共计有250件馔肴。

清朝的筵宴和酒席是集历代之大成。就其"御膳房""光禄寺"而言，它在各代御用膳馔的基础上，又加入了汉、蒙、回、藏族的各种食品，成为混合的大厨房。

至于当时市面上的酒楼饭店多数是承办民间的筵宴酒席，从光绪十五年（1889年）后，官府之间的请客宴会也进入了酒楼饭店，酒席宴会有了新的发展。仅其菜单的名称就多种多样，举不胜举，有依一桌之主要菜品而称的，诸如：烧烤席、燕菜席、鱼唇席、海参席、三丝席、广肚席等。有用一种原材料做成一桌酒席的全羊席、全鳝席（兴起于同治光绪年间淮安地区）等。在所有这些筵宴菜单中，最大的要数"满汉全席"了，号称108样。后来虽然偶尔用之，但已不多见。当时在社会上使用最多的还是酒楼饭庄中所制定的菜单。

中国古代筵宴菜点铺张之风越演越烈，清宫的满汉大席、千叟宴已达到了登峰造极的地步。中国古代饮宴，从商纣王的"以酒为池，悬肉为林"开始，开创了奢靡生活的先河。以后历代剥削阶级穷奢极欲、荒淫无耻，令人惊愕，不胜枚举。明清两代，其筵宴规模之盛大、品类之繁多、珍馐之丰美达到了奢侈的高峰。

2. 20世纪后期筵宴变化

改革开放后，随着经济和交通的飞速发展，我国餐饮水平又发生了翻天覆地的变化，人们的饮食水平和原料的利用与以前相比从内容到形式都发生了一系列的变化，许多人从家庭的餐桌走到了饭店、宾馆。而各饭店在经济发展的大潮中遵循市场规律，出现了优胜劣汰、适者生存的局面。商业的竞争，使各企业争相以自己的特色和质量吸引着四面八方的宾客。20世纪后期，筵宴菜单的设计也呈现出许多新的内容，以实用为主体，各企业为了迎合当今人们的饮食需求，无论是在菜点制作还是菜单编排上都出现了一些新的特点，特别是一些旅游饭店菜品数量因客而异，热菜一般5～8道，而且开拓出风格各异的筵宴菜单形式。总的来说，我国筵席发展有以下3个趋势。

（1）数量由铺张趋向适中　我国传统宴席比较追求名贵原料，崇尚奢华，往往菜点的数量多多益善，且根据传统习惯来安排，菜点数量少则十几道，多则几十道，往往宴会剩菜很多，甚至有的菜没有动筷就原样送回，这不仅造成食物资源的浪费，而且还使客人暴食暴饮，有损于身体健康。

筵宴设计要讲究实惠，不应追求排场，要本着去繁就简、不尚虚华、节约时间、量少精作的原则来制定宴会的菜单。筵宴菜单设计只要能注意原料的合理搭配、讲究口味的变化，同时考虑宾客食量的需要，就一定能够使宾客称心满意。

（2）营养由失衡趋向均衡　我国人民自古以来就有热情好客的传统，款待嘉宾时，其宴会都讲究形式隆重，菜肴多样，以表达对宾客的情谊。每次宴会往往希望就餐者进食多量的食物，冷菜、热菜、大菜、点心等一摆就是一大桌，各式荤菜占90%以上，脂肪与蛋白质含量过高，影响人的正常消化、吸收，很不符合膳食平衡、合理营养的科学饮食原则。长此以往，会导致人的身体疾患，造成营养过剩、冠心病、高血压等疾病的发生，所以有必要改革传统宴会营养失衡的旧习惯，提倡根据就餐人数和实际需要来设计宴会，并适当增加素菜在筵宴中的比例，特别要设法搭配有色蔬菜，以保证有足够数量的膳食纤维来维持肠道的蠕动，既可调剂口味，使清淡与油腻相结合，又能使宴会菜肴达到营养平衡的地步。

（3）卫生习惯由集餐趋向分餐　团聚会餐，同饮共食，这是我国传统筵宴方式。长期以来，中国人的吃饭方式普遍采用集餐方式。如迎宾宴会、节日聚餐、会议包餐、喜寿宴饮等场合，以至千千万万个家庭用餐都普遍使用这种聚餐方式，且一直被认为是一种传统习惯。但从卫生角度来看，这种集餐方式极易传染疾病，是一种不良的进餐习惯，须加以改革。

2000多年前，就有人提倡"食不共器"，但未能广泛推行开来。目前，许多饭店企业已注意到这个方面，提倡"单上式""分餐式"和"自选式"。许多高档宴会的上菜基本是分餐制，既卫生又高雅。但这种方式还不够普遍和深入，特别是民间的宴饮还存在大量集餐的现象。据此，《中国居民膳食指南（2022）》提出了"公筷分餐"的准则。

（二）筵宴名品简介

在我国几千年饮宴的发展史上，各种筵宴，品类繁多，不同时代产生了不同风格的筵宴名品。这里介绍历史上最为著名的、影响较深的筵宴名品。

1. 烧尾宴

唐代是我国历史上的鼎盛时期，也是中华饮食文化新的辉煌时期。盛世带来了君臣上下的美酒欢宴。"烧尾宴"就是这个时期的美食风尚。唐初的"烧尾宴"一般都是新官上任时的宴会，或大臣进献皇帝，或新官宴请同僚的宴会。宋代陶穀《清异录》记载了韦巨源拜尚书令左仆射时设"烧尾宴"所留下的一份不完全的食单，使我们得以领略这种盛宴的概貌。食单共列菜点58种，其中除"御黄王母饭""长生粥"外，共有单笼金乳酥（酥油饼）、贵妃红（红酥饼）、曼陀样夹饼（炉烤饼）、巨胜奴（芝麻点心）、婆罗门轻高面（笼蒸饼）、生进二十四气馄饨（二十四种馅料馄饨）等糕饼点心20余种，其用料之考究、制作之精细，令人叹为观止。

宴会上有一种工艺菜，主要用作装饰和观赏，名叫"看菜"。这张食单上的"看菜"，虽以素菜和蒸面为原料，但成形为一群蓬莱仙子般的歌伶舞女，共有70件，可以想见其华丽与壮观的情景。食单中的菜肴有32种。从原材料来看，有北方的熊、鹿、驴，南方的虾、蟹、蛙、鳖，还有鸡、鱼、鸭、鹅、鹌鹑、猪、牛、羊、兔等。其烹调技艺的新奇别致，更是别出心裁。

"烧尾宴"是一种极其奢靡的宴会。这正是唐朝达官贵人、富商巨贾的豪华奢侈生活的写照。但是其对饮食烹饪事业的发展却具有极大的推进意义。"烧尾宴"是这个时期丰富的饮食资源和高超的烹调技艺的集中表现，是初唐饮食文化艺苑中的一朵奇葩。

2. 曲江宴

曲江宴是唐代著名的筵宴之一，因在古都长安的曲江园林举行而得名。曲江，又称曲江池，是当时都城长安最著名的风景名胜区，因其水曲折得名。这里风景秀丽，烟水明媚，其南是皇家园林——紫云楼、芙蓉园，成为长安城风景最优美的半开放式游赏、宴饮胜地，当时人们把在这里举行的各种宴会通称为"曲江宴"。

其内容具体又分为三种：一是上巳节曲江大宴。上巳节这天，皇帝通常要在曲江园林大宴群臣，凡在京城的官员都有资格参加，而且允许他们携妻妾子女前来，开元、天宝年间，每年都要举行曲林宴。此宴规模巨大，有万人参加。上巳节曲江大宴之日，长安城中所有民间乐舞班社齐集曲江，宫中内教坊和左右教坊的乐舞人员也都来曲江演出助兴。这一天的曲江园林，香车宝马，摩肩接踵，万众云集，盛况空前。从皇家的紫云楼到池中彩舟画舫、绿树掩映的楼台亭阁、沿岸花间草地，处处是宴会，处处是乐舞。二是为新科进士举行的宴会。新进士及第，皇上例行要在曲江举行盛大的筵席以示鼓励。曲江新进士游宴，实际上是京城长安的一次规模盛大的游乐活动。三是裙幄宴。京城仕女春日游曲江多盛装出行，并常常以草地为席，四面插上竹竿，然后将亮丽的红裙连接起来挂于竹竿之上作宴幄，肴馔味美更佳，人人兴致盎然，这便成了临时饮宴的幕帐，称之为"裙幄宴"。

3. 诈马宴

诈马宴是元代宫廷或亲王在行使重大政事活动时所举行的宴会，又名诈马筵、质孙宴、着衣宴。"诈马"是波斯语"外衣"的音译，"质孙"是蒙古语"颜色"的音译。赴宴者身穿"质孙服"出席，这是穆斯林工匠织造的织金锦缎缝制的衣服，由皇帝按照其权位、功劳等加以赏赐，有严格的等级区分。史料记载，凡是新皇即位、皇帝寿诞、册立皇后或太子、元旦、祭祀、诸王朝会等都要举行这种大宴。这种大宴展出蒙古王公重武备、重衣饰、重宴飨的习俗，一般欢宴三日，不醉不休。筵宴地点常常是可以容纳6000余人的大殿内外，菜品主要是羊，以烤全羊为主，还有醍醐、野驼蹄、鹿唇和各种奶制品，用酒很多，且是烈性酒，用特大型酒海盛装。大宴上，皇帝还常给大臣赏赐，有时也商议军国大事，带有浓厚的政治色彩。一种筵宴同时用波斯语、阿拉伯语、蒙古语、汉语命名，并流传下来，这在中国筵宴史上是绝无仅有的。

4. 千叟宴

千叟宴又称千秋宴，是清代专为各地老臣和贤达老人举办的宫廷盛宴，赴宴者多在千人以上。由于其规模最为盛大，后人又称为历史大宴。据史料考证，清代历史上共举行过四次千叟宴，其中康熙年间两次，乾隆年间两次。据清宫有关资料记载，乾隆五十年（1785年）的千叟宴，共设800桌。

千叟宴的礼仪环节特别多，所有参加千叟宴的人员，皆由皇帝钦定然后由有关衙门分别行文通知，于封城前抵京，保证准时入宴。由于其规模盛大，场面豪华，宴前需要大量的物资准备。开宴之前，在外膳房总管大人的指挥下，依照入宴者老品级的高低，预先摆设了千叟宴桌席，按照严格的宗法专制等级制度，分一等桌张和次桌张两级设摆，餐具和膳品也有明显的区别。席间，众臣都要行跪、叩之礼。宴赏之后，由管宴大臣颁赐群臣耆老赏赐礼物，并行三跪九叩谢天恩；三品至九品官员以及兵丁士农等耆老则被引至午门外行礼后按名单发给礼品。

5. 满汉全席

满汉全席也称"满汉席",是清代中叶兴起的一种规模盛大、程序复杂、由满族和汉族饮食精粹组成的宴席。其中包括红白烧烤、各类冷热菜肴、点心、蜜饯、瓜果以及茶酒等,入席品种最多时有200余品。"满席""汉席"最初是清帝国朝廷的礼食制度,定制于康熙二十三年(1684年),之后,"满席""汉席"很快便成为官场迎送的礼宾之食,并一直延续到道光中叶(1821—1850年),出现了合璧的"满汉席"。"满汉全席"到清代末期日益奢侈豪华,风靡一时。各地也因京官赴任,"满汉席"的格局广为流传,并逐渐融合一些当地的风味菜肴而形成各具特色的"满汉席"。满汉全席是中国古代烹饪文化的一项宝贵遗产,是在整个中华民族文化全面交流融合的过程中逐步实现的。

满汉全席兼用满汉两族的风味肴馔,用料上多取汉食的山珍海味,重满食的面点;其程式烦琐,礼仪隆重,有的菜品服务人员要屈膝献于首座贵客,待贵客举箸,其余与宴者方可下箸;菜品丰富多彩,常常分多次进餐,有的需数天分数次吃完;以名贵大菜带出相应的配套菜品,席面多是按大席套小席的模式设计,有席席相连的排场,既有主从,又有统一的风格。

6. 孔府宴

孔府宴是山东曲阜孔府中所举办的各种宴席的总称。孔府是我国历史最久,也是最大的一个世袭家族,受到历代专制王朝的赐封。到明清时期,孔府又世袭"当朝一品官",有极大的特权,是名副其实的"公侯府第"。在漫长的历史过程中,孔府经常都要举办各种宴席,来迎接钦差大臣、皇亲国戚或进行祭祀、喜庆活动,并逐步形成制度。孔府宴具有严谨庄重、讲究礼仪的风格,分常宴席、迎宫宴席和接驾宴席三类,最豪华的是接待皇帝的"满汉宴",孔府至今还保存有一套清代制作的银质满汉餐具,共404件,可上196道菜点。

孔府宴的菜点丰富多彩,选料广泛,技法全面,具有独特风味。高级宴席为显示主人"当朝一品官"的高贵,菜肴常以一品命名。孔府菜用料考究,注重保持原形、原味、原色,质味多变,成菜精巧,充分体现了孔子的"食不厌精"。

四、筵宴改革与创新

(一)筵宴改革探索

在我国宴席中大多数都是进行交往、增进友谊、联络感情和洽谈谈判的一种社会活动。随着我国经济发展和文明程度的不断提高,宴席活动日趋频繁,目前已逐渐形成了种类繁多、品种齐全并呈现出具有聚餐式、规格化、社交性三大特色的宴席文化。然而,由于各种原因,我国宴席也显现出不适应时代发展的诸多弊端,主要有:宴席菜点推陈出新的速度比较缓慢,餐饮从业人员营养配餐知识较为薄弱;宴席过程讲排场、摆阔气、菜肴数量过多等情况屡见不鲜;用餐时间过长,造成赴宴者精力上的较大消耗;对菜点合理营养搭配和饮食卫生安全问题重视程度不够等。对以上问题,应当从以下方面进行改进。

1. 加强宣传和引导,改变传统宴席观念,提高餐饮从业人员的综合素养

宴席改革要从全局的战略高度来认识,除了通过多种媒体、各种形式进行宣传,向广大人民群众普及饮食文化和营养知识外,还可以多方引导示范、推荐新型饮食方式来改变传统宴席观念,让餐饮从业人员能够认识到举办宴席的目的在于促进赴宴者的交流,增进友谊,而不仅仅是为了享受美味佳肴。餐饮企业需要加大监管力度以便将冗长拖沓的宴席限制在规定正常时间内进行。此外,由于餐饮企业中懂营养、善保健、重安全并能加以实际应用的营养人才并不多,这就容易导致宴席菜点的设计安排、规格、品种、口味等内容被忽略,从而出现整宴菜点构成不合理等问题。因此,餐饮企业应不断进行思想观念的革新,促使餐饮从业人员掌握现代营养原理、精通食疗养生保健知识以及重视食品安全工作,充分认识到宴席的改革是现代文明发展的必然趋势,也是广大消费者的迫切愿望。

2. 建立科学的商务宴席新模式,确保就餐卫生与安全

餐饮企业要制定必要的规章制度,努力建立科学的商务宴席新模式,在实行规范化服务的基础上,大力推进分餐进食。自古就有"食不共器"之说,从先秦时期开始就是一人一席,五代的贵族宴饮也是实行一人一席制,而且一直延续到明代,显示了我国古代的"分餐制"宴席文明。自唐宋之后,我国出现了共餐制,明清出现了八仙桌用来实行共餐,到了清代进行圆桌共宴,使共餐制一直沿袭至今。这种众人同桌共宴的方式,在形式上营造了一种和睦、共趣、礼让的气氛,把美味佳肴汇聚一桌,既是共宴者一起欣赏、品尝的对象,又是大家感情交流的媒介。

考虑到国人的饮食观念以及宴席文化,可以将一人一席制和共餐制有机结合起来建立一种宴席新模式。仍可以采用一桌共餐,但有的菜点由厨师在厨房里分好后端到餐桌,有的则端上桌后由服务员公筷分配,有些造型优美的工艺菜,可先上桌让就餐者一饱眼福,再由服务员分份送上。与此同时,餐饮企业应加大力度推广"自助餐"宴席,来宾可按自己的喜好使用公筷公勺挑选餐饮,同桌而不同菜,既可满足赴宴者的不同要求,又可避免饮食卫生方面的诸多不足,确保食用者的就餐安全。

3. 调整膳食结构,科学合理饮食

首先,宴席菜点要确保总热量满足来宾需要,且营养素供热比例协调。宴席设计者应了解就餐者的一般情况,并在设计出菜单的同时计算出整桌菜点的热量供给是否合理,允许热量摄入有10%的波动。此外根据我国人民的饮食特点,在总热量较理想的情况下,三大生热营养素供给的热量以碳水化合物占总量50%～65%、脂肪供热占总量20%～30%、蛋白质占总量10%～15%为宜,营养素比例协调,能较好地发挥各类营养素的营养作用。

其次,宴席菜点应注意选料多样化,并调整上菜顺序。目前还没有任何一种天然食材单独食用能满足人体对营养素的全部需要,因此在设计宴席时,应根据《中国居民平衡膳食宝塔

（2022）》的构成，合理选择多种原料进行科学搭配，使动植物原料在营养素的种类和数量上取长补短、相互调剂，从而改善与提高整席菜肴的营养水平。宴席菜点不仅要讲究动植物原料种类多样化，而且更要注意新鲜蔬菜以及提供优质蛋白质的肉、鱼、蛋、豆的均衡应用。此外传统宴席的上菜顺序也有待改进，从确保营养保健的角度考虑，科学的上菜顺序应调整为先上水果，再上少量汤菜，接着是素菜与主食，然后再上高蛋白高脂肪的荤菜。科学饮食还应注意商务宴席菜点的因异制宜。为预防人民频繁赴宴而产生营养过剩、代谢障碍等慢性疾患的危害，宴席必须根据不同人群、不同地域、不同季节等特点进行菜点设计。宴席设计者应先了解赴宴对象的性别、年龄、工作性质、身体状况等大致情况，不仅要结合地区特点选用当地食材综合考虑菜点的安排，而且也要根据不同季节特点进行宴席菜点设计。

宴席改革的目的是发扬传统宴席的优良特色，摒弃不科学不合理的部分，建立起具有中国特色的现代商务宴席模式，更好地遏制铺张浪费现象，树立良好的饮食风尚，优化膳食结构，从而提高人民群众的健康水平，促进社会和谐发展。

（二）筵宴创新背景

宴席设计，既要注重历史传承，又要注重改革创新。每一时代的菜单与宴席虽然是从前代演变而来的，但又不同于前代。其发展过程有相似之处，也有相异之处。从我国菜单与宴席设计演变历史看，它们总是在时代潮流冲击下，不断解脱因袭的绳索，在竞争中求生存，在开拓中求发展，从而以新的菜单与宴席设计形式和内容来推动餐饮的发展。我们要拓宽菜单与宴席设计的思路，以便继往开来，推陈出新，不断设计出适应时代潮流的菜单与宴席。

1. 菜单与宴席设计的创新要求

宴席设计进行改革，应顺应社会潮流，掌握菜单与宴席创新的基本要求。

（1）突破传统束缚改造菜单与宴席　传统宴席菜单中许多优秀的成分，我们要继承和保护。但在创新过程中，我们不能受传统菜单与宴席的局限，要突破传统束缚，克服一切阻力和历史的惰性，把菜单与宴席变革落实到实际餐饮经营活动中。

（2）体现菜单与宴席的烹饪风格　中国几千年的文明史和博大精深的烹饪技艺，造就了"食在中国"的美誉。菜单与宴席改革要兼顾传统的饮食传统和礼仪观念，使宴席具有一定规格和气氛，能显示待客的真诚和友情的分量，达到宴请的效果。

（3）菜单与宴席的创新需围绕市场需求　菜单与宴席的创新不能故弄玄虚，必须从市场需求出发，在设计宴席时做到膳食搭配合理，充分利用绿色食品，尽量满足客人的需求。制定宴会菜单标准要高、中、低不同价格、数量、档次的均有。只有顺应餐饮市场潮流，创新更多更新的宴席菜单品牌，才能满足人们的饮食需求。

2. 菜单与宴席设计的创新思路

（1）继承传统与改良相结合　传统菜单与宴席是我国烹饪文化的瑰宝凝聚着历代厨师的智慧和创造力，创新从地方性、民族性的角度去开拓是最具有生命力的。

地方性、民族性是菜单与宴席创新的精髓。浓郁的地方特色和民族个性，在菜单与宴席创新中，应当得到重视和强化。菜单与宴席创新应从选料、加工，到刀工组配烹调、装盘等都注意发挥地方特色和民族个性特长，烹饪工作者要熟悉了解本地和本民族菜单与宴席制作的风味特点，在创新中不能盲目照搬别人的做法而要突出本地和本民族特色菜，以地方民族饮食文化的独特性，尽可能地满足中外宾客的需求。

菜单与宴席创新是各地方、各民族交流的结果。不同地方、不同民族间的相互吸收交流互补，是菜单与宴席创新的动力。中外菜单与宴席的互相借鉴，会刺激和促进某一国家、民族和地区饮食文化的繁荣与发展，在不同菜单与宴席文化模式的撞击整合中推动饮食文化的进步。

（2）饮食习惯与时代发展需求相结合　　现代消费者在保持传统饮食习惯的基础上十分关注餐饮的时尚，他们在选择就餐时，往往把流行时尚的菜单与宴席作为首选。创新的菜单与宴席为时尚标志，餐饮企业经营管理中都十分重视这一课题。谁占领市场，就能获得良好经济效益和社会声誉。不同时代创出的菜单与宴席风格是不同的。从历史演变而来的菜单与宴席的制作和创新来看，这是一部由简单到复杂，由满足人们生理到满足心理要求的发展史，菜单与宴席创新具有强烈的时代性，不同的时代人们对饮食的追求是不同的。我们应根据时代的发展，创造出更多的时尚菜单，满足人们的饮食需求。

下面介绍几种特色宴会菜单。

①茶宴席的菜单：茶起源于中国，传播于世界。我国古时就有用茶来宴请宾客，也称茶宴、茶肴。在唐代，茶菜是作为宴席膳肴而专供达官贵人享用。茶宴菜单有：贝酥茶松、双色茶糕、乌龙顺风、观音豆腐、碧螺腰、茶叶鹌鹑蛋、旗枪琼脂红茶乍肉等色、香、味、形俱佳的茶菜冷盘。热菜则有太极碧螺春羹、紫霞映石榴茶香鸽松、乌龙回春白、红茶焖河鳗等。最后助兴的工夫茶则有消积食、去油腻的作用。

②金秋时节蟹宴菜单：阳澄湖畔的厨师，利用阳澄湖的特产大闸蟹而制作了独具特色的"菊花蟹宴"，为中国宴席增添了华丽的篇章。他们精心制作了清蒸大蟹、透味醉蟹、异香蟹卷、姜葱蟹钳、芙蓉蟹肉、鸳鸯蟹玉、菊花蟹斗、仙桃蟹黄、口普蟹圆、蟹黄菜心等蟹肴，以及蟹黄小笼、南松蟹酥、蟹肉方糕等蟹点，可谓"食蟹大全"。

③饺子宴菜单：西安厨师通过精心研究，将中国传统的饺子食品首创了"饺子宴"。融烹饪技术与造型艺术于一体，有造型生动的龙凤、白兔饺。它选目各地名产品，如海参、干贝、驼掌等。上饺子的次序也是按人们的口味习惯，炸、煎、蒸、煮依次而上。味道有甜有咸，有麻辣或怪味等，真乃一绝。

在宴席中，文化是主题宴会的核心构成部分。例如根据当前四川各餐饮企业推出的代表性宴席情况来看，川菜主题宴席大致可分为拟古宴（银庐·风雅宋宴）、感怀宴（东坡宴）、风情宴（成都宴·芙蓉宴）、节庆宴（二十四节气宴）、风味宴（柴门蜀山宴）、民俗宴（松云泽·松云宴）六大类。这些宴席大多各有特色和优点，比如四川旅游学院研发团队在"东坡宴"中，根据东坡文化收集相关资料，从中筛选出具有地域文化的青神竹编元素和粉青色系的宋代瓷器进行组合搭配，形成了造型、色彩、层次丰富的系列宴会文创产品。而"如意宴：川菜的二十四味型"宴会餐具文创产品则提取了战国时期成都"商业街"出土的漆器纹回首龙纹和色彩，以及甲骨文里不同写法的"蜀"字等图形元素，重新设计后呈现在菜单台卡和各式造型的中式餐具食器上。

3. 广泛交流与推陈出新相结合

创新思维不是在封闭中产生的，而是在开放和比较中形成发展的。中外烹饪界之间以及本国地方菜之间交流的增加，使餐饮界开阔了视野，看到宴席的发展变化和自己宴席原有的不足，并对这些材料进行综合分析，取一切可以利用的精华，在全国各地产生一些改良的菜单与宴席，如中西合璧的宴席菜单，使中国传统烹饪再开出鲜艳的花朵。任何菜单与宴席创新都是人类文化长期历史演变的结果，需要不断推陈出新，改变观念。创新的前提是在继承的基础上，借鉴其他地区的特色加以引进和改良。

4. 挖掘烹饪原料与烹饪技法相结合

（1）充分利用各种原料 烹饪原料的广博，为中国各地菜品制作与创新形成独特风味奠定了物质基础，为菜品创新提供了优越的条件。认识和发现烹饪原料，便是烹饪求变化、菜品出新招的一个重要方面，在烹饪实践活动中，烹饪原料是一切烹饪活动的基本条件。而菜品创新更不可忽视原材料的变化。中国菜品的烹饪原料丰富多彩，在制作菜品中如果广大烹饪工作者从烹饪原料的变化出发，将传统名菜的风格加以适当的改变，或添加新的烹饪原料，或变化技法等，都会烹制出独特的创新菜品。

（2）充分运用各种调味品 调味是指在烹调中，运用各种调味品及调味技法调制食物口味的工艺。调味是烹调食物时决定菜点风味、质量优劣的关键工艺，也是衡量烹饪技术水平的重要标准。创新的源泉之一取决于调味的利用配制，主要是合理地运用调味料。我国历代厨师在调味方面积累了许多经验，值得烹饪工作者加以利用和发扬。"口之于味，有同嗜也"，这提醒我们在实际工作中应提高菜品的质量，以适应广大消费者的共同需要，所谓"食无定味，适口者珍"，更应该从不同顾客特殊需求出发，保持和发扬各地菜品的独特风味，从口味上入手，创新菜品。

（3）广泛采用烹饪技法 在实践活动中通过烹饪工艺的学习引进交叉综合等，可使一些传统菜品得到合理改良，更加符合消费者需求，新工艺得到合理利用，新菜品也由此不断产生。在对各种烹饪文化要素进行选择吸纳与融合，从而拓宽菜单与宴席设计创新的视野。当今中国餐饮业进入了一个快速发展时期，人们对菜肴的需求发生了很大的变化，餐饮业也随着社会的发展而不断变化，我们要不断强化创新意识，学习菜单与宴席知识，掌握菜单与宴席创新的方法。

延伸阅读

扫描二维码获取

思考研讨

1. 简述烹饪风味流派的成因。
2. 简要说明"四大菜系"的特点。
3. 谈谈筵宴的历史发展及其改革探索。
4. 写出5道你所在地区的风味名菜。
5. 如何挖掘和宣传好本地有故事的菜品?
6. 根据本地域的特点,阐述你最喜爱的家乡美食,并与身边的人分享交流。

第八讲　中华饮食器具

内容提要

1. 中华饮食器具从新石器时代的陶器，到商周时期的青铜器，再到唐宋的瓷器和明清的金银器，其发展历程贯穿了整个中华文明史。

2. 中华饮食器具的材质包括陶、青铜、瓷、竹木等。各种材质的器具具有不同的特性和美感，如陶器的温润朴素、瓷器的细腻优雅、竹木器的自然环保等。

3. 中华饮食器具根据不同的使用场景分为餐桌、茶几、酒桌等不同类型。各种器具有着相应的尺寸、形状和功能，以满足人们在日常饮食中的各种需求。

关键词

文化；食器；炊具；美器。

案例导入

从饮食器具展看中国饮食文化

饮食文化是中国值得自豪，也是最容易为世界各国所接受的一环。美味的食物享用得多，有没有考究过中国人何时开始脱离茹毛饮血的生活？何时开始用炉灶煮食？常吃的水饺、云吞何时出现？又怎样由分餐制度演化为围桌而食……在正在香港举办的"美食配美器——中国历代饮食器具展"中，不仅得到答案，更可深入浅出地认识中国饮食喜好与器具的转变关系。

据香港大公报消息，展览由中国国家博物馆提供100多件珍贵文物，该馆展览部副研究员胡晓建介绍说，该馆专门为这个专题展览而筹备、组织，展品大都是首次来港展出，其中10多件是国家一级文物，如新石器时代"灰陶釜、灶"、隋"金足金杯"、北魏"青瓷莲花尊"等。

现场展出的"灰陶釜、灶"，是已知发现较早且完整的炊具。新石器时代的"附加堆纹灰陶鼎"是三足锅，"黑陶甗"是最早期的蒸屉，下半部盛水，称鬲，中间有孔隔，上面放食物。在旧石器时期，人类以烧烤为主，到了新石器时期，则开始用水煮、汽蒸的手法，北方吃粟，南方吃稻。现场一件新石器时代"双耳小口尖底瓶"，两边的耳孔吊着绳子，放进河里入了水，陶瓶便会立起来，可见当时的先人打水也很有智慧。

到了夏、商、周及春秋、战国时期,讲究饮食礼仪,闻名退迩的青铜器工艺达到全盛期。在春秋后期,已有饺子出现,而当时祖先开始吃面食、云吞及粉食了。由于这段时期注重礼祭,出现了许多酒器,如现场展出的"戍马铜觚"是饮酒器,铜用以盛酒,而"窃曲纹龙首三足铜盉"是当时的调酒器。最特别的是"铜冰鉴",为当时冰酒器具,内置方形罐,用以盛酒。现场也展出了同时期常用的漆器餐具仿制品。

汉代的展品较特别的有"铺首衔环铜炉",是当时的铜烤炉。另外汉代陪葬品"陶灶",反映出当时人们已有完整的炉灶设备,这座船形的陶灶是南方流行的款式,而北方只用简单的长方形炉灶。

隋唐是中国文化与国势强盛时期,各民族在饮食文化上进一步交流融合,菜肴品种大增,建立不同饮食流派,当时已普及高足桌、椅,加上宴会菜式丰富,分餐制的一人一套餐具形式由此演变为多人围桌合食的形式。当时着重华丽的生活,金、银及玻璃器皿相继出现,并且造工精巧。现场展出的隋唐食器有来自东罗马的"金足金杯"。另外在新疆出土的唐代"饺子、点心"。点心是一些饼食,用面以花模印成漂亮的形状及花样,而饺子内则有肉,反映新疆地区也受中原饮食影响。

至于其他朝代的展品,较特别的有东汉"宴饮杂技画像砖"、北魏"青瓷莲花尊"、辽"莲瓣形柄金杯"、南宋"影青瓷注及温碗"及清"粉彩锦荔枝盖碗"等。

资料来源:华声. 从饮食器具展看中国饮食文化[N]. 国际商报,2004-03-17(006).

饮食离不开器具。然而,在相当长一段时间里,人类没有专门的食具。最初的食具可能是大型果壳、蚌壳甚至兽头壳。由于人工取火的发明、农业的出现,定居生活的开始,强烈要求一种新的、耐火的容器问世。于是制造业应运而生。真正的饮食器具也诞生了。

烹饪饮食活动是中华传统文化的重要组成部分,而烹饪饮食器具则是饮食的理念与过程的外在表现,因此,对中华古代烹饪饮食器具的了解也成为研究传统文化特别是烹饪饮食文化的一把极为有用的钥匙。中华烹饪饮食器具是中华烹饪饮食文化的重要组成部分,积淀着中华民族的伟大智慧和文化情怀,历经历史锤炼和铸造,成为人类文化宝库中耀眼夺目的无价瑰宝。这不仅是先民留给我们的无比丰厚的文化遗产,而且是中华烹饪饮食历史对人类文化的巨大贡献。

一、食器的演进

中国食器的演进历史,是一个环环相扣的链条,但每个环节的材料和构造却不尽一致,这是中华古代食器发展的总特征,也是对食器进行分期研究的原因和基础。根据考古学研究的一般原则和中华烹饪文化的特殊内涵,中华古代食器的发生、发展过程可分为石器时代、青铜器时代、漆器时代和铁器时代四个阶段。

(一）石器时代

石器时代就是通常所说的原始社会，即人类诞生至文字产生之前的时期。因为没有文字记载，故称史前时期。石器时代的前段是使用打制石器的旧石器时代，后段是使用磨制石器的新石器时代。新石器时代发明了陶器，有了原始的农业和畜牧业，出现了真正的烹饪食具。

中国食器，最早可上溯至新石器时代。在此之前数十万年中，远古人类由生食草木禽兽，到将食物放于火中烧烤，或在火炭中煨熟，一直都没有任何餐具。对当时的人们来说，食物存放及烹煮方式仍是很大的难题。直至新石器时代，陶器的出现彻底改变了饮食和烹饪状况，饮食进入了"陶烹"时代。

在中国，陶器的发明被视为由旧石器时代进入新石器时代的标志之一，人类的第一件炊具便随着新石器时代的到来而产生。

陶器可煮熟食物，又可盛饭进食，还能贮存食物。自此，人类的饮食方式有了质的飞跃。

火的使用不仅使食物熟化成为可能，而且催生了陶器的出现。再加上当时农业迅速发展，储水存粮的需要也促使了炊具及食器的制造。古人从"掘地为臼，以火坚之"到盘泥筑陶，制造了最早的陶制炊食器皿，自此进入了陶器时代。

公元前5000年的仰韶文化时期，中国的陶器已具规模，容器、食器、炊器均有出现，又出现了切肉砍骨的刮削器、石刀、石斧和骨锥等炊具，还有鼎、釜、鬲、甑、盆、盘、钵、碗等餐具。当时人们还不懂得将餐具更细致地分类，而是炊食共器，在鼎、鬲中熬煮食物，熟后围着鼎、鬲而食；或者以釜、甑蒸烙食物，然后切成等份，用盘、碗分装盛食。

陶器与烹饪紧密相关，它的发明是一个漫长的过程。其中一种说法认为陶器来源于烹饪过程。最初，为了烤熟食物，人们把生肉放在植物枝条编织成的用具中，然后置于火中烧烤。但肉尚未烤熟，盛装它们的植物器具却早已化为灰烬，肉自然也落入了熊熊烈焰或灰烬之中。人们又尝试用泥巴将植物编织品里外涂抹，或径直将食物包裹在泥巴之中，之后再置于火中烧炙。经过高温的泥巴变得坚硬细密，既保护了食物，又可反复使用。陶器因此诞生，人类从此拥有了真正属于自己制造的产品。在此之前，人类所有的工具都是对自然界现成物品的物理加工，而陶器却是采用天然原料通过化学反应使之改变固有形态和性能，从而制成人类生产生活中所需要的器皿，陶器因此被认为是人类诞生以来的第一项伟大发明。

最早的陶炊器是鼎。鼎下有三足，足下可以燃火。陶鼎虽耐火烧，但过于干燥则会破裂，因此用作炊具时多以煮食，如煮制粥或肉汤，避免干饭糊底而破坏陶鼎。后来又出现了陶甑——中国最早的蒸屉，底部有孔眼，上加甑盖，就可放在盛水的釜或鬲上蒸熟食物。

陶制饮食具种类很多，有陶灶、鼎、甑、釜、鬲、杯、缸、钵、罐等。饭菜分开同时也催生了筷子（夹羹里的菜）、盛具（陶、铜、漆等食具）、案、席等餐饮用具。

炊具和容器的齐备为制作发酵性食品提供了可能，如酒、醢、醯（醋）、酪、酢、醴等，人们烧制了陶鼎、陶鬲、陶甑乃至酿酒、滤酒、饮酒用的炊、餐、饮等器物，使此时的饮食生活基本达到了饭、粥、羹臞、酒、肴皆备的程度。

（二）青铜器时代

青铜器时代是指青铜器进入社会生产生活领域的时期。夏、商和西周，是中国青铜文化高度发达的时期，其饮食文化的时尚与烹饪食具的特征并无殊异，因此划入烹饪食具发展的第二时期，即发展、勃兴的时期。自公元前21世纪到公元前2世纪左右，这一时期大约有1800年。

陶器的发明使用和农业的进一步发展，把人类社会推向一个崭新的文明时代。在不断总结劳动实践经验和制陶经验的基础上，人类发明了冶炼术，并开始制作青铜器。史料考证，龙山文化时期就有人类冶炼青铜的遗迹。郑州商代遗址掘出的青铜酒尊，被认为是最早发现的青铜饮具。约在公元前1500年出现的青铜鼎，则被视为铜烹时代开始的标志。河南安阳的妇好墓出土的三联甗（由一个六足甗架和三件大甑组成）和"汽柱甑形器"被证明是中国最早的铜制蒸食炊具。

中国烹饪器具进入青铜时期的条件是：生产力发展，能够生产冶制青铜器具。据《说苑》云："尧释天下，舜受之。作为食器，斩木而裁之，销铜铁修其刃，犹漆黑之，以为器。"这就是说：舜时除已有陶器食具外，还有漆木器皿和铜铁刀具。

我国青铜器的发展，按照其饮食制度的发展演变情况，可分为三个阶段。

①殷代为重酒的阶段：这时期酒器的数量占压倒优势。

②西周中叶以后至春秋以前为重食的阶段：酒器数量明显下降而食器数量上升。

③春秋战国为钟鸣鼎食的阶段：此时金石之乐盛用。

龙山文化时期已有红铜。夏代兴起了青铜铸造业，这不仅使农具得以改进，也使饮食器具的面貌焕然一新。陶制饮食器在移动时易破碎，温差太大易爆裂，宜水烹而不宜油烹，青铜制饮食器具克服了这些缺点。

夏代铸有九鼎，商周时期则更甚，青铜器在贵族家庭中，是家食与典礼时常用的饮食器。炊食兼用的器具有大型的鼎、鬲、簋、镬等，其他小型器具大部分作为餐具使用。

从各朝代青铜器发展情况看，夏始铸九鼎，商殷重铸酒器，西周突出食器发展，春秋战国是"钟鸣鼎食，金石之乐"的铜器鼎盛时期。因此，夏、商、周三代是使用青铜器的典型时期，青铜器型十分丰富。主要炊具有鼎、釜、鬲、甑、鬶、斝等；酒器有角、尊、盉、彝、爵、觚、觥、瓿、杯等；主要盛器有瓶、敦、盘、缶等。另外还有供放冰块作冷藏食物用的冰鉴。这些青铜器具可供煮肉、蒸饭、煮粥、盛食、饮酒、温酒、储水、盥手等，几乎应有尽有。

青铜器作为烹饪器具，主要在当时的贵族阶层流行，而平民仍使用陶器。青铜器在以后不断地发展和演变中，逐渐成为一种礼器，是当时统治阶级的一种身份等级和权力的象征。如青铜鼎曾被看作是传国之宝，象征阶级权力和国家政权。在统治阶级内部，青铜器的使用等级森严，《礼记·礼器》中就有"宗庙之祭，贵者献以爵，贱者献以散；尊者举觯，卑者举角"的记载。

青铜器与陶器相比较具有坚固耐用，在烹制中能适应较大温差的变化且美观、防震、效率高、易于洗刷等优点。但用青铜材料制作炊餐、食具也有很多缺点：古名医陈藏器说："铜器上汗有毒，令人发恶疮内疽。"李时珍也说："铜器盛饮食茶酒，经夜有毒，煎汤饮，损人声。"明人高谦、周履靖都说，铜器不能盛酒过夜，不能覆盖菜肴过夜。这些说法已被现代科学所证明，是正确的经验。铜器烧咸菜，会生成大量有毒的盐基性碳酸铜；铜还能与二氧化碳、水蒸气生成铜绿——碱式碳酸铜；铜起初与空气中的氧气化合生成氧化亚铜，是红色的，同样有毒；食物中，如含有多量的铜就会有涩口的铜腥味，并能刺激胃黏膜，引起呕吐。人们从长期饮食实践中认识到过量的铜被吸收到人体内的危害后，逐步把铜餐具从饮食活动中淘汰掉。此外，我国铜矿石蕴藏量比较稀少，冶炼制作成本又较高，所以青铜器在商周时，曾风靡一时，列国居首，但到后来，逐渐走下坡路。许多青铜制的餐具从贵族的筵席上取走逐步弃置不用，只有在祭祀的典礼上还用得着。

青铜烹器的应用，使高温油烹法产生，同时薄形铜刀的使用，使刀工技法得以形成，至春秋，已有简单的食雕出现。这一时期的菜肴品种多样，地方风味萌芽，筵席初具雏形，出现"列鼎而食，席前方丈"的排场局面与青铜烹饪器具的使用是分不开的。但随着青铜器的大量使用，人们发现其作食器具有一定的毒性。因此，随着历史的发展，青铜烹饪器具逐渐被淘汰，转而作祀器或祭器使用。

数千年的制陶业，已从造型技术和火候两个方面，为金属铸造准备了条件。青铜铸造业的出现，可以说是人类第一次能源革命的第四个成果。殷代仅是妇好（武丁之妻，著名女将）的墓穴，就出土青铜器468件。东周一个三等诸侯国的国君，曾侯乙的墓葬，就出土青铜器和青铜构件共达1万千克。目前已出土最大的青铜器是殷墟武官村出土的商后母戊方鼎，重达832.84千克，通耳高133厘米，长110厘米，宽79厘米；另一大器是曾侯乙墓出土的两个东周铜尊缶（盛酒或盛水用），每个高126厘米，重327.5千克。这样巨型的铸件，没有两三百人协作是造不出来的。东周时已掌握脱蜡法，使我国青铜艺术精品居于世界青铜时代的前列。青铜器出土数量之多，则是世界之冠。目前仅是青铜日常用器，就已出土上万件，其中饮食器占多数，计烹煮器有鼎、敦、鬲、甗、镬、釜等；切割器有刀、俎（贴板）和案（案可作俎，又可作食桌）；取食器有匕（早在大汶口文化晚期的大墩子遗址，就出土有骨匕。而之后的铜匕，已有进饭的圆匕、取肉的尖匕之分）、箸和勺。早在桂林甑皮岩新石器遗址，就出土许多蚌勺，其中有一个磨制得很精致，和今天的铝勺差不多。盛食器有簋、簠、盘等（鼎和敦有时用来盛肉上桌）；饮酒器有爵、角、盉（爵、角、盉都有脚，也可温酒）、觥等；盛酒器有尊、卣、方彝、兽形樽、壶等；盛水器有盆、盂、鉴（也用于放冰）、缶（也用于盛酒）、斗等。可见我国两三千年前的厨具与餐器类型，几乎是应有尽有了。殷墟出土有铜锅、铜铲和能切薄肉的铜刀，这可能是殷代已盛行炒菜的物证。东周还有"敦"，是一个圆形炖肉器，敦的顶盖和底锅，像一个圆球平分的两半，敦盖比一般鼎盖深而重，这种设计可以加大压力，使肉类易于炖烂，也节省能源，是世界上最早的压力锅。

（三）漆器时代

远古时代，我们的祖先已用生漆涂制饮食器具。1976年，在浙江余姚河姆渡原始社会遗址中，发现了距今约7000年前的木胎漆碗。这种碗呈椭圆瓜棱状，圈足，四壁外有一层薄的红涂料，略有光泽，为我国迄今发现的最早的漆器。另外，在江苏吴江、浙江钱山漾、上海马桥等新石器时代的遗址中也发现了一些漆绘陶器及陶片。

《韩非子·十过》记载："臣闻昔者尧有天下，饭于土簋，饮于土铏……尧禅天下，虞舜受之，作为食器，斩山木而财之，削锯修之迹流漆墨其上，输之于宫以为食器……舜禅天下而传之于禹，禹作为祭器，墨染其外，而朱画其内……觞酌有采，而樽俎有饰。"这些实物及文献记述表明，早在远古时期，先民不仅使用漆器和漆木制饮食具，且已有黑漆及红漆的配色工艺。

生漆的利用是我国劳动人民认识自然、改造自然的智慧的体现。天然漆为漆树汁液，在空气中易于干燥，经自然氧化，表面呈栗壳色，进而形成坚硬的、具有黑亮色泽的漆膜。将生漆涂在竹木制器具表面，附着力强、遮盖性好，且使器具有防潮、防腐、耐水、耐热、耐侵蚀、易清洗、体质轻等优点。这是以其他材料制成的器具所不可比拟的。

夏、商、周时期，漆制饮食器具发展迅速，髹漆工艺水平显著提高。1950年，在河南安阳武官村商代大墓中发现雕花木器上有朱漆印痕。1972年在河北藁城台西村商代墓葬中发现了数十片彩色漆器残片，大都以黑红两色构成类于青铜器的纹饰，有的纹饰还嵌有绿松石或花金箔，可从残片中辨认出原来的器形有盒、盘等，当为饮食和祭祀的容器。

甲骨文中的"七"字写作"十"（《殷契佚存》），此"十"字象征古代劳动人民在漆树上采割漆液的割口形状。可见，在商殷时代，人们已了解了生漆的性质，并摸索出了采割生漆的方法，故甲骨文中有"十"。

从西周至春秋战国，漆木饮食具发展迅速，日益成为人们饮食生活中的常用器具。由于用漆需求增长，漆树已为人工栽培，且日渐成为重要的经济林木。《周礼·夏官司马·职方氏》记载："河南曰豫州，……其利林、漆、丝、枲……"说明周代的豫州，漆是重要的特产之一。此期，统治者对漆的需要量日益增大，曾向人民征收高达四分之一的漆税。《周礼·地官司徒·载师》云："凡任地、国宅无征，园廛二十而一，近郊什一，远郊二十而三，甸、稍、县、都皆无过十二；唯其漆林之征二十而五。"

在河南浚县辛村的周墓中曾发现西周早期的漆器。贵族的饮食用具、车马饰物及甲胄等都用漆料涂饰，其工艺技术已相当精湛。1958年，湖北蕲春毛家咀遗址出土了一件西周早期的漆杯，在黑色与棕色漆底上，绘有红彩纹饰。

春秋时期，漆器进一步发展，逐渐成为独立的手工业部门。在洛阳中州路所发掘的春秋墓葬中，发现一件漆木器，绘有红黑两色的彩画。该漆器被推断为竹彤的盖子，可见当时漆器的彩绘装饰已普遍流行，只有独立的漆器手工业，才能满足社会日益增长的需求。

战国时期，漆器的生产和应用达到鼎盛时期，尤以楚国为盛。至今，楚墓出土的漆器多达千余件，其中相当一部分为饮食用具，如漆盘、漆勺、漆食具盒、漆酒具盒、漆豆、漆案等。

秦汉之际，大量的木制髹漆饮食具逐渐取代了青铜制品。长沙马王堆出土文物及扬州西部汉墓出土文物中的餐具几乎全部是漆器。

漆器作为高档餐具，流行于楚、汉、魏、晋时期的上层统治阶级日常生活中，以西汉为最，但漆器后来也逐步衰落了。人们虽然还使用木瓯木碗，但涂漆的餐具在两汉以后越来越少了。主要是由于漆器作餐饮具有很多缺点：一是漆器工艺复杂，从取漆到夹涂制，制作周期长，耗工多，成本高，一般人使用不起；二是漆器本身不能用来作食具，一旦接触盐及酸性物质后漆面就容易溶解，产生有毒有害物质；三是有的人皮肤过敏，忌与漆器接触；四是漆器不能直接与火接触，不能作炊具使用。

由于漆器制品比金、银、铜、铁器轻巧，又比珠玉、玛瑙易得，赢得了上层统治者的青睐而盛行。漆器盛行时，典型的漆器制品有耳杯、勺、羽觞、漆案等。

（四）铁器时代

中国铁质烹饪食具的真正普及是在秦汉时期完成的，秦汉时期至魏晋南北朝时期的饮食观念与商周时期有较大的差异，食具的形态与组合也发生了很大变化，而唐宋以后的饮食习惯又与秦汉魏晋南北朝时期有别，瓷器也大量地进入饮食领域，所以将秦汉魏晋南北朝和唐宋元明清分别作为铁器时代饮食器具发展的前后期。前期是我国烹饪食具成熟、定型的时期，后期则由一日两餐到一日三餐食制的转换完成时期。这两个时期分别有800多年和1000多年的历史。

中国烹饪史把秦汉以来铁器的普及使用作为烹饪发展进入铁烹时代的标志，这充分说明铁烹饪器具对中国烹饪的深远影响。铁烹时代大致可分为秦汉至南北朝的铁烹早期、隋唐至南宋的铁烹中期、元明清时代的铁烹盛期和辛亥革命以后至今的现代铁烹时期。铁制烹饪器具基本上也是按照这一过程来发展的。

有史料证明，我国在商代即有陨铁器出现，约在公元前6世纪就发明了生铁，比欧洲早近2000年。人工冶铁始于春秋，而广泛使用于战国。而用于烹调的铁鼎大约出现在公元前475年前。1976年杨家山的一座春秋晚期墓中出土的一件铁铸鼎可能是这一时期较早的烹器。

汉代以来，随着铁器技术的逐步推广，铁制烹饪器具已普遍使用。这一时期不仅有生铁铸的鼎、釜、甑、炉等器具，还出现了铁锻的厨刀。另外还有轻薄的供小炒用的小釜、大口宽腹的小爨、类似隔舱锅的五熟釜和夹层蓄热的诸葛行锅等。此后，釜逐渐演变为锅，随着圜形制铁锅的出现，各种铁铸锅具开始盛行于世。如河南南阳瓦房庄冶铁遗址出土的一件汉代大铁锅，口径达2米，与现代铁锅很相似。

隋唐以后，各类烹饪铁器有了明显改进，加热器具由厚变薄，形制推陈出新。如大葆台西汉墓遗址出土的金代铁锅，带两耳，与今天南方精巧的铁锅极为相似。湖北当阳玉泉寺保留的一口大锅为公元615年的产品，可放1000千克油。这一时期还出现了六格蒸笼和铁铸火锅。炉灶也有明显变化，出现了利用炉门拔风旺火的可移动的镣炉、泥风炉、小缸灶、小红炉等。锋利的铁制刀具也广为使用，极大地丰富了当时烹饪的刀工技法，工艺菜由此兴起。

元明清时期是铁烹饪器具的鼎盛时期，各种铁制烹饪器具的制作技术更加先进，样式更加繁多，品种更加丰富。当时"王麻子"和"张小泉"刀具闻名远近；佛山的铁锅享有极高盛誉，并行销海外；创建于顺治年间的无锡王源吉冶坊生产的铁锅厚仅0.7~1.0毫米，闻名大江南北。湖南、山西、山东、四川等地也产历史名牌铁锅。清代生产铁锅的技术已达到历史的最高水平。近代以后使用的铁锅和铁制烹饪器具，基本上与现代器型相同。直至今天，铁器仍是烹饪不可缺少的重要的烹饪器具。中国烹饪能走向繁荣，与铁制烹饪器具的使用是密切相关。

二、古代的炊器

（一）灶

灶是厨房的"标配"，也是厨房的灵魂。《释名·释宫室》记载："灶，造也，造创物食也。"灶字里有"火"，有"火"才能"造创"食物。远古人类祖先点燃了篝火，围坐一旁取暖烧烤，人类的文明史才伴随着食物烹饪的香味徐徐展开，而钻木取火的那团火焰，就是人类历史上最早期的"灶"。《汉书·五行志》记载："灶者，生养之本也。"中石器时代以前的火光随着人们的迁徙而流动，狩猎以充饥的人类祖先随季节和猎物不断变换营地，生存下来并不容易，然而只要有篝火被点起，就意味着族群还在延续。

来到新石器时代的农耕文明，从移居到定居时代的住所为"火"提供了稳定的庇护。火塘，即因"掘地成坑"而得名的地灶，是篝火进入屋檐后"灶"的最早形态。相比平地生火，火塘的火种更容易保存，厨房的遗迹也因此留存于历史中。1959年，考古学家在广东韶关市青马冈发现的两处新石器时代晚期的灶坑即火塘。两处火塘遗迹的直径在70~80厘米，深度为30~40厘米，坑内有大量的黑灰焦土、竹木炭屑以及夹砂粗陶片。除此以外，如果时光倒流回到遥远的当时，火塘里可能还有昆虫。无论是"灶"字的金文或是繁体"竈"，上半部都为"穴"字，表示洞穴或屋檐，而下半部的"黾"或"鼀"则是多足昆虫的形象，对应的就是秋冬天熄火时喜欢栖息在温暖柴灶间的昆虫。

传统灶最初源头是原始人的火堆，用石块围垒而成。再以后，当是以三石块呈等边三角形摆立以承陶器的原始火塘的出现。这种三块石的原始灶，可以移动，灵活且简捷。它只适于无大风雨的野外使用，不宜用在居室，如公社的大房和家庭的小屋内。

陶灶当以陕西华县柳子镇仰韶文化遗址出土的为代表，灶膛容量大且封闭，其形制美观性和科学实用性，即便今天看来，也是令人叹为观止的。浙江余姚河姆渡遗址出土的陶灶是可以移动的。但当时人们用的基本上都是拥地而成的灶。这种灶作为寻常百姓居家的基本灶式，在先秦时期普遍存在，当时军旅之中用的就是这种灶。

入汉以后，人们用的是完全隆起在地面上的用泥土垒成或坯砖砌成的灶。这可以从大量出土的汉代画像石（砖）和各时期的很多陶器陶灶上得到答案。这些灶有1~3个灶眼不等的类型，一个灶眼的灶台基本呈立体正方形，正对灶口的后方是一斜起的烟囱；两个灶眼和三个灶眼（灶眼有大小之分）的灶台均呈立体长方形，大灶眼在前，小灶眼在后，主要火力在大灶眼下，小灶眼位于烟火道上，可用于预热、煨熟和保温，小灶眼之后是斜竖的烟囱。

这是充分利用燃料热能的聪明办法。北方古语"炕热屋子暖"，就是这种生活方式的经验总结。直至今日，这种传统灶式仍在中国部分农村使用。

传统灶式以野草、秸壳、枝条、木柴等为主要燃料。尽管中国历史上很早便有燃煤和石油的记录，但它们一般不适用于这种灶式。黑龙江等北方省区的中小城市中，大多数私宅居民的平房因仍用土坯（或砖）炕取暖，传统的灶式在那里同样占有相当高的比例。不过在这些城市里，燃料已经主要是煤炭了，灶式也随之在灶膛结构上相应变化。

漫长的历史变迁中，砖砌的灶作为遗迹并不容易保存，其发现得益于我国古代"视死如生"的丧葬观，生时必不可少的灶具被等比例缩小制成陪葬模型，让我们得以一窥古人生机勃勃的厨房生活。在新石器时代，灶的模型以陶灶存在，到了春秋战国列鼎而食的青铜礼器时代，又以青铜灶的形式被复制出来。从秦汉至隋代，考古发掘出的诸多灶具文物中，开始出现连眼灶，以单眼、双眼、三眼最为常见。1976年出土于河南省安阳市殷墟妇好墓、现收藏于中国国家博物馆的商妇好青铜三联甗就是三眼灶，有点像现今的多头灶台。有时灶头的火力并不均匀，火眼最大的灶头上一般置甑，较小的火眼上置釜，在距灶门最远的火眼处置罐。灶头越多，燃料的利用率也就越高。

"灶"字的楷书最早出现于汉代初年，巧合的是，汉代也是厨房开始从住所建筑里独立出来、灶文化开始流行的时期。1982年，山西太原尖草坪汉墓出土了比较少见的六眼圆头灶，除了具备连眼灶的特点，汉代的灶还拥有能使柴薪充分燃烧的灶膛、布局合理的灶台、曲尺形的烟囱，一些灶具还有了围绕灶台的围屏。

从三国两晋到隋唐时期，灶的功能又因为挡火墙、熄薪碳罐、火钳等用具的出现而进一步完善。宋元明清时期的灶具新增了多个灶门，灶台上的甑被蒸笼取代，铁锅则取代了釜。

双动活塞式风箱是中国在鼓风技术方面的一项重要发明，它出现于唐代或宋代。1280年印制的《演禽斗数三世相书》中，刊载有一幅世界上最古老的双动式活塞风箱图，相传该书是唐初袁天罡所撰，宋代初次刊行。明代《天工开物》中所载的活塞式风箱，与此类似。欧洲直至1716年才发明了类似的双动往复式水泵，为后来的活塞式机械出现做了铺垫。

（二）鼎

鼎是我国古代用以烹煮肉和盛贮肉类的器具，是古代最重要青铜器物种之一。"鼎"（炊器）被后世认为是所有青铜器中最能代表至高无上权力的器物。

夏商周三代及秦汉延续两千多年，"鼎"一直是最常见和最神秘的器具。鼎有三足的圆鼎和四足的方鼎两类，又可分有盖的和无盖的两种。

有一种成组的鼎，形制由大到小，成为一列，称为"列鼎"，列鼎的数目在周朝时是代表着不同的身份等级。列鼎通常为单数。"鼎"被后世认为是所有青铜器中最能代表至高无上权力的器物，并有认为古代最早一统天下的权力的观念就与鼎的诞生有直接关系。

最早的鼎是黏土烧制的陶鼎，后来又有了用青铜铸造的铜鼎。传说夏禹曾收九牧之金铸九鼎于荆山之下，以象征九州，并在上面镌刻魑魅魍魉的图形，让人们警惕，防止被其伤害。自从有了禹铸九鼎的传说，鼎就从一般的炊器而发展为传国重器。国灭则鼎迁，夏朝灭，商朝兴，九鼎迁于商都亳都；商朝灭，周朝兴，九鼎又迁于周都镐京。历商至周，都把定都或建立王朝称为"定鼎"。

鼎被视为传国重器、国家和权力的象征，"鼎"字也被赋予显赫、尊贵、盛大等引申意义，如一言九鼎、大名鼎鼎、鼎盛时期、鼎力相助等。鼎又是旌功记绩的礼器。周代的国君或王公大臣在重大庆典或接受赏赐时都要铸鼎，以记载盛况。这种礼俗至今仍然有一定影响。

鼎是我国青铜文化的代表，是文明的见证，也是文化的载体。根据禹铸九鼎的传说，可以推想，我国远在4000多年前就有了青铜的冶炼和铸造技术；从地下发掘的商代大铜鼎，确凿证明我国商代已是高度发达的青铜时代。

现代汉字中的"鼎"字虽然经过了甲骨文、金文、小篆、隶书等多次变化，但仍然保留着"鼎"这一事物的风范和形体特点，其物其字几乎融为一体，都有着丰富的文化内涵。

最初的鼎是由远古时期陶制的食具演变而来的，即是由釜、陶支脚和灶的组合而成的。鼎的主要用途是烹煮食物，鼎的三条腿便是灶口和支架，腹下烧火，可以熬煮油烹食物。自从青铜鼎出现后，它又多了一项功能，成为祭祀的一种重要礼器。

青铜鼎多为圆腹三足，也有方腹四足的。鼎口处有两耳。对铜鼎的拥有和使用，是奴隶主身份等级差别的标志之一。

夏代进入阶级社会，象征国家政治权势和军权、神权的青铜制造业，完全为贵族所垄断，这些青铜器的制造均是以贵族的意志、需要和审美意愿为依归。中国青铜器历经20多个世纪的发展演变，可以分为以下几个时期。

初期：夏代由于铜的冶炼工艺尚不成熟，且材料难得造成现今所出土的夏代青铜器种类稀疏，至今为止出土的夏代青铜器是"乳钉纹爵"。

盛行期：商代以后至西周前期，约为商王武丁到西周穆王时期。此时的青铜器体形厚重，造型规整，纹饰华丽，体现出一种狞厉之美。例如：后母戊方鼎、兽面纹方鼎、乳钉纹方鼎、克鼎、子龙鼎等。

成熟期：西周后期至春秋前期。春秋时期古人发明了"失蜡法""分铸法""错金银"技术，使得春秋时期的青铜器造型更加别致、繁复。代表作有莲鹤方壶。

在周代，就有所谓"天子九鼎，诸侯七鼎，卿大夫五鼎，元士三鼎"等使用数量的规定。随着这种等级、身份、地位标志的逐渐演化，鼎逐渐成了王权的象征、国家的重宝。统治者往往以举国之力，来铸造大鼎。青铜器中的鼎，原是上古时候极为普遍的烹饪器，其后实用意义逐渐减弱，成为权势的象征物。

秦代以后，鼎的王权象征意义逐渐失去。以后，伴随着佛教在中国的传播，鼎的形式得以延续。后代的鼎通常安放在寺庙大殿前，既是装饰物，又是焚香的容器。

周代的鼎分为三大类：镬鼎、升鼎、羞鼎。镬鼎形体巨大，多无盖，用来煮白牲肉；升鼎也称正鼎，是盛放从镬鼎中取出的熟肉的器具；羞鼎则是盛放佐料、肉羹的器具，与升鼎相配使用，所以也叫"陪鼎"。

（三）釜

釜为一种器物，圆底无足，釜口为圆形，直接用来煮、炖等，可算是"锅"的前身。

在湖南玉蟾岩遗址出土了我国目前已知最早的陶釜。陶釜可看作人类饮食史上最早的锅，人类利用陶釜烹煮食物，做成一锅烩，也叫作"羹"。

在火尚未被发明的漫长年代里，远古人类并不需要通过任何烹调过程就可以将食物原料直接送入腹中。当用火和取火技术发明后，人类开始进入熟食阶段，烹饪才得以真正实现。远古人类发现烧烫的石头也能起到熟食的作用，石烹法便出现了。人们把一块石板放在篝火上烧，等石头烧热后，再把需要烘烤的食物放在石板上，以达到熟食的目的。当谷物成为人类赖以为生的主食时，人们便迫切地渴求一种新的烹饪方式，让谷物变成真正的美味。陶器或许正是在人类对新烹饪方式的寻找中发明的。

先民们制作的陶器，除了少数是生产工具，如陶刀外，其他绝大部分是饮食、生活用具。最初的饮食陶器多是形制简单的敞口罐和盆，这种罐、盆在当时属于多种用途，可供饮水、运水、贮藏谷物、盛放食物以及洗涤之用。

远古先民利用智慧发明创造了用于烹饪的一种炊食器——陶釜，它的形态大致类似于今日的砂锅，既可以煮粥，又可以烹羹。远古先民在使用陶釜时，大多在地里挖个火塘用支脚将陶釜支撑起来，在其下面引火进行加热，但是这种加热方式很麻烦，并且不好平放。陶釜发明后，如何把陶釜放在火上去烧的问题也就出现了。

新石器时代的烹饪技术也在不断发展，后世常用的蒸、煮、烤、烙等手段陆续产生，人们又发明了釜灶。在中国国家博物馆里藏有新石器仰韶文化时期的陶釜陶灶。此釜灶由釜和灶两种器具组合而成。上部为釜，广口圜底，下部为灶，圆口平底，底部有低矮的足钉。侧壁开一个上窄下宽的方形口，直通灶的内部。釜灶兼具炊器与烧灶的功能，烹饪时可以直接在灶内生火，于釜内烹煮。由于体积不大、搬运自由、使用简便，釜灶得到人们广泛接受和普遍认可，不断得以沿用。龙山时期，出现了将釜、灶连为一体，合二为一的造型。

随后，人们相继又发明了鼎、鬲、甗、甑等种类丰富的炊具，以满足日常生活所需。

西周时期，冶金技术得到发展，铜釜与铁釜也慢慢出现。早期的陶釜，只能实现炖煮等功能，直到铜釜、铁釜的出现，才真正有了"炒菜"这门厨艺。到隋唐时期铜釜、铁釜的样式基本定型，圆心浅腹、薄壁、球面、有耳，这种器皿造型可以最大限度地发挥作为烹饪器具的"潜力"。

釜口圆边，搁放时比较稳当；口大，方便投料、出锅；有耳，方便提放；釜底为球面，可加大受热面积，并且使其受热均匀，也便于翻炒；浅腹，方便观察锅中食物生熟情况；釜壁薄，提高加热速度且节省燃料。此后，铁釜、铜釜一直保持这种基本造型，凭借着造型优势，逐渐演变成今天我们厨房中必不可少的锅。

釜在炊具历史中除单口的釜之外，在三国时期，还出现过一种被称为"五熟釜"的锅，锅内分为五个格，是一种可以同时烹煮不同食物的锅，类似于火锅一类的炊具，功能与现在"九宫格"火锅基本相同。

三、古代的食具

（一）进食具

在饮食活动中，人们将烹饪好的食物从炊具中取出放入盛食具，再从盛食具中取出放入口腔，这两个过程所需要的中介工具就是进食具。中国传统的进食具可分为勺子和筷子两类。筷子一经产生，历3000余年而无功能和形态的本质变化，因而被视为中华国粹的一种，成为饮食文化的象征。而勺类进食具的历史则更为久远，发展变化的过程相对而言要复杂些。

1. 筷子

古称"箸"，至明代始有"筷子"之称。考古发现最早的箸出于安阳殷墟商代晚期的墓葬中，而文献中曾记载商纣王使用过用象牙精制而成的筷子。但中国发明使用箸的历史肯定要早于商代。这种首粗足细的圆柱形进食具，最早应是以木棍为之，商周时期出现青铜制品，汉代则流行竹木制，且多有髹漆，甚为精美。隋唐时出现了金银质箸，一直用到明清。宋元间出现了六棱、八棱形箸，装饰也日渐奢华。明清时宫廷用箸更是用尽匠心，工艺考究且有题诗作画的箸实际上已成为高雅的艺术品。

2. 瓢、魁

将完整的葫芦一剖为二，便成了两个瓢，故俗语说"比葫芦画瓢"。最早的瓢就是圆形带柄并是木质的，后来又有了陶瓢和金属瓢。汉代的瓢，方形，平底，既可舀水，又可直接进食，称为"魁"。瓢之较小者称为"蠡"，古语有"以管窥天，以蠡测海"，言其工作之艰巨，或谓不自量力之意。瓢、魁之类既可舀水进食，又可用以挹酒。考古研究表明，用于舀水盛酒的器具除陶质、木质瓢外，尚有以兽头骨为瓢者，民族学有许多相关的例证，考古学也有相关的发现。

3. 勺

勺在功能上可分为两种：一种是从炊具中取食物放入盛食具的勺，同时可兼作烹饪过程中搅拌翻炒之用，古称"匕"，类似今天的汤勺和炒勺，另一种是从餐具中舀汤入口的勺，形体较小，古称"匙"，即今天所谓的调羹。但早期的餐勺往往是兼有多种用途的，专以舀汤入口的小匙的出现应在秦汉以后。考古发现最早的餐勺距今已有7000余年的历史，属新石器时代。当时的勺既有木质、骨质，也有陶质的。夏商周出现的铜勺带有宽扁的柄，勺头呈尖叶状，之所以谓之"匕"，是因为勺头展平后形如矛头或尖刀，"匕首"之称即指似勺头的刀类。自战国起，勺头由尖锐变为圆钝，柄亦趋细长，此形态一直为后代沿袭。秦汉时流行漆木勺，做工华美，并分化出汤匙，此后金、银、玉质的匕、匙类也日渐增多，餐桌上的器具随着食具的多样化而更加丰富。

在古代的饮食活动中，餐勺与箸往往是一同出现并配合使用的。周代时曾规定，箸只能夹取菜类。而食米饭米粥时则必须用勺，分工十分明确。延及后代，这一规定也渐成具文。何况，餐桌上的礼仪只是有闲阶级的标示，因为"礼不下庶人"，对仅以果腹为目的的民众来说，只要有吃的就行。这一礼制随着时代的变迁而日渐淡化。

（二）盛食具

盛食具指进餐时所使用的盛装食物的器具，相当于今天所说的餐具，包括盘、碗、盂、钵、盆、豆、俎、案、簋、盒、敦、鬲等。盘是盛食容器的基本形态。

1. 盘

新石器时代已广泛使用陶盘作为盛食器皿。此后，盘一直是餐桌上不可或缺的用具。作为中国古代食具中形态最为普通而固定、流行年代最为久远品类，盘包括了陶、铜、漆木、瓷、金、银等多种质料。最为常见的食盘是圆形平底的，偶有方形，或有矮圈足。值得注意的是，商周时期的青铜盘中有相当一部分是盥洗用具。

2. 碗、盂、钵

碗似盘而深，形体稍小，也是中国盛食具中最常见、生命力最强的器皿。碗最早产生于新石器时代早期，历久不衰且种类繁多。商周时期稍大的碗在文献中称盂，既用于盛饭，也可盛水。碗中较小或无足者称为钵，也是盛饭的器皿，后世专称僧道随身携带的小碗为钵。

3. 盆

盘之大而深者为盆，盆既用于炊事活动，也是日用盥洗之具。不过后一种意义的盆古代常写为鉴，形状上与盛食之盆也略有差异。新石器时代的陶盆均为食器，式样较多；秦汉以后食盆的质料虽多，但造型一直比较固定，与今天所用基本无别。

4. 豆

盘下附高足者为豆，像高脚盆，本用来盛黍稷，供祭祀用，后来渐渐用来盛肉酱与肉羹了。新石器时代晚期即已产生陶豆，沿用至商周，汉代已基本消亡。豆即此类物品的泛称，也专指木质的豆，陶质豆称为登，竹质豆称为笾，都是盛食的器具。作为盛食器，鼎用来置放肉类，簋用来置放谷类，豆虽然没有鼎、簋那么显赫，却也是席面上必不可少的盛食器，而且使用更加普遍。豆通常成偶数排列组合，专用于盛置各种辅助性菜肴或腌菜、肉酱之类。由于这类食物名目甚杂，古贵族们宴饮时豆数量非常多。《周礼》记载："凡诸侯之礼……上公……豆四十，……侯伯……豆三十有二，……子男……豆二十有四……"《礼记·礼器》所言数量略少些："天子之豆二十有六，诸公十有六，诸侯十有二，上大夫八，下大夫六。"《诗经》中有大量描绘贵族宴饮场面的诗篇，大都提到豆的使用。如《小雅·宾之初筵》记载："宾之初筵，左右秩秩。笾豆有楚。"笾为竹器，专用于盛放干果；秩、楚形容众多食物陈列有序。《小雅·楚茨》言："以豆孔庶"，《大雅·既醉》言："笾豆静嘉"，《韩奕》言："笾豆有且"，《生民》言："盛于豆"。都称豆器众多，菜肴丰美，可见豆在席面上的重要性。商周时期，豆均为专盛肉食的器具，广泛用于祭祀场合，故后世以"笾豆之事"代指以食品祭神，豆类器具因此被称为"礼食之器"，其用途甚明。

5. 俎

平板之下有足曰俎。俎是用来放置食品的，也可用作切割肉食的砧板。新石器时代，此类食具尚未发现，但夏商周时期的俎是祭祀用的礼器，常常"俎豆"连用，代指祭仪，孔子说："俎豆之事，则尝闻之矣。"即言其擅长祭祀礼制之意。

6. 案

其形状功用与俎相似，但秦汉及以后多方案而少言俎。食案大致可分两种：一种案面长而足高，可称几案，既可作为家具，又可用作进食的小餐桌；另一种案面较宽，四足较矮或无足，上承盘、碗、杯、箸等器具，专作进食之具，可称作龄案，形同今天的托盘。自商周至秦汉，案多陶质或木质，鲜见金属案，木案上涂漆并以彩画是案中的精品，汉代称为"画案"。

7. 簋

自商代开始出现，延续到战国时期。《周礼·地官司徒·舍人》记载："凡祭祀，供给簠簋"。青铜簋器物造型多样，变化复杂，有圆体、方体，也有上圆下方者。早期的青铜簋和陶器簋一样无耳，后来才出现双耳、三耳或四耳簋。据《礼记·玉藻》记载和考古发现而知，簋常以偶数出现，如四簋与五鼎相配，六簋与七鼎相配。簋流行于商至春秋战国，主要盛放煮熟的饭食，簋的形制很多，变化较大。商代簋形体厚重，多为圆形，深腹，圈足，两耳或无耳。器身多饰兽面纹，有的器耳做成兽面状。西周除原有式样外，又出现了四耳簋、四足簋、圆身方座簋，三足簋等各种形式，部分簋上加盖。商周时多数簋体型厚重，饰云雷、乳丁等纹饰，少数为素面或仅饰一二道玄纹。春秋时期，簋的铜胎变薄，花纹细碎，有的簋盖铸成莲瓣形。战国以后，簋极少见到。簋是商周时的重要礼器。宴飨和祭祀时，以偶数与鼎配合使用。史书记载：天子用九鼎八簋，诸侯用七鼎六簋，卿大夫用五鼎四簋，士用三鼎二簋。

8. 盒

两碗相扣为盒，产生于战国晚期，流行于西汉早中期，有的盒内分许多小格。自西汉至魏晋，流行于南方地区，后又出现了方形盒，统称为多子盒；而无盖的多子盒又叫格盘。此类器具均是用来盛装点心的，但扣碗形的食盒也一直在使用，不过已由陶器变成了漆木器或金银器。

9. 敦

敦为青铜质盛食器，古代用于盛放黍、稷、粱、稻等饭食。由鼎、簋的形制结合发展而成。敦呈圆球状，上下均有环形三足（或把手）两耳（或无耳），一分为二，盖反置后，把手为足，与器身完全相同。就烹饪食器总体发展变化而言，与鼎中盛肉食相配套的盛饭食的器物，西周是簋，春秋是敦，战国后是盒。方形之敦称彝，但属酒具而非食具。《礼记·明堂位》记载："有虞氏之两敦。"说明其很早就已经从盛储器演变成礼器。产生于春秋中期，盛行于春秋晚期到战国晚期，秦代以后逐渐消失。

10. 鬲

鬲为古肉食器。钟鼎文有："臣十家鬲百人"，鬲义同庶，为家中烧锅煮饭的奴仆。"古鼎中有三足皆空，中可容物者，所谓鬲也。"铜鬲最初是依照新石器时代已有的陶鬲制成的，其形状一般为侈口（口沿外倾），有三个中空的足，便于炊煮加热。铜鬲流行于商代春秋时期。商代前的鬲多无耳，后期口沿上一般两个直耳。西周前期的鬲多为高领，短足，常有附耳。西周后期至春秋的鬲大多数为折沿折足弧裆，无耳；有的在腹部饰以棱。西周时期还有方鬲，体为长方形，下部有门可以开合，门内放入木炭。

（三）贮藏具

广义上讲，用于贮藏食物原料与食物成品的器具均可归为此类。腌制食品的容器也可称为贮藏器。这类器物的构成比较繁杂，包括瓶、罐、瓮、壶、盉罍等，既有存贮粮食的，也有汲水、蓄水的，还有存贮食物的。部分盛食具如盆、盘类也兼有储藏的功能。

1. 瓶

一种小口深腹而形体修长的汲水器，新石器时代的陶瓶形式多样而且大小悬殊，尤以仰韶文化遗址中的小口尖底瓶最有特色，进入青铜器时代以后，金属瓶虽已出现，但数量甚少，用于汲水的瓶仍以陶质为大宗。形体较小的瓶兼具盛酒的功能。

2. 罐

罐是小口深腹但较瓶宽矮的器物的泛称，考古所指称的罐包括瓮、缶、瓿等多种器物。直到北魏时期，文献中才有"罐"的名称，但也无确切所指。现可将新石器时代及其以后用于汲水、存水和保存食品而难以明确归入其他器类的小口大腹器物统谓之罐。

3. 瓮

这是罐类器物的基本形态，用以存水、贮粮，当然也可贮酒，但装酒的瓮多称为瓷或卢，形体稍小的瓮可称为瓶，一般在口沿部位有孔以备穿绳索，主要用于汲水。另有一种形态与瓮相近的汲水器名为缶，有盖，秦国曾以此为乐器。

4. 壶

形态介于瓶和瓮之间且有颈的器物称为壶，因其形似葫芦而得名。壶可存水，也用以存贮粮；另有一部分盛酒，用作量器的壶叫钟。陶壶自新石器时代产生后一直沿用，后又有金属制品及瓷壶行业。

5. 菹罂

菹罂形状似瓮但有内外两层唇口，并加有盖，实际就是今天所说的酱菜坛子。菹就是腌菜，罂就是类似瓮的存粮贮水陶器，其命名以示用途。周代已有腌制食品，但尚未发现其制作器具，最早的菹罂出自汉代墓葬，魏晋唐宋遗址也屡有出土。

四、美食与美器

烹饪是艺术，是人类对食物的选择、烹调、供应和享受的艺术。肴馔之美是中国烹饪艺术的重要内容。中国肴馔的烹调过程就是烹饪艺术的创作过程，它主要塑造的是味的形象，也塑造辅助的色、香、滋、形和味外之味的形象，表达着制作者的思想感情。例如糖醋鲤鱼，鱼盛盘中，头尾高翘，犹如年画中的"胖娃娃抱大鲤鱼"。品尝时，鱼肉的美味带给人味觉快感，其造型美带给人视觉快感，整个菜肴还能令人产生"鲤鱼跳龙门""年年有余（鱼）"的美好联想，获得意外的美感情调。因此，人们常常称誉技艺精湛的烹调师为烹饪艺术大师。

（一）美食离不开美器

"美食不如美器"，美食佳肴要有精致的餐具烘托，才能达到完美的效果。俗话说，好马须有好鞍配，红花须有绿叶配。一道美食，不仅要有一个美的名字，也需要一个与之相配的器具。只有美食与美器完美地结合，才能各显其美，相得益彰。袁枚在《随园食单》中提出，在食与器的搭配时，"惟是宜碗者碗，宜盘者盘，宜大者大，宜小者小，参错其间，方觉生色""大抵物贵者器宜大，物贱者器宜小。煎炒宜盘，汤羹宜碗，煎炒宜铁铜，煨煮宜砂罐"。也就是说，美器之美不仅表现在器物本身的质、形、饰等方面，而且表现在它的组合之美，与菜肴的匹配之美。

总的来说，在美食与美器的配合上，应以表达菜点或筵宴主题为核心，以美观为标准。

1. 根据菜肴的造型选择配搭器具

中国菜肴的造型变化万千，美不胜收。为了突出菜肴的造型美，就必须选择适当的器具与之搭配。一般情况下，大象征了气势与容姿，小则体现了精致与灵巧，在选择盛器的大小时，尤其是在展示台和大型的高级宴会上使用时，应与想要表达的内涵相结合。如以山水风景造型的花色冷盆"瘦西湖风景"和工艺热菜"双龙戏珠"等菜肴，都必须选择大型器具，只有用足够的空间，才能将扬州瘦西湖的五亭桥、白塔等风光充分展现出来，将龙的威武腾飞之气势表达出来；而如果是蝴蝶花色小冷碟之类菜肴，则应选择小巧精致的器具，以充分体现厨师高超的刀工技术与精巧的艺术构思。

2. 根据菜肴的用料选择配搭器具

中国菜肴的原料丰富，不同形状、不同类别和价值不一的原料有不同的装盘方法，必须选择不同的盛装器具。如鱼类菜肴，尤其是整鱼，则应当选择与鱼之大小吻合的鱼盘。盘小鱼大，鱼身露于盘外，不雅观；盘大鱼小，鱼之特色又得不到充分体现。又如白果炖鸡，常常使用整鸡，而且汤汁很多，则应当选择汤钵或瓦罐盛装，古朴之风扑面而来。一般而言，名贵的菜肴应配以名贵的器具，像用燕窝、鲍鱼之类原料制作成的菜肴，就不能配以档次、质量差的器具，否则原料的特色就不能得到充分体现；而普通原料，如盛装于高档器具中，也会显得不伦不类。

3. 根据菜肴的色彩选择配搭器具

色彩能给人以视觉上的刺激，进而影响到人的食欲和心境。菜肴的色彩美可以通过多种手段加以展示。为菜肴配搭色彩和谐的器具，自然会给菜肴增色不少。

一道绿色蔬菜盛放在白色盛器中，给人一种碧绿鲜嫩的感觉，如盛放在绿色的盛器中，就会逊色不少。一道金黄色的软炸鱼排或雪白的珍珠鱼米（搭配枸杞），如放在黑色的盛器中，在强烈的色彩对比烘托下，鱼排更加色香诱人，鱼米则更晶莹可爱，使人食欲也为之提高。有一些盛器饰有各色各样的花边与底纹，如运用得当也能起到烘托菜点的作用。如中国烹饪代表团赴卢森堡参加第八届世界杯烹饪大赛时，选用了一套镶有景泰蓝花边的白色盛器，在这套高雅精致、体现了中华民族风格的盛器衬托下，菜肴显得更加独具特色，靓丽诱人，取得良好的效果。

4. 根据菜肴的风味选择配搭器具

不同材质的器具有不同的象征意义，金器银器象征荣华与富贵，象牙瓷器象征高雅与华丽，紫砂漆器象征古典与传统，玻璃水晶象征浪漫与温馨，铁器粗陶象征粗犷与豪放，竹木石器象征乡情与古朴，纸质与塑料象征廉价与方便，搪瓷不锈钢象征着清洁与卫生等。因此，必须根据菜肴的风味选择配搭不同材质的器具。如以药膳等为主的筵宴，可选用江苏宜兴的紫砂陶器，因为紫砂陶器是中国特有的，能将药膳地域文化的背景烘托出来；如经营烧烤风味的，可选用铸铁与石头为主的盛器；经营傣家风味食品的，可选用以竹子为主的盛器。

5. 根据筵宴的主题选择配搭器具

盛器造型的一个主要功能就是要点明筵宴与菜点的主题，以引起食用者的联想，进而增进食用者的食欲，达到烘托、渲染气氛的目的。因此，在选择盛器造型时，应根据菜点与筵宴主题的要求来决定。如将鱼片盛放在造型为鱼的象形盆里，鱼就是这道菜的主题，虽然鱼自身的形状或许看不见了，但鱼形盛器将此菜是以鱼为原料烹制的主题给显示出来了；将蟹粉豆腐盛放在蟹形盛器中，将虾蓉制成的菜肴盛放在虾形盛器中，将蔬菜盛放在大白菜形盛器中，将水果甜羹盛在苹果盅里等，都是利用盛器的造型来点明菜点主题的典型例子，同时也能引发食用者的联想，提高食用者的品尝兴致；在喜庆宴会上，将菜肴"年年有余"（松仁玉米）盛装在用椰壳制成的粮仓形盛器中，则表达了筵宴主人盼望在来年再有个好收入的愿望。在寿宴中，用桃形小碟盛装冷菜，桃形盅盛放汤羹或甜品等，桃形盛器能点出"寿"宴的主题，渲染出贺寿气氛。

需要说明的是，这里仅仅是为了叙述的方便，将器具的选择分成了若干方法，事实上在具体实践中，往往是综合各种因素进行器具的选择。美食与美器的配合中，要信守"美器配美食，美食不如美器"的原则，立足美食"选"美器，美器一定要"配"美食。

（二）美器配美食的和谐统一

满塘荷花，因有碧叶的映衬，方显得莹洁雅丽；绵延青山，因有绿水的萦绕，方显得风光无限。中国古代劳动人民，在长期的生产和生活实践中，早已把自然界中的这种美的规律，应用于绚丽多彩的中国烹饪艺术中。美食与美器的完美结合，正是这种应用的一个光辉典范。清代诗人袁枚，是当时一位广集众美的烹调爱好者，他纵观古今美食与美器的发展后叹道："古语云：'美食不如美器'，斯语是也。"并说，菜肴出锅后，该用碗的就要用碗，该用盘的就要用盘，"煎炒宜盘，汤羹宜碗，参错其间，方觉生色"。这无疑是对美食与美器关系的一个精练总结。中国古代美食与美器的发展无不在展示着美器与美食的和谐统一，主要体现在以下五个方面。

1. 菜肴与器皿在色彩纹饰上要和谐

在色彩上，没有对比会使人感到单调，对比度过分又会使人感到不和谐。在这里，重要的前提是对各种颜色之间的关系的认识。美术家将红、黄、蓝称为三原色，红与绿、黄与紫、橙与蓝称为对比色，红、橙、黄、赭是暖色，蓝、绿、青是冷色。因此一般来说，冷菜和夏令菜宜用冷色食器，热菜、冬令菜和喜庆菜宜用暖色食器。但是要切忌"靠色"，例如将绿色的炒青蔬盛在绿色盘中，既显不出青蔬的鲜绿，又淹没了花盘上的纹饰美，如果改盛在白花盘中，便会产生清爽悦目的艺术效果。

在纹饰上，菜的料形与盘的图案相得益彰。如果将炒肉丝放在纹理细密的花盘中，既给人以散乱之感，又显不出肉丝的线条美；反之，将肉丝盛在绿叶盘中，会使人感到赏心悦目。

2. 菜肴与器皿在形态上要和谐

中国菜品种繁多，形态各异，食器的形制也是百态千姿。可以说，在中国，有什么样的肴馔，就有什么样的食器相配。例如平底盘是为爆炒菜而来，汤盘是为熘汁菜而来，椭圆盘是为整鱼菜而来，深斗盘是为整只鸡鸭菜而来，莲花瓣海碗是为汤菜而来等，如果用盛汤菜的盘盛爆炒菜，便产生不出美食与美器搭配和谐的效果。

3. 菜肴与器皿在空间上要和谐

人们常说"量体裁衣"，用这样的方法做出的衣服才合体。食与器的搭配也是这个道理，菜肴的数量要和器皿的大小相称，才能有美的感官效果。汤汁漫至器缘的肴馔，不可能使人感到"秀色可餐"，只能给人以粗糙之感，肴馔量小，又会使人感到食缩于器心，干瘪乏色。一般来说，平底盘、汤盘（包括鱼盘）中的凸凹线是食器结合的"最佳线"。用盘盛菜时，以菜不漫过此线为佳。用碗盛汤，则以八成满为宜。

4. 菜肴典故与器皿图案要和谐

中国名菜"贵妃鸡"盛在饰有仕女拂袖起舞图案的莲花碗中，会使人很自然地联想起善舞的杨贵妃酒醉百花亭的故事。糖醋鱼盛在饰有金鲤跳龙门图案的鱼盘中，会令人食欲大增、情趣盎然。因此要根据菜肴典故选用图案与其内容相称的器皿。

5. 一席菜食器上的搭配要和谐

一席菜的食器如果不是一色的青花瓷，便是一色的白花瓷，其本身就失去了中国菜丰富多彩的特色。因此一席菜不但品种要多样，食器也要色彩缤纷。如果这样做了，佳肴耀眼，美器生辉，蔚为壮观的席面美景便会呈现在眼前。

（三）美食与美器的价值

在生活美的花园中，美食与美器的绝妙搭配可以使人食量大增，身心健康；改变人的气质，陶冶人的情操，使食者热爱生活，赞赏烹调，敬佩厨师，赞美劳动。宋代陈造对盛在盘中的龙须面发出了这样的赞叹："鲙盘漫诧金缕钉，汤饼徒夸银线窝。"在这里，鲙盘与汤饼，金缕与银丝，引发了美妙的遐想！现代文人郭沫若在一家餐馆进餐后，曾满怀深情地留下了这样的诗句："盘中粒粒皆辛苦，席席般般出火炉。食罢当思来不易，鼓足干劲莫踟躇。"这朴实无华而又充满激情的诗句，强烈地表达了烹调美给予食者的力量和情绪。生动地说明了美食与美器给予食者的首先是食、器的艺术美、精神美，其次才是口腹之美、五味之香。

当我们回味这美的享受的时候，自然要追寻这美的构成。细思起来，这美的构成，正是青蔬时鲜、山珍海味、牛羊鸡鸭、彩陶瓷片。而将这些物品巧搭妙配的，正是那聪颖的中国烹饪大师，他们是这美的设计者和创造者，但又不是简单的模拟，而是艺术的创造，不是自然美的堆砌，而是艺术美的凝聚，是智慧的结晶，中华饮食文化的瑰宝。

延伸阅读

扫描二维码获取

思考研讨

1. 新石器时代的烹饪方法有哪几种？
2. 简述烹饪器具的发展与所在时代的社会现状的联系。
3. 简述你家乡的特色饮食以及制作中需要用到的烹饪器具。
4. 去往不同的餐饮环境下进餐，对比不同环境下进餐心情和服务感受的不同，完成一篇1000字左右的实践体验报告。

第九讲　中华饮食经籍典故

内容提要

1. 了解从西周至清代期间代表性饮食经要，并从食疗、菜品、烹调技法三个类别的部分典籍进行介绍。
2. 对古代名画、诗词、名著以及现代文学中代表性饮食文艺作品进行了介绍。
3. 部分名菜起源的野史以及厨神、灶神等传说的介绍。
4. 孔子等名人对美食留下知名品评和独到见解，了解精通美食创作和鉴赏的代表性饮食名人。

关键词

饮食经要；饮食文艺；饮食典故；饮食名人。

案例导入

词语中的古代饮食与礼制——以"牛人""菜鸟"为例

"牛得很"与"太菜了"是两个非常流行的日常评价用语。其中的"牛"与"菜"是什么意思？其评价含义又是怎样产生的呢？

一

商务印书馆出版的《现代汉语词典》（第7版）中"牛"的一项解释为："〈口〉[形]本领大，实力强：～人|这个球员简直太～了，打败了所有对手。"相关词语有"牛气"，形容自高自大的骄傲神气，也形容气势强盛、实力强大。"菜"的一项解释为："〈口〉[形]质量低；水平低；能力差：这场球打得太～了！"相关词语有"菜鸟"，意思是初学者、新手，也可以指在某些方面技能低下的人，如"职场菜鸟"。徐州方言有"菜货""苤梨"，北京方言、冀鲁方言有"菜包子"，陕西方言有"菜狗"等说法，也是比喻水平低、能力差、懦弱无用的人。

人们多以为"牛""牛人""牛得很""菜""菜鸟""太菜了"等词语源于方言或网络。但笔者（宋献普）认为，它们的来源并非俗语俚词，也非网络语言。在古代，"牛"与"菜"其实与阶层、等级、身份、地位等相关，是带有鲜明文化色彩的词语。

二

古代把统治者称为"肉食者",如《左传·庄公十年》:"肉食者谋之,又何间焉?""肉食者鄙,未能远谋。"古代礼制对食肉有着极为严格的规定。《礼记·王制》:"诸侯无故不杀牛,大夫无故不杀羊,士无故不杀犬、豕,庶人无故不食珍。"《国语·楚语下》:"天子举以大牢,祀以会;诸侯举以特牛,祀以太牢;卿举以少牢,祀以特牛;大夫举以特牲,祀以少牢;士食鱼炙,祀以特牲;庶人食菜,祀以鱼。上下有序,则民不慢。"从这些文献记载来看,在古代社会,尤其是先秦时期,膳食与阶层等级、祭祀典礼等息息相关,因此食肉不仅需要经济实力作支撑,更需要地位、身份的许可。

封建时代的农耕社会生产力低下,寻常百姓缺衣少食,能够果腹已属不易,食肉更是一种奢侈的梦想。《孟子·梁惠王上》:"鸡豚狗彘之畜,无失其时,七十者可以食肉矣。"在孟子描绘的"王道乐土"的政治蓝图里,食肉是一种建立在国家富庶、经济繁荣基础上的美好社会理想。

割牛、食牛在古代则是身份的象征。《左传·哀公十七年》:"诸侯盟,谁执牛耳?"《左传·鲁定公八年》:"卫人请执牛耳。"《周礼·夏官司马·戎右》也记载:"赞牛耳,桃茢。"郑玄解释说:"尸盟者割牛耳取血助为之,及血在敦中,以桃茢沸之又助之也。"这种"歃血为盟"的仪式在当时是很隆重的。古代诸侯订立盟约的具体程序是:首先,结盟的次盟者将一头活牛的牛耳割下来,取血,盛于敦中;接着,由次盟者执盘和敦,主盟者莅之,尝一口牛血;最后,与盟者相继歃血,表示神灵为鉴,彼此坚守盟约。人们称主盟国为执牛耳者,后来泛指在某一方面居领导或权威地位的人。

先秦《尸子》:"虎豹之驹未成文,而有食牛之气。"后来人们经常用"食牛""食牛气""气食牛"形容年幼而有豪气。如唐杜甫《徐卿二子歌》:"小儿五岁气食牛,满堂宾客皆回头。"南宋戴复古《侄孙景文多女贺其得雄》:"三朝食牛气,端不类婴孩。"

晋人流行食"牛心炙",这是一道用牛心所做、宴请宾客的重要菜品。南朝宋刘义庆《世说新语·汰侈》记载,王恺有一头牛,名曰"八百里驳"。一次,王恺和王济比射,王济赢了这头牛,"叱左右速探牛心来,须臾炙至,一脔便去"。后来"牛心炙"被用作形容狂纵、豪侈的典故。如宋唐庚《次郑太玉见寄韵》:"他时名誉牛心炙,晚岁穷空犊鼻裈。"《晋书·王羲之传》记载:"时重牛心炙,坐客未啖,顗先割啖羲之。"王羲之率先品尝当时社会名流周顗所割的"牛心炙",因此"始知名",成了一位"牛人"。

三

《国语·楚语下》:"士食鱼炙,庶人食菜。"与肉食者相对的是吃素的庶民,因此"藜藿""菜色"等就成了贫苦生活的写照或身份指代。如宋郑元祐《崇碧轩》:"雨声环堵长蓬蒿,鬓影衰年饭藜藿。"宋罗公升《尝稻》:"已谙藜藿味,敢作稻粱谋。"元马致远《滚绣球》:"贫道呵,爱穿的蒻落衣,爱吃的藜藿食。"元吴莱《问五脏》:"司禄不上计,畀汝藜藿贫。""藜"俗称灰菜,一年生草本植物,茎直立,叶子略呈三角形,嫩叶可以食用,全草又可入药。"藿"

即豆类作物的叶子。"藜藿"泛指粗劣的饭菜或者野菜，代指简朴或贫穷，在诗文中多与"贫""蓬蒿"同义对举，与"禄""稻粱""膏粱""粱肉""公卿""肉食"等代表食肉富贵者反义对举。再如唐杜甫《赠苏四徯》："肉食哂菜色，少壮欺老翁。"宋王十朋《买鱼行》："君不见仲尼鱼馁则不食，陈蔡面犹含菜色。"宋萧振《示邦人诗》："顷遭两年荒，十九皆菜色。"宋释德洪《至抚州崇仁县寄彭思禹奉议兄四首（其一）》："面馀菜色短气中，经营有钱易升斗。"从引诗看，"菜色"本来指人因靠吃菜充饥而营养不良的脸色，可借指贫穷无势的人。

汉语言文化源远流长，我们日常口语中的用词用字也包含深厚的文化内涵。"牛得很"中的"牛"与"太菜了"中的"菜"就是一例，体现了古代礼制中饮食与阶层、等级的密切关联。由此看来，"牛人"与"菜鸟"是两个既有文化渊源，又有旺盛生命力的词语。

资料来源：宋献普. 词语中的古代饮食与礼制［N］. 语言文字报，2022-08-10（003）.

一、饮食经要

（一）经要总述

经是指经书，泛指古代图书。要是指摘要，又称概要、内容提要。中国传统饮食文献，是中国饮食历史发展历程中重要的文化积淀，是中国传统饮食文化的重要组成部分。中国传统饮食文献主要是指专门记载和论述饮食烹饪之事的著作，如《食经》《茶经》《酒谱》之类，这类书籍，存目者过千，传今者百余。

《诗经》是我国最早的诗歌总集，记载了从西周到春秋311首诗歌，反映了商周500年间的社会面貌，其中有很多诗歌记录了当时黄河中下游平民百姓的日常饮食风俗、祭祖、宴会、婚姻等方面的内容，被誉为周代人民生活的百科全书。《周礼》是由周公旦所著的儒家经典之一，是记录早期礼制的古籍，书中对周代的官制进行了全面的描述。据该书记载，天官冢宰是专门服侍王室贵族的官职，其中有2000多人（22种官职）与制作、供奉饮食有关。《礼记》是继《周礼》之后的又一部儒家经典之一，该书多以散文撰成，多用短小的故事来说明某一个道理，言简意赅，意味隽永。此外书中还记载了大量精辟而深刻的名言警句，十分富有哲理。在饮食文化方面，记录了黄河中下游地区的饮食风貌，书中提到了周代时的"八珍"、当地风味点心等风土民情，是不可多得的传世之作。

战国时期，楚国诗人屈原以南方民歌为基础，采用楚国方言创作了《楚辞》。《楚辞》以屈原的作品为主，还收入了宋玉和一些汉代作家的作品。人们在书中记录下了当时长江中下游平民百姓的饮食文化，其中的许多作品是歌颂当时楚国的美食佳肴，如在《招魂》中，就提到许多食品和饮品的名称，被称作中国最古老的菜谱。战国末期，在秦国丞相吕不韦主持下，编撰了《吕氏春秋》，全书共分26卷，160篇，20余万字。其中《吕氏春秋》卷十四本味，记载了伊尹因厨技高超而受到重用以及伊尹以"至味"说汤的故事，其中伊尹说汤的饮食要诀被广泛流传下来，关于伊尹说汤的饮食要诀大意如下：天下味道的根本在于水。五种味道三种调料，九次煮开、九次变化。烹饪的火候是关键。调和味道时，要用酸、甜、苦、辣、咸，先入后入、入多入少，都是非常精妙的技艺。鼎中味道的变化也是十分微妙的，只可意会不可言传，该理论被认为是世界上最古老的烹饪理论，成为中国几千年传统饮食烹饪的重要依据，成为研究中国古代烹饪史的重要资料。

春秋战国时期，百家争鸣，著书立说，往往借助于饮食之道，阐明自己的政治主张、哲学思想和道德观念，如老子说的"治大国若烹小鲜"，是以烹制美味佳肴之述而喻治国之道；他的"恬淡为上，胜而不美"，又是其"以柔克刚"哲学思想的形象比喻；孔子说的"席弗端勿坐，割不正不食"，是暗喻以"礼"修身正行的伦理观；孟子的"口之于味有同嗜焉"，则是提出了关于人类共性问题的思考。如此等等，说明春秋战国时期各家学派在论述自己的思想观点时，对饮食现象也都有不同程度的理性思考，只是这种思考并不是系统的，而是零散的。

秦汉时期，有关饮食方面的文献有所增加，这与其时社会稳定、经济发展分不开。此时期关于饮食方面的专著主要有《山海经》《黄帝内经》《神农本草经》等，还有许多辞赋中多次提到了当时饮食物品的名字，如王褒的《僮约》中有"烹茶""买茶"的文字，还有司马相如《上林赋》、枚乘《七发》、扬雄《蜀都赋》等中也记录有饮食物品的名字。另外，扬雄所著的《轩使者绝代语释别国方言》、许慎所著的《说文解字》、刘熙所著的《释名》中也记录有当时饮食文化的相关内容。这些早期文献中的宝贵历史记载，为中国传统饮食文化理论的形成和发展打下了坚实的基础。

魏晋南北朝时期，我国传统饮食文化研究逐步走向正规，涌现出大批关于食品、烹饪、饮食制作方面的书籍，势不可当。其中《崔氏食经》《食经》《食馔次第法》《四时御食经》《马琬食经》《会稽郡造海味法》等书中均有涉及饮食和烹饪的内容；《家政方》《食法杂酒要方、白酒并作物法》《食图》《四时酒要方》《白酒方》《酒并饮食方》《七日面酒法》《杂酒食要方》《杂藏酿法》《北方生酱法》等书中有涉及饮食制作的内容；《膳馐养疗》《论服饵》《神仙服食经》《抱朴子》《神仙服食药方》《术叔卿服食杂方》《服饵方》《老子禁食经》《黄帝杂饮食忌》《太官食经》《太官食法》等书中均有涉及食品的内容；另外，《临海水土异物志》《广雅》《博物志》《食经》《本草经集注》《齐民要术》和《荆楚岁时记》等书中也有相关饮食的内容，但以上部分书籍已佚失，作者无考。

隋唐时期，中国进入专制社会顶峰时期，国家强盛，生活富裕，人们开始追求幸福安逸的生活，开始注重饮食、健康和娱乐等业余生活，对饮食文化的研究出现新的高潮，关于饮食文化方面的文献著作再次大量涌现。隋代谢讽所著的《食经》，记录了53种菜肴的名称。唐代韦巨源，著有《韦巨源食谱》，这是他在献给皇帝的"烧尾宴"后留下的食单，共有58种菜肴的名字，后附简单的菜肴制作说明。在这份名贵的食单上，韦巨源向人们展示了唐代高级宴会精美菜点的品种和烹饪技艺的状况。另外，还有唐代杨晔所著《膳夫经手录》，这是一部有关饮食方面的书籍，书中记录了26种食物的产地、性味和食用方法。

晋唐时期，出现了食疗方面的专著，最为著名的是孙思邈所撰写的《备急千金要方》和《千金翼方》，另外还有《食疗本草》和《食医心鉴》。孙思邈提出了独特的食养观和食疗观，对于食养和食疗的内涵进行了多方面的阐述，具体到饮食和养生，他倡导饮食有节，不可贪多，提出"凡常饮食，每令节俭，若贪味多餐，临盘大饱，食讫觉腹中，彭亨短气，或致暴疾""食不欲杂，杂则或有所犯，有所犯者，或有所伤""食欲数而少，不欲顿而多"。他还提出五味过食伤五脏的观点，并且根据五味入五脏的原理提出"多食酸令人癃""多食咸令人渴""多食辛令人愠心""多食苦令人变呕""多食甘令人恶心""多食酸则毛皮槁而毛夭，多食苦则筋缩而爪枯"。《备急千金要方》主张食不可过："食啖鲑肴，务令简少，鱼肉果实，取益人者而食之。""益人"是指对人体有益。此外，还提出"不贪厚味"。《备急千金要方》中指出："安身之本，必资于食""夫为医者当须先洞晓病源，知其所犯，以食治之。食疗不愈，然后命药"。并进一步指出"不知食宜者，不足以存生也"。在饮食方面，主张"鱼肉果实，取益人者而食之"，意为保健必知安生之本的饮食之道，要知其饮食之宜。鱼肉果实之食物，具有补益一方，但食之不慎则可损人。重视素食，主张"每食不用重肉"。对于病新瘥后的饮食方法也有更为明确的论述，如"病新瘥后但得食糜粥，宁少食令饥，慎勿饱，不得他有所食，虽思之，勿与之也。引日转久，可渐食羊肉白糜若羹汁、雉兔鹿肉，不可食猪狗肉……凡此皆令人劳复"。可见其具体的原则为"先稀后稠，先软后硬，先少后多，循序渐进"。在《食疗本草》中，除记录食物的性味，还对食物的加工方法进行了详细的说明，如记载："枸杞，无毒，叶及子并筋能老，除风，补益筋骨，能益人，去虚劳；根，主去骨热，消渴；叶和羊肉作羹，尤善益人。代茶法煮法饮之，益阳事。"《食疗本草》对大多数食物的食法、食忌都做了详细的记载，充分体现了因人因时因地而忌的原则，且对食物的炮制、贮存、采集时间等内容都做了详细说明。

唐朝对饮食文化的研究出现两大趋势，首先是对唐代以前研究成果的总结。欧阳询主编的《艺文类聚》是一部大型类书，由唐高祖李渊下令编修，历时3年，共100卷，此书共有46部，每部又列子目727，全书100余万言，于624年成书，书中"礼"部、"文"部、"百谷"部、"果"部、"鸟"部、"兽"部、"鳞"部、"介"部等均涉及饮食的内容。唐朝地域宽广，人口的流动性较之前频繁，所以人们也着手研究异地的风土人情，如段成式《酉阳杂俎》、段公路《北户录》、刘恂《岭表录异》等书，其中不乏对异地饮食风俗的研究。其次是对茶文化的研究进入鼎盛时期。唐朝初期，全国上下饮茶成风，出现了大量关于茶饮的书籍，如陆羽《茶经》、张又新《煎茶水记》、苏廙《十六汤品》、杨晔《膳夫经手录》等，对茶饮的历史、历代名茶、如何茶饮等做出了详细的记载。

宋代以后，由于北方少数民族不断进扰中原，海外贸易的发展引来世界各地的商人，促进了饮食文化的繁荣和发展，出现了许多有关饮食方面的杂文集，如陶毅《清异录》、沈括《梦溪笔谈》、孟元老《东京梦华录》、陆游《老学庵笔记》、陈元靓《事林广记》等，记载了当时的饮食民俗、名肴、历史典故、诗文故事等，以陶穀《清异录》和孟元老《东京梦华录》最为有名。关于食物加工、烹饪方面的文献，以朱翼中《北山酒经》、林洪《山家清供》最为有名。到了宋代，无论是平民百姓还是朝廷官员，全部乐于茶道，当时关于记载茶道的文献古籍有蔡襄《茶录》、熊蕃《宣和北苑贡茶录》、赵汝砺《北苑别录》、宋徽宗赵佶《大观茶论》等。

元、明、清时期，全国上下再次出现政治统一的格局，许多文人墨客为了逃避专制王朝的黑暗统治，宁愿从事闲事、雅事、善事的研究，所以出现了大批有关的书籍。

有关饮食方面的书籍有明代刘基《多能鄙事》、钱椿年《制茶新谱》、邝璠《便民图纂》、田艺蘅《煮泉小品》、许次纾《茶疏》、宋应星《天工开物》、清代李渔《闲情偶寄》、朱彝尊《食宪鸿秘》、袁枚《随园食单》、汪日桢《湖雅》等，其中以《随园食单》最为有名。此外，还有《普济方》《饮膳正要》《饮食须知》《本草纲目》《遵生八笺》《食物本草》《老老恒言》《随息居饮食谱》等，并出现专门研究药粥的《粥谱》和《广粥谱》（清黄云鹄著）。

明初由朱橚、滕硕、刘醇等编撰的我国现存最大一部方书《普济方》中记载有许多著名的延年益寿方，书中专列食治门（第257—259卷），收录内妇外儿30多种内伤外感疾病的食物配方，其中药粥配方就有160多种。另外，还有《救荒本草》，图文并茂，收录400多种既可以救荒充饥，又可以治病疗疾的植物品种，丰富了食物资源，为饮食保健提供了更多的选择。李时珍集各家之长，著《本草纲目》，收录药物1892种，其中食物和可以当作食物食用者的中药多达500多种，收录食物配方2000多种，包括粥、羹、汤、酒、菜肴、茶剂等；还收录了很多食物疗法，上至《神农本草经》，下至宋金元诸医籍，多囊括于内，并列出"饮食禁忌""服药食忌"等；李时珍推崇李杲脾胃学说，主张老年人应培补元气，调理脾胃，升发清阳，多用温补之剂，以延年益寿。徐春甫《古今医统大全》记载了很多关于饮食的内容，其中第87卷介绍了汤、羹、粥、饮、饼、馄饨、菜肴、脯鲜、酪酥等制作方法。胡文焕校刻《食物本草》两卷，共分水、谷、菜、果、禽、兽、鱼、味等八类，收录食物350多种，并在每类食物之后对其功用进行了概括和总结，托名李杲编著。李时珍参订的《食物本草》，收载食物900多种，详细记录了各种食物的产地、性能、作用、用法等资料，为历代食物本草著作之集大成，具有很高的实用性，在饮食保健史上的地位不容小视。龚廷贤对饮食保健也深有研究，其著作《寿世保元》对老年饮食保健强调两个原则：一是调补脾胃，二是提倡用补益气血之品，以健身抗老，延年益寿。书中曰："养内者，以活脏腑，调顺血脉，使一身流行冲和，百病不作；养外者恣口腹之欲，极滋味之美，穷饮食之乐。虽肌体充腴，容色悦泽，而酷烈之气内蚀脏腑，精神虚矣。"

清代曹庭栋《老老恒言》是一部老年人保健的专著，其中关于饮食保健的论述颇为精辟，如"量腹节所受""少食以安脾"的饮食保健观点，并强调老年人食粥尤益，"老年有竟日食粥，不计顿，饥即食，亦能体强健，享大寿"，书中收录食粥100种之多。沈李龙编有《食物本草会纂》，收录620多种食物，对清代以前的饮食保健理论和方法进行了继唐代《食疗本草》后又一次全面的总结，强调饮食有节，对食物宜忌、饮食调摄等内容进行了详细论述。尤乘《寿世青编》一书,强调饮食可以保健,也可以害病,引用《物理论》"谷气胜元气,其人肥而不寿。养性之术,常令谷气少则病不生",主张"茹素",书中记载食物疗养的配方110多首。章穆临证50多年,晚年时"寒暑三更,稿凡五、六易",专门为病人写书,收录600多种食物,编撰成20万言的《调疾饮食辩》,对食物的性、味、功、用及宜忌进行了详细的考辨,认为"饮食得宜,中为药饵之助;失宜,则反与药饵为仇"。温病大家叶桂,主张治病尽量少用药,以免药毒伤害人体正气。叶氏擅长采用谷肉果菜治病疗疾,认为老年人疾病,不可采用药攻,只能采用滋补之品培补元气。叶氏也非常推崇粥汤,擅长使用谷物煮汤以顾护脾胃,如白糯米粥保养脾胃、粳米粥甘缓养脾胃等,其著作《温热论》中就有用梨汁、藕汁、甘蔗汁等食物治疗热病伤津的记载。

这一时期著名的与饮食文化有关的杂文有元代陆友仁《砚北杂志》、费著《岁华纪丽谱》,明代周嘉胄《香乘》、谈迁《枣林杂俎》、张岱《陶庵梦忆》、张潮《虞初新志》,清代周亮工《闽小记》、梁章钜《归田琐记》、潘荣陛《帝京岁时纪胜》、李斗《扬州画舫录》、富察敦崇《燕京岁时记》等。

(二)食疗古籍举要

1. 《饮膳正要》

元人忽思慧,蒙古族人,于天历三年(1330年)撰写了《饮膳正要》,元延祐年间被选为宫廷太医。他根据其管理宫廷饮膳工作10余年经验,结合他所掌握的饮食方面的广博知识,编著了这部民族名著。《饮膳正要》全书共分三卷,第一卷分"三皇圣纪""养生避忌""妊娠食忌""乳母食忌""饮酒避忌""聚珍异馔"部分,其中"聚珍异馔"收录回、蒙古等民族及印度等国菜点94款;第二卷分"诸般汤煎""诸水""神仙服食""四时所宜""五味偏走""食疗诸病""服药食忌""食物利害""食物相反""食物中毒""禽兽变异"部分,其中"食疗诸病"中收录食物药方61种;第三卷分"米谷品""兽品""禽品""鱼品""果品""菜品""料物性味"部分,其中"料物性味"收录调味料28种。忽思慧强调"饮食守中"的原则,其次,《饮膳正要》特别重视食法食忌,精于饮食配伍,通过配伍改变食物的寒凉属性,综观全书,除阐述各种饮馔的烹调方法外,更为注重阐述各种饮馔的性味和补益作用,即注重饮食与营养卫生的关系。另一方面,此书所述馔品的用料,兽类以羊、牛居先,而"奇珍异馔"中,以羊肉为主料者达70%之多。因为忽思慧是蒙古族人,所以本书引进汉族人的宫廷秘方佳肴,来制定肴馔法度,无疑是别出心裁。无论是从内容或表达形式来看,该作都是蒙汉两族文化合于一体的文献。

2. 《神农本草经》

《神农本草经》是我国现存最早的一部本草学著作,成书于东汉时代,原书早已失传,主要内容保留在历代本草书中,明清不少学者对其进行辑复。因而《神农本草经》非一时、一地、一人的作品,是在较长时期,经多人逐渐补充而成的,并有后人增补的资料。其书共三卷,载中药365种,分上、中、下三品。书中还记载了相当一部分食物和药食两用的物品,如葡萄、月雄鸡、苦菜等，说明当时已经对食物的疗效价值予以重视。《神农本草经》所记载的食物和药食两用之物，均为现今常用之物，尤其是其上品之中适合久服之物，已大多数走入人们的日常饮食。

3. 《本草经集注》

作者为南朝陶弘景，是继《神农本草经》之后本草史上的又一大里程碑。因陶弘景将果、菜、谷等食物从草药中分离出来，完全从食物角度详述其功用，成为后世食物本草学之样本。《本草经集注》在论述各食物本草作用时，具体到五脏补益与治疗，明确指出大枣、樱桃、甘蔗可以补脾气，栗可以补肾气，梅有安心的作用，柿又可以通耳鼻之气，小麦能养肝气，粟米可养肾气等，较《神农本草经》更加详细。此外，《本草经集注》涉及饮食禁忌，告诫人们一些水果不能多食：生枣，多食令人多寒热；杏，多食伤筋骨；桃，多食令人有热；梨，多食令人寒中；柰，多食令人肿胀；安石榴，多食损人等。

4. 《遵生八笺》

作者高濂，出生于明朝，因他小时候得眼病，家人多处收集奇方妙药，使他的眼睛恢复视力。于是发奋读书，1591年终于著成此书。卷一、二题为"清修妙论笺"，记录了修身养性的格言，卷三、四、五、六题为"四时调摄笺"，分春、夏、秋、冬四季，分别记录了一年四季里不同的修养秘诀，卷七、八题为"起居安乐笺"，记录了生活起居中有助于养生的物品、器具、出游、交朋等修养秘诀，卷九、十题为"延年却病笺"，记录了导引术等养身防病的方法，卷十一、十二、十三题为"饮馔服食笺"，都是食品的名字及食用方法，卷十四、十五、十六题为"燕闲清赏笺"，都是花草树木等供鉴赏玩耍的事物，卷十七、十八题为"灵秘丹药笺"，全部都是经验药方，卷十九题为"尘外遐举笺"，记录了历代高隐姓氏100人的事迹。总之，此书从八个方面论述了延年益寿的方法，"饮馔服食笺"中，记载了3000多种饮食、药方，为人类保健事业做出了巨大的贡献。

（三）菜品古籍举要

1. 《齐民要术》

作者北魏贾思勰，曾做过高阳郡（即今山东境内）太守，所著该书共92篇，分十卷，其中八、九两卷保存了大量珍贵的饮食史料，诸如历经乱世而亡佚的长达130卷的巨著《淮南王食经》等均为《齐民要术》所引而得以部分保存。书中所收菜肴，以黄河下游地区为主，如产于黄河的鲤鱼、鲂鱼在书中被提到的次数特别多，又如所提到的牛、羊肉的吃法也是北方的习惯。书中涉及的饮食方法多种多样，达30种之多，收录菜肴丰富多彩，仅荤菜一类品种达百余之多。从饮食文化的角度看，该书是资料珍贵、影响巨大的饮食文献。

2. 《山家清供》

作者为宋人林洪，字龙落，号可山人。以杜甫《从驿次草堂复至东屯茅屋诗》中"山家蒸栗暖，野饭射麋新"定书名为《山家清供》，意即山居家庭待客用的清淡饮馔，从而也已点明此书所述饮馔的特点。全书分上、下两卷，共记100余款菜点、饮馔的制法，内容丰富。所述以素食为主，也有少量荤菜，品种如饭、羹、汤、饼、粥、糕、脯、肉、鸡、鱼、蟹等，其中有不少是用中草药加工配制的饮馔。该书所录菜点，有很多构思别致、取名典雅的品种。每介绍一菜一点，往往要叙述其典故由来，并加以评议。该书对研究我国宋代以前的饮食文化具有重要的史料价值。

3.《云林堂饮食制度集》

作者为倪瓒，字元镇，号云林、幻霞子、荆蛮民等，无锡人，元代著名画家，擅画山水，亦工书法，与黄公望、吴镇、王蒙并称"元四家"。家资富足，四方名士日趋其门。元末，将家产尽散新朋旧戚，独乘一叶小舟，"往来于震泽、三泖间"，过着隐士的生活。《云林堂饮食制度集》是反映元代无锡地方饮食风格的一部饮食专著，其中汇集的菜肴、饮品及其制法约50种，其中水产类菜品所占比重较大，这与作者所居之地依太湖、滨长江有关。所记菜肴，皆以菜品命题，工艺制作精细，吃法上也颇具特色，如蛤蜊，而今除沿海地区外，一般很少有人生吃，但该书中的"新法蛤蜊"，却是生吃的。这也反映了元代无锡生吃海味的风气较为流行。此外，书中还载述了茶、酒、酱油等制法，具有较高的史料价值和研究价值。

4.《调鼎集》

《调鼎集》是清代一部饮食专著。原书是手抄本，现藏北京图书馆善本部。该书内容相当丰富，共分10卷。第一卷为油盐酱醋与调料类，其中尤其以各种酱、酱油、醋的酿制法以及提清老汁的方法，叙述详备；第二卷较杂，主要为宴席类，尤其以铺设戏席、进馔款式及全猪席等资料比较珍贵；第三卷为特性、杂性类菜谱；第四卷为禽蛋类菜谱；第五卷为水产类菜谱；第六卷与第二卷相似，内容比较杂乱，写法较简，如同随手摘录的零碎资料而尚未成书（其中"西人面食"一节，记载了我国西北地区的种种面食，这对于研究我国西北地区的饮食发展有着重要的史料价值）；第七卷为蔬菜类菜谱；第八卷为茶酒类和饭粥类；第九卷前半卷为面点类，后半卷和第十卷全卷，为糖卤及干鲜果类，写法也很详细。该书收录菜点的范围很广，除江浙地区扬州、南京、苏州、杭州、绍兴等地菜点外，还收有安徽、广东、河南、陕西、东北等地的菜肴。如扬州的文思豆腐、葵花斩肉、焦鸡、籽面，南京的三煨鸭，苏州的熏鱼子，镇江的空心肉圆，安徽的徽州肉圆，杭州的醋搂虾、家乡肉，嘉兴的豆腐，金华的火腿，绍兴的汤，西北的烧剥皮羊肉，河南的烧黄河鲤鱼，东北的关东烧鸡，广东的鱼子饼等。书中还有一些饮食理论方面的内容，但比较零碎，无甚新意。

5.《盐铁论·散不足篇》

《盐铁论·散不足篇》列举了西汉前期出现于食肆中的20款时尚之食，译成白话，计有烤羊羔、烤乳猪、韭王炒蛋、片切酱狗肉、红烧马鞭、豉汁煎鱼、白灼猪肝、腊羊肉、酱鸡、酥油、酸马奶、腊野猪腿、酱肚、焖羊羔、甜豆腐脑、清汤鲍脯、甘脆泡瓜、糯小米叉烧烘饭。

《盐铁论·散不足篇》还举出汉代民间（指地主、商人社会）摆酒的例菜8种：焖炖甲鱼、烩鲤鱼片、红烧小鹿肉、煎鱼子酱、炸烹鹌鹑拌橙丝、枸酱、肉酱、酸醋拌河豚（俗名鸡泡鱼，河豚血和内脏有剧毒，肉则极鲜美）或乌鱼（即黑鱼，又称生鱼，肉脆嫩）。

（四）烹调技法古籍举要

1.《吕氏春秋》

吕不韦，出生于战国末年，卫国人。他弃商从政，组织门客编撰了《吕氏春秋》，此书共有26卷，160篇，为帮助秦国一统天下，整治国家做出了巨大的贡献。在阐述天下至味的过程中，《吕氏春秋·本味》塑造了伊尹这个庖人出身的"鼎鼐之才"的政治家形象，记载了当时的美味佳肴和各地特产，论述了关于刀工、火候、调味的烹饪工艺理论，形成了一份名目繁多的食单，是研究我国古代饮食的重要史料文献之一。

2.《随园食单》

作者是清代乾隆时著名诗人、文学家袁枚，字子才，号简斋、随园主人，钱塘（浙江杭州）人。他同时也是一位美食家，有着丰富的饮食和烹饪经验。他根据自己的饮食实践，结合了古代饮食文献和听到的厨师关于烹饪技术的谈论，将有关饮食的丰富经验系统地加以总结，形成饮食理论著作《随园食单》。该书是我国饮食史上系统地论述烹饪技术和南北菜点的重要著作。书中所列的326种菜肴和点心，自山珍海味到小菜粥饭，品种繁多。该书总结前代和当时厨师的烹调经验，使之上升到理论高度，这在当时的历史条件下很不简单，值得今人研究与继承。

3.《素食说略》

作者为清宣统年间翰林院侍读学士、咸安宫总裁、文渊阁校理——薛宝辰。该书除自序、例言外，按类别分为4卷，共记载了清末较为流行的170余种素菜烹饪方法，虽然作者在"例言"中说："所言做菜之法，不外陕西、京师旧法"，但较之《齐民要术·素食》《本心斋蔬食谱》《山家清供》等古代素食论著，内容丰富而多样，制法考究而易行，特别是所编菜点俱为人们日常所闻所见，这就使它具有一定的群众性。其书"自序"和"例言"中在讲述素食有益于人体的同时，又突出宣扬了"生机贵养，杀戒宜除"的观点，这也是该书一大特点。

4.《醒园录》

本书为清代四川名士李化楠宦游江浙时搜集的饮食资料手稿，由其子李调元整理编纂而刊印成书。全书分上、下卷，收录100多种关于调味品、烹饪、酿酒、糕点小吃、食品加工、饮料、食品保藏等方法，内容翔实，记载详细。诸如炮制熊掌、鹿筋、燕窝、鱼翅、鲍鱼等山珍海味之法，加工火腿、酱肉、板鸭、风鸡等法，无不涉猎。书中所收菜点，以江南风味为主，亦有四川当地风味和北方风味，所载菜肴制法简明，尤以山珍海味类和面点类有特色。

5.《食宪鸿秘》

作者为清代朱彝尊，字锡鬯，秀水（今浙江嘉兴）人，康熙十八年（1679年）举博学鸿词，授翰林检讨。其诗、词均负盛名，有《曝书亭集》等著作。《食宪鸿秘》分上、下卷，上卷分"食宪鸿论""饮食宜忌""饮之属""饭之属""粉之属""煮粥""饵之属""馅料""酱之属""蔬之属"；下卷分"餐芳谱""果之属""鱼之属""蟹""禽之属""卵之属""肉之属""香之属""种植"以及附录《汪拂云抄本》等。共收录了400多种调料、饮料、果品、花卉、菜肴、面点，内容相当丰富。所收菜肴以浙江风味为主，兼及北京及其他风味。其中收有金华火腿的制法及近10种吃法，如"东坡腿""熟火腿""辣拌法""糟火腿"等，较有参考价值。其他品种，如浙江的笋馔，水产品制作的菜肴特点也很显著。至于北方的乳制品、面点等特色也很明显。该书所收肴馔制法比较简明，实用性强。如"响面筋""笋豆""鱼饼""鲫鱼羹""素肉丸"等，均易懂易学。

二、饮食文艺

（一）名画中的美食

1.《韩熙载夜宴图》

唐代顾闳中作，描绘了官员韩熙载家设夜宴载歌行乐的场面。此画绘写的就是一次完整的韩府夜宴过程，即琵琶演奏、观舞、宴间休息、清吹、欢送宾客五段场景。整幅作品线条遒劲流畅，工整精细，构图富有想象力。画卷中描绘了唐代府宴的热闹氛围。

2.《清明上河图》

宋代张择端作，把人们带进了12世纪汴京（今开封）城一条滨河的繁华街道，使人领略到酒旗临风、游人如潮的中世纪市井风情，也反映了北宋全盛时期都城汴京的繁荣。

3.《春夜宴桃李园图》

明代仇英作，画是根据李白的《春夜宴从弟桃花园序》为题材，描写李白与诸从弟于桃花盛开的春天，在桃园中聚会的盛况。此画将李白文中的"开琼宴""坐花""醉月""飞羽觞"的情景表达十分生动。

4.《丰收饮宴图》

从山东沂南汉墓出土的两幅画像石之一，《丰收饮宴图》以一座大谷仓为背景，三车谷物停放在仓前，两个管家坐在仓边品茶，监督四个家奴在收租。对面有九个家奴，分别在烫猪、锥牛、宰羊、切鱼、酿酒、蒸馍和炒菜。

5.《乐舞百戏图》

从山东沂南汉墓出土的两幅画像石之一，《乐舞百戏图》一边有骑术表演、车戏表演、走索表演，还有大雀戏、豹戏和曼延戏；另一边有飞剑跳丸、七盘舞、顶竿绝技。这些表演都有乐队伴奏，其中以蹋鼓的节奏为指挥，众乐师分别在击鼓、撞编钟、敲编磬，有的吹笛，有的奏管，有的弹瑟，栩栩如生。这些大庄园主味极山海、眼观百戏、钟鸣鼎食、奴婢成群的奢侈景象，跃然于画像石上。

6.《庖厨图》

1954年，河南密县打虎亭村出土汉墓壁画刻画的一幅《庖厨图》，其中刻画着豆腐作坊，从浸豆、磨豆、过滤、点浆、压凝成形等工序都刻画在该图上。过去有人怀疑汉代能否制豆腐，这次出土，直接找出了实物证据，从而解决了饮食文化史上这一重要问题。

（二）名著中的美食

1.《红楼梦》

《红楼梦》不仅是一部伟大的文学名著，更是一部反映明清时代的百科全书。《红楼梦》以贾家为主线，将古代社会百态娓娓道来。贾家不仅是有功的大臣，世袭爵禄，而且大小姐贾元春又被选为皇妃，这使贾家的地位更为显赫，真可谓"昌明隆盛之邦，诗礼簪缨之族，花柳繁华地，温柔富贵乡"。这样的富豪之家，经常是鲜花着锦，烈火烹油，饮食之丰盛自然不在话下。

据统计，《红楼梦》中写有"吃"的章节约占30%，单是写到"宴"的就有90多处。就其规模而言，有大宴、小宴、盛宴；就时间而言，有午宴、晚宴、夜宴、省亲宴、接风宴；其他还有家宴、诗宴、灯谜宴、海棠宴、螃蟹宴等。以节令命名的有元宵宴、端午宴、中秋宴、除夕宴；以设宴地点命名的有芳园宴、太虚幻境宴、大观园宴、怡红翠芳宴等，可谓是集宴席之大成，应有尽有，绚丽多彩，趣味无穷。

宴席中菜肴的种类，更是多得不可胜数。如胭脂鹅脯、酒酿清蒸鸭子、虾丸鸡皮汤、火腿炖肘子、灵柏香熏的暹猪、野鸡崽子糕、牛乳蒸羊羔、糟鹌鹑、烧鹿肉、酸笋鸡皮汤、螃蟹馅水饺、奶油松瓤卷酥、鸡髓笋、火肉白菜汤、糖蒸酥酪……不要以为贾府吃的尽是山珍海味，它还有许多家常便饭，粥就是一个突出的代表。

《红楼梦》披露的粥有碧粳粥、御田粳米粥、腊八粥、枣儿粳米粥、红稻米粥、鸭子肉粥、燕安粥、冰糖燕窝粥等。除粥之外，贾府上上下下还都爱吃农家蔬菜，如"灰条菜、豇豆、扁豆、茄子干儿、葫芦条儿、各样干菜"等。这样一来，《红楼梦》中写的食品就十分齐全了。同时，书中还有食物原料、加工技术、制作工艺、饮食器具、饮食习惯、制度、心理、思想……纵读《红楼梦》可以极览我国饮食文化的方方面面。

2.《西游记》

吴承恩长篇神话小说《西游记》，不仅是一部流传千古的名著，文学艺术创作水平相当高，丰富了人们的精神生活，在社会生活实践中，普遍受到人们的欢迎和喜爱，使人百读不厌，而且这部文学巨著，若从另外一个角度上来看，也包含着或者说它涉及了许多饮食文化内容，其内容也是非常有趣的。

例如"乱蟠桃大圣偷丹 反天宫诸神捉怪"章节中的桃，吴承恩密切结合神话故事情节上的需要，将水果中的桃，恰到好处，加以神化，说是"仙桃"，《西游记》第五回里说的"桃"，实际上是根本不存在的，但在社会生活实践中，副食水果中确实有"桃"，不仅人爱吃，而且兽类中的猴，也比较喜欢吃桃。所以，吴承恩运用文学艺术创作的方法，为了紧密配合虚构、夸张、刻画描绘典型人物故事情节上的需要，将社会生活实践中确实存在的"桃"，编撰进了小说里，说成是不同的"仙桃"，有的吃了"体健身轻"，有的吃了"霞举飞升，长生不老"，有的吃了"与天齐寿，日月同庚"。体现了文学艺术丰富大众精神生活的作用。

（三）古诗中的美食

1. 《晚食菊羹》

宋代史学家司马光的专著《司马文正公传家集》中，就有《晚食菊羹》诗。

朝来趋府庭，饮啄厌腥膻。况临敲扑喧，愦愦成中烦。
归来褫冠带，杖履行东园。菊畦濯新雨，绿绣何其繁。
平时苦目痾，滋味性所便。采撷授厨人，烹瀹调甘酸。
毋令姜桂多，失彼真味完。贮之鄱阳瓯，荐以白木盘。
铺啜有余味，芬馥逾秋兰。明神顿飒爽，毛发皆萧然。
乃知惬口腹，不必矜肥鲜。尝闻南阳山，有菊环清泉。
居人饮其流，孙息皆华颠。嗟予素荒浪，强为簪绶牵。
何当葺敞庐，脱略区中缘。南阳訚嘉种，莳彼数亩田。
抱瓮亲灌溉，烂漫供晨餐。浩然养恬漠，庶足延颓年。

诗中不但记述了食菊的好处，并且写下了食菊的方法。此诗所颂之菊，即今天江苏南京一带还有少量种植的菊花脑，又有菊花郎、菊花头、菊花叶、菊花菜等多种叫法。嫩时其苗绿色，可以做菜，老了以后茎变为紫色，花可以入药。唐人元结在《菊圃记》中记载菊花"在药品是良药，为蔬菜是佳蔬"。

2. 杜甫《槐叶冷淘》

杜甫《槐叶冷淘》诗，道出了"槐叶淘"凉面的制作方法。

青青高槐叶，采掇付中厨。新面来近市，汁滓宛相敷。
入鼎资过熟，加餐愁欲无。碧鲜俱照箸，香饭兼苞芦。
经齿冷于雪，劝人投比珠。愿随金騕褭，走置锦屠苏。
路远思恐泥，兴深终不渝。献芹则小小，荐藻晚区区。
万里露寒殿，开冰清玉壶。君王纳凉晚，此味亦时须。

夏采嫩绿的槐叶，水煮捣汁和面，做成细面条，煮熟后放入冰水中浸漂，其色鲜碧，然后捞起，以熟油浇拌，放入井中或冰窖中冷藏。食用时再加佐料调味，成为令人爽心适口的消暑佳食。"槐叶冷淘"始于中国的唐代。唐制规定，夏日朝会燕飨，皇家御厨大官所供应给官员的食物中，即有此味，可见其原为宫廷食品。随着时间的推移，宫廷食品逐渐传入市肆民间，并将用槐叶与面粉合制，改"槐叶冷淘"为翡翠面，成为城乡人民的盛夏消暑美味。冷淘美在色泽，美在凉爽，它的美是很难得的，就是高高在上的帝王，夏日里吃了它也是一种不可或缺的享受。

3. 宋僧释德洪《豆粥》

说到吃粥，古今人都爱豆粥，赤豆绿豆，均可入粥，确有明显的保健作用。但豆粥要煮好，还要得法，于是诗人将煮粥之法写成诗，读来明明白白，有声有色。如宋僧释德洪，就曾写成

《豆粥》诗，写的便是具体的烹法。

  出碓新粳明玉粒，落丛小豆枫叶赤。井花洗粳勿去萁，沙瓶煮豆须弥日。
  五更锅面沤起灭，秋沼隆隆疏雨集。急除烈焰看徐搅，豆才亦趋洄涡入。
  须臾大杓传净瓮，浪寒不兴色如栗。食馀偏称地炉眠，白灰红火光濛密。
  金谷宾朋怪咄嗟，篓亭君臣相记忆。我今万事不知佗，但觉铜瓶蚯蚓泣。

本诗将豆粥的原料、烹煮时间、火候，以及食者的感受悉数描述，而且还引述两个食粥的历史典故。

4. 苏平《豆腐》

明代苏平的《豆腐》诗，描述了豆腐制作的工艺流程，简单明了。

  传得淮南术最佳，皮肤褪尽见精华。一轮磨上流琼液，百沸汤中滚雪花。
  瓦缶浸来蟾有影，金刀剖破玉无瑕。个中滋味谁知得，多在僧家与道家。

此诗言简意赅，用诗家语形象化描绘了豆腐的发明史和制作过程。史载，豆腐是汉朝的淮南王刘安发明，他意外用卤水点出了豆腐。后世感恩豆腐这一伟大发明，在文献典籍中都称豆腐为"淮南术"。

5. 陆游《食荠十韵》

诗人陆游的诗中，也有一些是直接记述食物烹制方法的，如《食荠十韵》，读来也很有滋味。

  舍东种早韭，生计似庾郎。舍西种小果，戏学蚕丛乡。
  惟荠天所赐，青青被陵冈。珍美屏盐酪，耿介凌雪霜。
  采撷无阙日，烹饪有秘方。候火地炉暖，加糁沙钵香。
  尚嫌杂笋蕨，而况污膏粱。炊粳及鬻饼，得此生辉光。
  吾馋实易足，扪腹喜欲狂。一扫万钱食，终老稽山旁。

这首诗描绘了作者在稽山种植韭菜、果树，采摘荠菜，并制作美味佳肴的田园生活。

6. 吴懋谦《喜月珂上人惠豆豉》

酸菜、咸菜乃至豆豉，也都有入诗的。明代吴懋谦有《喜月珂上人惠豆豉》诗赞赏了豆豉的色味两佳。

  提馌饷山家，山僧意独加。
  色甜堪晚饭，香滑佐流霞。

时至今日，豆豉已成为川渝菜系中的主料，被尊为川菜之神，无论蒸、煮、烹、炒，处处离不开它，形成了一种独特的豆豉文化，可谓"川渝菜肴何其香，无豉岂可称为席"。

（四）当代文学中的美食

1. 钱锺书《吃饭》

"不过，可口好吃的菜还是值得赞美的。这个世界给人弄得混乱颠倒，到处是摩擦冲突，只有两件最和谐的事物总算是人造的：音乐和烹调。一碗好菜仿佛一支乐曲，也是一种一贯的多元，调和滋味，使相反的分子相成相济，变作可分而不可离的综合。"

2. 林语堂《中国人的饮食》

林语堂《中国人的饮食》是谈吃的，对于为何要谈，他的回答是："如果人们不愿意就饮食问题进行讨论和交换看法，他们就不可能去发展一个民族的技艺。学习怎样吃的第一个要求是先就这个问题聊聊天。只有一个社会中有文化有教养的人们开始询问他们的厨师的健康状况，而不是寒暄天气，这个社会里的烹调艺术才会发展起来。未吃之前，先急切地盼望，热烈地讨论，然后再津津有味地吃。吃完之后，便争相评论烹调的手艺如何。只有这样才算真正地享受了吃的欢乐。"吃是文化、是艺术、是科学，当然值得谈论，值得研究。

3. 周作人《故乡的野菜》

周作人《故乡的野菜》中有很多童谣和民谚，使他的散文在平和淡雅的文风之外，充盈着一种"俗趣"，氤氲着浓浓的地方风味。民谣是周作人一生的最爱之一。《故乡的野菜》中，引用歌谣就有四五处之多。"荠菜马兰头，姊姊嫁在后门头""三春戴荠花，桃李羞繁华""三月三，蚂蚁上灶山"等。文中对每一种野菜的性状，以及野菜的食法，周作人都仿佛博物学家一样，能细细道来。如"黄花麦果通称鼠曲草，系菊科植物，叶小微圆互生，表面有白毛，花黄色，簇生梢头。春天采嫩叶，捣烂去汁，和粉作糕，称黄花麦果糕。"再如，"做成小颗如指顶大，或细条如小指，以五六个作一攒，名曰茧果"等。此类文字，是周作人一贯的风格，能让读者对绍兴地方的植物和生活习俗都有全新的认识，风俗宛然如在眼前。

4. 朱自清《论吃饭》

1940年，朱自清在成都目睹了饥民哄抢当地的米仓。在这种情景之下，他写下了《论吃饭》一文，字里行间犀利地指责当权者无视人民温饱，并旗帜鲜明地支持人们为维护自己的天赋人权而斗争。抗日战争胜利后，在爱国民主运动的推动之下，朱自清也加入民主主义斗争中来，成为一名革命民主主义战士。朱自清在后来加入反饥饿的斗争中，虽然他当时身患重病，但仍然坚持在《抗议美国扶日政策并拒绝领取美援面粉宣言》上签名。光签名还不行，他还一再叮嘱家人不要买配售面粉，哪怕是饿死，也要保持知识分子应有的气节和情操。

5. 汪曾祺《人间有味》

"一个人的口味要宽一点，杂一点'南甜北咸东辣西酸'，都去尝一尝。"而《人间有味》就是这样一本读起来十分有滋味的书。汪曾祺以一种诗意的态度去生活，在普通的一蔬一果中发现生命的美，在平凡的日常中找到生活的乐趣。书中把各类菜品的烹饪手法与生活百态联系，用文字写出一个个"家常菜"，处处散发着淡泊、宁静的"家常味"，交织着不同地区的风俗文化以及温暖细致的人生哲理。

6. 贾平凹《陕西小吃小识录》

《陕西小吃小识录》是贾平凹曾经在《西安晚报》开设的专栏名称，陆续刊载了醪糟、羊肉泡、岐山面、凉皮子、葫芦头、桂花稠酒、浆水面、柿子糊塌、腊汁肉及肉夹馍等22种陕西风味小吃。

三、饮食典故

（一）野史

1. 西施与西施舌

西施是中国古代四大美人之一，在福建名菜"炒西施舌"的历史传说中，有这么一段故事，越王勾践灭吴后，他的夫人为了一己私利，偷偷地叫人骗出西施，将石头绑在西施身上，而后沉入大海。从此沿海的泥沙中便有了一种形似舌的文蛤（即蛤蜊），称为"西施舌"。

其实，"西施舌"是沿海食用文蛤的一个品种，属瓣鳃软体动物，双壳贝类。其肉质软嫩，余、炒、拌、炖皆可。20世纪30年代著名作家郁达夫在福建时，也称赞长乐"西施舌"是闽菜中的"神品"。

"西施舌"因味美价高而被滥捕，曾一度濒危。从资源遭到破坏到建立保护区、研发人工育苗技术、开展增殖放流，经过30余年的保护，"西施舌"目前已可捕捞。

2. 宗泽与金华火腿

相传金华火腿是宋代名将宗泽发明的。宗泽是主战派，因打仗连连得胜，百姓抬着肥猪慰问，一时猪肉多吃不了，宗泽就命人将猪腿割下，腌制起来。由于腌制猪腿又湿又重，行军携带不便，所以常常晒上几日，再挂在风口晾干，日子一久，腿肉红得似火，大家都叫它"火腿"。后辈为了纪念宗泽，把他奉为火腿业的祖师爷。至20世纪30年代，义乌人在杭州开设"同顺昌腿行"和"太阳公火腿店"，堂前仍悬挂着宗泽画像，显示正宗，誉满杭城。

3. 曹操与曹操鸡

"曹操鸡"是始创于三国时期的安徽合肥传统名菜。此菜系经宰杀整形、涂蜜油炸后，再经配料卤煮入味，直焖至酥烂，肉骨脱离。出锅成品色泽红润，香气浓郁，皮脆油亮，造型美观。吃时抖腿掉肉，骨酥肉烂，滋味鲜美，且食后余香满口，因而以其独具一格的风味，受到来合肥旅游的中外食客好评，有人曾留言赞美："名不虚传，堪称一绝。"

相传三国时期，曹操统一北方后，从都城洛阳率领大军南下征伐孙吴，在教弩台前日夜操练人马。曹操因军政事务繁忙，操劳过度，头痛病发作，卧床不起。行军膳房厨师遵照医嘱，选用当地仔鸡配以中药、好酒，精心烹制成药膳鸡。曹操食后十分喜爱，身体很快康复，此后每进餐时必食此鸡。后人传于世，"曹操鸡"声名不胫而走，于是这道菜便在合肥流传至今。

现今"曹操鸡"这道美肴，尤以合肥逍遥酒家烹制最为出名，仍以当地优质仔鸡为主，并配以安徽亳州出产的古井贡酒与天麻、杜仲、香菇、冬笋及花椒、大料、桂皮、茴香、葱姜等18种开胃健身的辅料制成，营养丰富，具有食疗健体之功，声誉日高。

4. 忽必烈与涮羊肉

相传，南宋末年，忽必烈率领蒙古族军士南下，与当时的宋朝官兵打仗。时值严冬，北风呼号，天气极冷、点水成冰。一连经过几天的大激战，统帅与士兵们又困又乏，饥肠辘辘。部队来到一座大山脚下，忽必烈下令稍事休息，埋锅造饭，准备宿营。于是，他下令搞一些羊来，以解决战士们饥饿的问题。羊已宰完，水在冒泡。厨师们正准备下刀切肉的时候，军情探子飞马跑来，报告敌方大举反攻，军情万分危急。忽必烈一面下令骑兵集中，一面大声嚷道：快端羊肉来！为了不耽误战机，有个年轻的伙夫急中生智，提刀把羊肉切成薄片，丢在沸水锅里搅一搅，待肉色一变，随即捞起，加些细盐和佐料，便夹入盘内，双手捧给忽必烈。忽必烈狼吞虎咽，连吃几盘。随后翻身跃马，带领骑兵冲向敌方阵地。经过一场厮杀、交锋，终于打败了敌人后凯旋。从此，一直到元朝建立以后，忽必烈都把这种吃羊肉的方法保留下来，并称为涮羊肉。由官府设宴到民间流行，很快几百年过去了。今天，涮羊肉不仅在国内，而且在世界其他地区受到人们的欢迎，成为中华饮食文化中一道著名的菜肴。

5. 诸葛亮与馒头

三国蜀汉时期，诸葛亮采取攻心战，七擒七纵收服了孟获，与西南少数民族建立良好关系后，班师回朝。相传，大军行到泸水，忽然阴云密布，狂风大作，巨浪滔天，军队无法渡河。诸葛亮精通天文，对天气变化非常熟悉，但这突然的变化，使他也迷惑不解。他忙请教前来相送、对这一带地理气候非常了解的孟获。孟获说："这里几年来一直打仗，凡是要在这里渡水的，必须祭供。"诸葛亮苦思冥想，他命令士兵杀牛宰羊，将牛羊肉斩成肉酱，拌成肉馅，在外面包上面粉，入笼屉蒸熟。这种祭品被称作"馒首"。诸葛亮将这肉与面粉做的馒首拿到泸水边，亲自摆在供桌上，拜祭一番，然后一个个丢进泸水。受祭后的泸水顿时云开雾散，风平浪静，大军顺顺当当地渡了过去。从此以后，人们经常用馒首作供品进行各种祭祀。由于"首""头"同义，后来就把"馒首"称作"馒头"。馒头作了供品祭祀后被食用，人们从中得到启示，以馒头为食品并流传至今。

6. 屈原与粽子

屈原是战国时期的诗人。据《史记·屈原贾生列传》记载，屈原是楚怀王的大臣。他倡导举贤授能，富国强兵，力主联齐抗秦，遭到贵族的强烈反对，被流放到沅、湘流域。当秦军攻破楚国都，屈原眼看自己的国家被进扰，心如刀割，但是始终不忍舍弃自己的祖国，最终于五月初五，抱石投汨罗江身亡。

传说屈原死后，人们非常怀念他，纷纷涌到汨罗江边去凭吊他。渔夫们划起船只，在江上来回打捞他的真身。有位渔夫拿出为屈原准备的饭团、鸡蛋等食物丢进江里，说是让鱼龙虾蟹吃饱了，就不会去咬屈大夫的身体了。人们见后纷纷仿效。一位老医师则拿来一坛雄黄酒倒进江里，说是要药晕蛟龙水兽，以免伤害屈大夫。后来为怕饭团为蛟龙所食，人们想出用树叶包饭，外缠彩丝，也就形成了粽子的雏形。从此以后，在每年的五月初五，就有了龙舟竞渡、吃粽子、喝雄黄酒的风俗，以此来纪念爱国诗人屈原。

（二）传说

中国有着悠久灿烂的饮食文化，遍布于全国关于厨神的传说在不同时代、不同地域有不同的说法，众说纷纭。下面说几个著名的厨神传说。

1. 彭祖的传说

彭祖，名铿，上古传说中的人物。彭祖因为善于调制味道鲜美的野鸡汤（雉羹），献给帝尧食用，被帝尧封于大彭（今江苏省徐州市）。屈原在《楚辞·天问》中写道："彭铿斟雉，帝何飨？受寿永多，夫何久长？"这艺术地反映了彭祖在推动我国饮食文化进步方面所做出的卓越贡献。彭铿是彭部族的始祖，以后子孙繁衍，主要是他的"雉羹之道"的贡献，便尊称他为彭祖。彭祖的"雉羹之道"逐步发展成为"烹饪之道"。雉羹是我国典籍中记载最早的名馔，被誉为"天下第一羹"。彭祖是我国第一位著名的职业厨师，至今被尊为厨行的祖师爷。

2. 詹王的传说

詹王，相传是唐朝烹饪技艺高超的御厨，一天，皇帝问他："普天之下，什么最好吃？"这位忠厚老实的厨师回答道："盐味最美。"皇帝听了勃然大怒，认为盐是最普通的东西，天天都在吃，没什么稀奇珍美的，是厨师在戏弄自己不懂饮食之道，就下令把姓詹的厨师推出斩首。詹厨死后，御膳房的其他厨师听说皇帝忌盐，怕再犯欺君之罪，在烹制菜肴时都不敢放盐了。皇帝连续吃了许多天无盐的菜肴，不仅感到索然无味，而且全身无力，精神萎靡。究其原因，才知是缺盐的缘故。皇帝因此幡然醒悟，知道自己错杀了詹厨，便追封詹厨为王，后来民间有了祭祀"詹王"的习俗，从每年的立秋起48天，所有厨师都要敬他。每年的农历八月十三，就是詹王会，供奉这位"厨师菩萨"，这一天也是所有厨师拜师和出师的日子。

3. 灶神的传说

灶神又称灶君、灶王，中国古代神话传说中的司饮食之神。自人类发明火食以后，随着社会生产的发展，灶就逐渐与人类生活密切相关。祭拜灶神也就成为诸多拜神活动中的一项重要内容了。相传灶神是玉皇大帝的女婿，专门派到人间监厨并掌管家政，每到岁末要回天宫汇报人间情况，因此人们不敢怠慢，要向他献酒食和饴糖，让他尝到甜头，以便"上天言好事，下地报吉祥"。而他既会烹饪，又有同情心，常常教厨师一些手艺。随着时间流逝，各地厨师便尊他为厨者的祖师，每年的腊月二十三，人们则要举行祭祀仪式，叫作送灶王上天。"灶王"之说，传承着中国悠久的饮食文化。

四、饮食名人

（一）孔子

孔子，字仲尼，是我国古代伟大的政治家、思想家、教育家。他最早提出了关于饮食卫生、饮食礼仪等内容，对中国烹饪观念的形成，奠定了重要的理论基础，同时也客观地反映了春秋时期黄河中下游流域已达到了较高的烹饪技术水平。

孔子是长期受到人们推崇的杰出人物,他倡导的饮食观,对后世影响深远。"食不厌精,脍不厌细"意思是说,食物原料要选择优质的,肉要切得细细的,做饭菜应该讲究选料、刀工和烹调方法,饮食是不嫌精细的。"割不正不食"意思是说,宰杀猪、羊时割肉不合常度,是失礼的,食物形态也被破坏了,所以不吃。"席不正不坐"意思是说,筵席的四边应与屋子的四边保持相应平行,铺放端正,如果席子摆得歪歪斜斜的,有损于饮食的形制,那就不能入席了。"有盛馔,必变色而作"意思是说,在人家用丰盛的肴馔招待自己时,必须肃然起立,向主人答谢致意。孔子虽提倡"食不厌精,脍不厌细",主张"八不食",但他自己却崇尚俭约,反对贪食。他注重美与善的统一,即使是一餐饭的时间,也不能背离"仁德"。"精食细脍"不能实现的时候,宁可饭蔬食饮水,也不能"违仁"。

(二)杜甫

杜甫的一首有关饮食的诗《客至》,咏述他在成都浣花溪旁的草堂迎客的情景,其中两句诗"盘飧市远无兼味,樽酒家贫只旧醅",写出了他待客的仅是一味菜一碗醪糟。但知己情真,对饮于田舍,君子之交淡如水,其乐融融。杜甫是唐代第一流诗人,穷到待客"无兼味",对照达官贵人饮食的奢侈,真有天壤之别。杜甫着重通过饮食题材去反映社会生活和针砭时弊,他留下许多不朽的诗篇,其中与饮食文化有关的代表作有:《丽人行》《自京赴奉先县咏怀五百字》《赠卫八处士》《客至》《登高》《闻官军收河南河北》《冬狩行》等。

(三)苏东坡

苏东坡可谓一位美食大家,有关美食的诗歌及文章极多,侧重于品味、讴歌各地土特产和咏赞烹调技艺,他在这方面的代表作有《老饕赋》《小圃五咏》《猪肉颂》《荔枝叹》等。他还是一个烹调高手,曾亲自下厨,相传创制"东坡四珍",名噪一时,也增益了传统食谱。

(1)坛子肉 宋神宗熙宁十年八月,黄河于徐州段溃决,当时苏东坡为彭城牧,他率领群众整治水患,转危为安,当地父老携酒牵羊慰劳他,他用自己拿手的"坛子肉",回赠老百姓,也名"回赠肉",后世称为"东坡肉"。

(2)杏花鸡 他在谪居黄州时,正值杏花春雨时节,亲自下厨做出一味炸烹仔鸡飨客,色、香、味、形俱美,故名"杏花鸡"。

(3)金蟾戏珠 走油青蛙拼蛙肉丸子。

(4)五关鸡 经五道工序烹成的鸡馔。

苏东坡深谙酿酒要诀,著有《酒经》一部。他走过江南、岭南、西南许多地方,十分关心各地风景名胜的建设,对各地菜式都关心研究和品评,对菜系交流具有积极作用。

(四)陆游

人们都知道陆游是南宋著名的诗人,但很少有人知道他还是一位精通烹饪的专家。在他的诗词中,咏叹佳肴的足足有上百首,还记述了当时吴中(今江苏省苏州市辖区)和四川等地的佳肴美馔，其中有不少是对于饮食的独到见解。

陆游的烹饪技艺很高，常常亲自下厨掌勺，是一位不亚于苏东坡的业余烹饪大师。陆游不但会制作，而且很懂得烹调技术。他长期在四川为官，对川菜兴趣浓厚。唐安（今四川省崇州市）的薏米、新津的韭黄、彭山的烧鳖、成都的蒸鸡、新都的蔬菜，都给他留下了难忘的印象。

陆游认为选用新鲜蔬菜即便不要调味，吃起来也很鲜香，但陆游在盐的作用上走向了另一个极端，他否定了盐应有的作用，过于强调"本味"。陆游还认为吃粥可以强身益气、延年益寿，同时他还提倡乡土风味。

（五）张岱

张岱为越中美食家。明中叶以后的商业活动，空前繁荣。不但货物种类繁多，且谷布丝绵、盐糖茶酒等日用消费品的比重上升，以致交换的领域，从地方市场走向跨区域市场，甚至远达海外。在这样的条件下，一方面提高了城镇生活的水平和消费方式，另一方面则扩大了人们的眼界，以致饮食消费尤其惊人。于是富豪之家的穷奢极欲、文人雅士的讲究饮食形成风气，集两者之大成的张岱，在他的《陶庵梦忆》里，用了不少篇幅记述了自家的饮食生活和饮食品。

张岱自称"越中'好吃'的人没有超过我的"，喜欢吃各地的特产，但是不合时宜的不吃，不是上佳的食物不吃。比如：北京的一定要吃苹婆果、马牙松；山东的一定要吃羊肚菜、秋白梨、文官果、甜子；福建的一定要吃福橘、福橘饼、牛皮糖、红腐乳；江西的一定要吃青根、丰城脯；山西的一定要吃天花菜；苏州的一定要吃带骨鲍螺、山楂丁、山楂糕、松子糖、白圆、橄榄脯；嘉兴的一定要吃马鲛鱼脯、陶庄黄雀；南京的一定要吃樱桃、桃门枣、地栗团、莴笋团、山楂糖；杭州的一定要吃西瓜、鸡豆子、花下藕、韭芽、玄笋、塘栖蜜橘；萧山的一定要吃杨梅、莼菜、鸠鸟、青鲫、方柿；诸暨（今浙江诸暨）的一定要吃樱桃、虎栗；临海的一定要吃枕头瓜；台州的一定要吃瓦楞蚶、江瑶柱；浦江的一定要吃火肉；东阳的一定要吃南枣；山阴的一定要吃破塘笋、谢橘、独山菱、河蟹、三江屯蛏、白蛤、江鱼、鲥鱼。而且不管多远，只要是张岱想吃，就不惜时间去品尝。

（六）袁枚

袁枚，清代诗人、诗论家，字子才，号简斋，钱塘（今浙江杭州）人。袁枚一生喜好美食，潜心研究烹饪之道，成就卓著。在袁枚之前，中国饮食论著更多的是饮食而不是烹饪，有了袁枚及其《随园食单》，中国饮食才有了真正意义上的重新定义和划分。《随园食单》从南方到北方，从大菜到小吃，内容极为丰富，是我国一部较为系统述及烹饪技术和制作方法的重要著作，自乾隆年间问世以来，流传甚广，从选料到品尝都有所叙及。从书中可以看出，中国菜肴几百年来没有多少根本性的变化，但他推崇的美食，如今仍然广受追捧。

事实上，要想了解中国美食文化，谁也绕不开《随园食单》，没有人会怀疑，这本书是提高烹饪技术、研究传统菜点以及烹制方法的指导性书籍。自问世以来，这部书长期被公认为厨者的经典，有英、法、日等译本。

（七）李渔

金陵美食达人，偏爱吃素食。李渔《闲情偶寄》说："论蔬食之美者，曰清，曰洁，曰芳馥，曰松脆而已矣。不知其至美所在，能居肉食之上者，只在一字之鲜。"意思是：说到蔬食的美味，就是清淡、干净、芳香、松脆这几样。人们不知蔬菜的美味在肉食之上，可以用鲜这个字来形容。李渔在蔬菜中首推笋，他说："笋是蔬菜中味道最好的，肥羊乳猪，怎能相比？"他认为："菜类甚多，其杰出者则数黄芽。此菜萃于京师，而产于安肃，谓之'安肃菜'，此第一品也。每株大者可数斤，食之可忘肉味。"意思是菜的种类很多，最好的要数黄芽（大白菜）。这种菜主要在京城销售，却是产于安肃（今河北保定市徐水区），称为"安肃菜"，这是最上等的菜。

延伸阅读

扫描二维码获取

思考研讨

1. 《饮膳正要》的主要内容有哪些？
2. 《红楼梦》中所涵盖的宴席种类有哪些？
3. 《槐叶冷淘》中描述的凉面的做法是怎么样的？
4. 孔子所倡导的饮食观念是什么？
5. 有哪些典籍既是饮食书籍又是药学书籍？体现了饮食的什么特点？

第十讲　中华茶文化

内容提要

1. 中华茶文化的发展经历了孕育时期、萌芽时期、发展时期、兴盛时期、鼎盛时期、沉寂时期、复兴时期。
2. 我国有江北、江南、西南和华南四大茶区；依据茶叶的制作工艺划分方法，可把茶叶分为基本茶类和再加工茶类两种。
3. 在茶文化发展的历史长河里，无数茶人留下了经典著作，选取代表茶人及其作品进行简单介绍。
4. 茶文化的核心茶道，与儒、道、佛的境界相互渗透，儒家之礼、道家之闲、佛家之养在茶文化活动的氛围中都有体现。

关键词

茶史；茶类；茶人；茶文；茶道。

案例导入

习近平总书记妙论"中国茶"

茶起源于中国，盛行于世界。习近平总书记高度重视茶文化保护传承发展，还多次"以茶论道"，阐释茶中蕴含的文化内涵，妙喻人与自然和谐相处之道，倡导国际关系中"和而不同""合作共赢"等价值理念。

2014年4月，在比利时，习近平总书记以"茶"和"酒"比喻东西方品味生命、解读世界的两种不同方式。"茶和酒并不是不可兼容的，既可以酒逢知己千杯少，也可以品茶品味品人生。"中国主张"和而不同"，而欧盟强调"多元一体"。总书记指出，中欧要共同努力，促进人类各种文明之花竞相绽放。

2014年7月，在巴西国会发表演讲时，习近平总书记说："200年前，首批中国茶农就跨越千山万水来到巴西种茶授艺。""中巴人民在漫长岁月中结下的真挚情谊，恰似中国茶农的辛勤劳作一样，种下的是希望，收获的是喜悦，品味的是友情。"

2017年1月，在北京，习近平总书记同越共中央总书记阮富仲在品茶时叙谈茶文化和中越两国人民友好。"'茶'字拆开，就是'人在草木间'。"习近平总书记的妙解，道出了中华文化中"道法自然"的真谛。

资料来源：新华社. 习近平总书记妙论"中国茶"[J]. 中国民族，2022（12）.

一、茶史源流

茶的发现和利用，是中华民族为世界所做出的一项重大贡献。茶文化是以茶为载体，并通过这个载体来传播各种文化，是茶与文化的有机融合。中国茶文化，植根于悠久的中华民族传统文化中，在形成和发展的过程中，逐渐由物质文化上升到精神文化的范畴，是博大精深的中华文化的一个重要分支，对促进社会进步起到了巨大的作用。

（一）茶的起源

1. 茶树的起源

我国古籍载有"神农尝百草，日遇七十二毒，得荼而解之。"这里的荼就是指茶，意思是能够以茶解毒。研究认为茶最初是作为药用，在药用的基础上才发展为主要作为饮用。

茶树原产于中国，一向为世界所公认。早在3000多年前，我国就已经开始栽培和利用茶树。周朝时期，巴国就已经以茶纳贡于周武王，且那时就有了人工栽培的茶园。《诗经》也有关于茶的记述；我国辞书之祖《尔雅》也提到野生大茶树；汉阳陵出土世界上最早的茶叶样本，距今已经有2100余年。

此外，据资料表明，在中国有10个省区的198处发现了野生大茶树，云南省内树干直径1米以上的野生大茶树就有10多株，其中一株，树龄已达2700多年。由此可见，我国自古至今发现的野生大茶树，时间之早，树林之大，数量之多，分布之广，性状之异，堪称世界之最。

2. 茶字的起源

"荼"，是古代用得最多的表示茶的字。《尔雅·释木》中描写"槚，苦荼"。晋代郭璞的《尔雅注》还对此作了比较详细的注解："树小如栀子，冬生，叶可煮作羹饮。"东汉许慎在所著《说文解字》中也说："茗，苦荼也。"随着"荼"字使用越来越多，就有了区别的必要。陆羽《茶经》列举了唐以前有关"茶"的四个同义字：槚、蔎、茗、荈，并把"荼"字一律改为"茶"字，"茶"得以广泛流传。

（二）茶文化的发展历程

1. 茶文化的孕育时期

（1）夏商西周时期　商朝，为茶的原始利用期。在商周的时候中国饮茶主要以咀嚼鲜叶、煮成菜羹、熬煮茶水三种使用方法，并在这个基础上初步发展出了一些饮茶的理论。

根据《尚书·顾问》记载："王三宿、三祭、三诧"，"诧"即为茶。在商朝以前，视茶为珍物，主要作为祭品用作祭祀。东晋常璩《华阳国志·巴志》记载："武王既克殷，以其宗姬于巴，爵之以子……丹、漆、茶、蜜……皆纳贡之……园有芳蒻、香茗"。

（2）春秋战国时期　　春秋战国时期是我国茶文化的萌芽阶段，茶主要还是作为菜食及粥饮，《晏子春秋》和《桐君录》等古籍中，都有关于茶与桂姜及一些香料同煮食用的记载。春秋战国后期开始，我国西南地区的茶树栽培，制作技术及饮用习俗，开始向北传播，促使陕西、河南成为我国最古老的北方茶区之一。到战国末期，沿淮河流域、黄河流域饮茶之风也开始盛起，饮茶的方式也随着历史的变迁，由最初的菜食粥用向羹饮发展。到了秦汉时期，饮茶之风逐渐形成并开始传播。

（3）秦汉时期　　明末学者顾炎武《日知录》说："自秦人取蜀而后，始有茗饮之事。"反映出秦灭巴蜀之后，饮茶知识和风俗向东延伸，饮茶之风开始流行。

茶文化发展至西汉时，饮茶氛围浓厚，文献记载也开始增多。王褒《僮约》中有"烹茶尽具"以及"武阳买茶"的记载，茶叶甚至成为一种商品，还出现了专门的饮茶用具。据史料记载，茶在西汉时便传到国外，汉武帝时期曾派使者出使印度支那半岛，所带的物品中就有茶叶。

两汉茶文化的发展，还主要表现在茶区的扩大。马王堆汉墓出土的文物表明，汉朝时期长江中游的荆楚之地已经出现了茶和饮茶习俗。据《汉书·地理志》记载，西汉时已有以茶命名的"茶陵"即今日的湖南省茶陵县。

（4）三国时期　　三国时期，随着茶的普及以及对茶的认识的不断加深，在汉代的基础上茶事有了进一步的发展，人们开始对茶做一些加工处理，如晒干收藏、压制成饼。史书《三国志》记载，吴国君主孙皓"赐荼荈以代酒"，这是"以茶代酒"最早的记载。这一时期，随着全国茶业传播的日益发展，茶的饮用方式也从烹煮开始演变为调饮。三国之后，茶业重心东移，至两晋南北朝后，由于上层社会的崇茶之风盛行，饮茶方式和茶文化都有了较大的发展。

2. 茶文化的萌芽时期

（1）两晋时期　　两晋时期饮茶的风气日渐盛行，饮茶已不是仅仅为提神、解渴，它开始产生社会功能，成为表达精神、情操的手段，开始被人们赋予节俭、朴素、清廉等社会所崇尚的品质，是养廉的手段之一。

魏晋以来，渐兴清谈之风。最初的清谈家多好酒，但醉酒会令人举止失措，胡言乱语，于是清谈家们从好酒转向好茶。清谈家出现了许多茶人，以茶助清谈之兴。

总之，两晋时期，在茶使用价值被人们充分认识和利用的同时，人们逐渐感受到了茶给人所带来的审美情感和精神愉悦，于是茶被赋予了新的社会功能和文化功能。

（2）南北朝时期　　南朝处于继汉开唐的阶段，无论诗赋、散文、文学理论都很有成就，范文澜先生在考察东晋南朝时期的瓷器生产时曾经谈道：早在西晋，文人作赋，茶、酒便与瓷器联系起来。而到东晋南朝近300年间，士人把饮茶看作一种享受，开始进一步研究茶具，从而进一步推动了越瓷的发展。

在东晋和南北朝之时，茶已进入了宗教领域。南北朝时许多神怪故事中出现大量与茶有关的事件便是一个很好的证明。此时，文献中关于茶的记载也有所增多，如《坤元录》《括地图》《吴兴记》《夷陵图经》《永嘉图经》《淮阴图经》和《茶陵图经》等。在魏晋南北朝，茶文化的基本形态已经形成，呈现出多种可能，但尚未成熟。这预示着一个茶文化时代即将到来。

3. 茶文化的发展时期

唐朝是茶文化历史变迁的一个划时代的时期，茶史专家朱自振写道："在唐代，茶去一划，始有茶字；陆羽作经，才出现茶学；茶始收税，才建立茶政；茶始边销，才开始有边茶的生产和贸易。"在唐代，茶叶生产才发展壮大，茶文化也才真正形成，唐代茶文化在我国茶文化发展史上占有重要的地位。

隋唐初期，茶事活动得到进一步发展，饮茶之风在北方地区传播开来，王公贵族开始以饮茶为时髦。到盛唐，受佛教文化影响，加快了饮茶的普及，全民饮茶蔚然成风。

唐代制茶工艺得到了很大改进，蒸青制作茶饼逐渐完善，饮茶方式也有了变化。为了改善茶叶的苦涩味，人们开始在茶汤加入薄荷、盐、红枣等调味。

茶学著作相继问世。8世纪，陆羽《茶经》问世，它统一了茶的称谓，全面系统总结了中国自周秦至唐千百年来的饮茶经验，探讨了中国特有的饮茶艺术。陆羽之后，唐人又发展了《茶经》的思想，如苏廙《十六汤品》、张又新《煎茶水记》、温庭筠《采茶录》等。

进入唐代以后，茶叶生产迅速发展，茶区进一步扩大。仅陆羽《茶经》就记载有42州1郡产茶。另据其他史料补充记载，唐代产茶的区域与今日茶区的范围大体相当，已初步形成我国茶叶生产的格局。

茶税制度建立。唐德宗建中三年，户部侍郎赵赞以"常赋不足"为借口建议开征茶、漆、竹、木税，税率从价征十分之一，自此开了茶叶征税的先例。

4. 茶文化的兴盛

"茶兴于唐而盛于宋"，宋元时代中国的茶区继续扩大，制茶技术进一步改进，贡茶和御茶精益求精，饮茶之风更加普及，斗茶之风盛行，塞外的茶马交易和茶叶对外贸易逐渐兴起。

（1）产茶区域辽阔　宋朝，中国的茶区继续扩大，形成以"龙凤茶"为代表的精细制茶工艺。宋朝创制的"龙凤茶"，拓宽了茶的审美范围，即由对色、香、味的品尝，扩展为对形的欣赏。宋朝建立起北苑贡焙后，制茶工艺发展很快，各种茶品名目繁多，标新立异。

（2）斗茶盛行　宋人的斗茶之风很盛行，举国上行下效，皆以此为乐。文学家范仲淹《和章岷从事斗茶歌》就描述了当时斗茶的情形。斗茶的盛行也带动了建窑青黑瓷的发展。

（3）茶业贸易进一步发展　宋代茶叶贸易十分发达，政府将茶的产销收归官营，实行"榷茶"制度，统购统销。此外，宋朝政府与西北少数民族游牧区还实行以茶易马的"茶马互市"。

（4）茶馆文化的形成　宋代茶文化的兴盛使茶坊乘机兴起。在发展过程中完成了中国茶馆由低层次的饮茶接待向较高层次的休闲娱乐等多功能服务发展变化的过程。

（5）茶文化艺术方面成就突出　宋朝茶诗、茶书、茶画内容广泛、数量颇多。尤其宋徽宗赵佶以帝王之尊，为茶立著。

5. 茶文化鼎盛时期

明清时期是我国茶业从兴盛走向鼎盛的时期，栽培面积、生产量曾一度达到了有史以来的最高水平，茶叶生产技术和传统茶学发展到了一个新的高度，散茶成为生产和消费的主要茶类。

（1）明朝时期　茶业全面发展。

①明代产茶区域继续外扩：在秦岭、淮河以南广阔的茶区内，许多原不产茶的地方开始引种茶叶，出现了全面发展、名品纷呈的繁荣景象，据《事物绀珠》，其时比较著名的茶品达97种之多。

②散茶的饮用渐盛：明太祖朱元璋废龙团兴散茶。至此饮用散茶蔚然成风，散茶的生产技术也得到全面发展，同时生产的茶类也开始多样化，除蒸青以外，也有炒青茶，还产生了黄茶、白茶和黑茶。明末清初还出现了乌龙茶、红茶和花茶。

③饮茶风尚的变革：明人饮茶崇尚自然，流行清饮。明代饮茶时不仅重视茶汤和茶芽、茶叶色泽的显现，而且重视茶味，讲究茶趣，强调茶具的选配得体。

④茶书的大量撰写：明代，传统茶学发展到了最高峰，茶书的刊行数量也是历代最多。明代的茶诗词虽不及唐宋，但在散文、小说方面有所发展。

⑤明代茶楼文化的发展：明代茶楼，比宋代更甚。随着曲艺、评话等的兴起，茶馆又成了艺人献艺的场所。

（2）清朝时期　茶业由繁荣走向衰落，茶文化走向民间。

清朝后期，随着政局的动荡，经济的衰退，中国逐渐失去了国际茶业经济的中心地位。清代茶文化发展过程中的主要特点表现在以下几个方面。

①清朝初期茶叶市场遍布全国，茶叶外贸发展很快：茶叶外销的增加，必然刺激茶叶生产的进一步发展，茶叶产区也进一步扩大。

②各地名茶涌现：由于茶叶生产技术的提高和茶类的新发展，清代各地涌现出品种繁多的各类名茶，并集齐了六大基础茶类。

③茶具的变革：清代以后，茶具品种增多，形状多变，色彩多样，再配以诗书画雕等艺术，从而把茶具制作推向新的高度。

④茶肆、茶馆的发展：清代茶肆、茶馆遍布大江南北、长城内外。发展到晚清，茶馆已成为人们日常生活中不可缺少的活动场所和交际娱乐中心，已被深刻地社会化了。

⑤茶诗、茶事小说众多：清代写茶诗的诗人数量众多，也有许多著名诗篇，清代小说也有大量的茶事描写。

6. 茶文化沉寂时期

中国近代时期，由于社会和战争因素的影响，饮茶已不再是国人生活品质上的追求。第一次世界大战和第二次世界大战加速了中国茶叶出口贸易的衰退，茶产业与茶文化也日渐式微。

国内局势动荡不安，但茶文化研究并未停止，根据该时期的茶产业发展情况，国内茶文化研究主要集中于茶叶技术的改良与试验、茶业振兴与发展等领域。其中吴觉农发表的《茶树原产地考》（1923年）和钱樑所写的《世界非主要产茶国试植茶树之经过》（1937年）是该时期茶文化（茶史）研究的厚重之作，具有较高的学术水准，也分别从正面和侧面系统地论证了"中国是茶树原产地"这一客观事实。

7. 茶文化复兴时期

改革开放后的现代茶文化更具有时代特色，使以中国茶文化为核心的东方茶文化在世界范围内掀起一个热潮，这是继唐宋以来茶文化出现的又一个新高潮，主要表现为：茶艺交流蓬勃发展；茶文化节和国际茶会不断举办；茶文化书刊推陈出新；茶文化教学研究机构相继建立；茶馆业的发展突飞猛进；少数民族茶文化异彩纷呈。

（三）饮茶方式的变更

人类对茶叶的利用方式从药用到食用再到饮用，大体上经过吃、喝、饮、品四个阶段。

1. 原始的鲜叶咀嚼

古时中国人最早从发现野生茶树到开始利用茶，是以咀嚼茶树的鲜叶开始的。古代文献中有这样的记载："神农尝百草之滋味，……日遇七十毒，得茶而解。"古人最初利用茶的方式是口嚼生食，后来便以火生煮羹饮。

2. 春秋时代的生煮羹饮

春秋战国时期是我国茶文化的萌芽阶段，茶主要还是作为菜食及粥饮，《晏子春秋》记载："婴相齐景公时，食脱粟之饭，炙三弋、五卵、茗菜而已"。在《尔雅》中，"苦荼"一词注释为"叶可炙作羹饮"；《桐君录》等古籍中，也有茶与桂姜及一些香料同煮食用的记载。

三国时期的典籍记载："荆巴间，采叶作饼，叶老者，饼成以米膏出之。欲煮茗饮，先炙令赤色，捣末置瓷器中，以汤浇覆之，用葱、姜、橘子芼之。其饮醒酒，令人不眠。"记录了当时的制茶和饮茶方式。

3. 唐代的煎茶

煎茶，也作烹茶，即将茶叶放入烧沸的水中煮开饮用。中国茶道最初的表现形式就是形成于中唐的煎茶道，陆羽在《茶经》中详细记载了这种煎茶法。饮用时，讲究"三沸"，首先将茶饼放在火上烘烤，然后将烘烤后的茶饼碾碎成粉末状，用水煮沸，此时为一沸；等水面出现像鱼眼珠一样的水珠时，加入一些盐到水中调味，当锅边的水泡开始像涌泉连珠时，此时为二沸；这时用瓢在水中舀起一瓢备用，用竹夹在锅中搅打，再将茶末从中心倒入水中，稍后锅中的茶水"腾波鼓浪""势若奔涛溅沫"，此时称为"三沸"；此时要将刚才舀出去的水再倒入锅中"救沸育华"，一锅茶汤就煮好了。

唐代人的煎茶法细煎品饮，将饮茶由解渴升华为一种艺术享受。

4. 宋代的点茶

宋代点茶是一种饮茶方式，其简要步骤为"碾茶为末，注之以汤，以筅击拂"，即先把研细筛过的茶末放入温过的茶碗里，然后注入少量热水，调成膏状，再注水，注水的同时用茶筅不停地来回击拂茶汤，直至白色的汤花（茶沫）覆盖水面，汤花越多越好，越白越好，且以茶与水融合度高、碗边不沾水为好。

唐代的煎茶重于技艺，宋代的点茶更重于意境。宋代当时还流行一种点茶游戏称为"分茶"，或"茶百戏""汤戏""水丹青"，是以茶汤上的泡沫为画纸，用小勺形状的工具为画笔，小勺蘸水，以水为墨在茶汤上作画。

5. 明以后的泡茶

明代饮茶的方式不再采用"唐煮宋点"，而是改为"撮泡法"。明人饮茶崇尚自然，流行品饮简便的条形散茶，将沸水直接冲泡存有茶叶的器具里直接饮用，或使用茶壶泡茶，然后把茶汤注入茶碗中饮用。明代饮茶时不仅重视茶汤和茶芽、茶叶色泽的显现，而且重视茶味，讲究茶趣，因此十分强调茶具的选配得体，对茶具特别是对壶的色泽，给予了较多的注意，追求壶的"雅趣"。

（四）茶文化的传播

茶源于中国，兴于亚洲，传播到世界。而中国茶文化的传播，经历了由原产地向全国范围扩展，再向外传播，走向世界的过程。世界各国的茶种以及饮茶的习俗，都是直接或间接地出自中国。

1. 茶马古道

茶马古道狭义的概念是指从唐代以来的古道，由于唐宋以后在这条古道上贸易的代表性商品是茶和马，故称之为茶马古道，它通过川藏道和滇藏道的贸易往来向我国西南地区进行茶传播。

2. 唐茶东渡

唐代饮茶风俗和品饮技艺都已法相初具。中唐时期，茶叶的加工技术、生产规模、饮茶风尚及品饮艺术等更是有了空前的发展，促使其广泛传播到东边的朝鲜和日本。

3. 丝绸之路

唐宋年间，我国茶叶贸易逐渐兴起直至鼎盛，茶文化迅速向周边沿线各个国家和地区传播，主要的路径包括：陆上丝绸之路和海上丝绸之路。

4. 万里茶道

17世纪在亚欧大陆上又兴起了一条中国连接世界的重要国际商业文化通道。该商道以茶叶贸易为主，影响到中亚和欧洲各国全长约1.3万公里，故称"万里茶道"。

二、茶类名品

茶树属山茶科山茶属，为多年生常绿木本植物，叶子可制茶，种子可以榨油。茶树一生分为幼苗期、幼年期、成年期和衰老期。树龄可达100～200年，但经济年龄一般为40～50年。我国西南部是茶树的起源中心，目前世界上有60多个国家引种了茶树。

（一）茶树的种植与采摘

1. 茶树生长特性

茶树的生长离不开光、热、气、水、土壤等条件，并与其生长的环境相互联系、相互影响，茶树的性状、茶叶的品质特征都与其生长环境密不可分。茶树分布主要集中在南纬16°至北纬30°之间，喜欢温暖湿润的气候，肥沃的酸性土壤，耐阴性较强，不喜阳光直射，适于在漫射光下生长。平均气温10℃以上时，芽开始萌动，生长最适温度为20～25℃；年降水量要在1000毫米以上。

2. 茶树的分类

（1）按照树形分类　茶树作为木本植物，根据分枝性状，可分为乔木型、半乔木型和灌木型。乔木型茶树有高大的主干，侧枝大多由主干分枝而出，多为野生古茶树。半乔木型茶树有明显的主干，主干和分枝容易区别，但分枝部位离地面较近。灌木型茶树主干矮小，分枝稠密，植株较矮小。我国栽培最多的茶树是灌木型和半乔木型茶树。

（2）按照树叶分类　茶树叶片的大小以叶面积来区分，一般叶面积大于50平方厘米属于特大叶类，28～50平方厘米属于大叶类，14～28平方厘米属于中叶类，小于14平方厘米属于小叶类。叶面积的计算公式为：

$$叶面积（cm^2）=叶长（cm）\times 叶宽（cm）\times 0.7（系数）$$

（3）按照发芽时期分类　按照头轮营养芽（即越冬营养芽开采期）所需活动积温而定，发芽期早，头芽开采期活动积温在400℃以下；发芽期中等，头芽开采期活动积温在400～500℃；发芽期迟，头芽开采期活动积温在500℃以上。

3. 茶树的种植

（1）茶树的繁殖　茶树繁殖分有性繁殖与无性繁殖两种。有性繁殖是利用茶籽进行播种，也称为种子繁殖。无性繁殖也称为营养繁殖，主要包括扦插、压条、分株、嫁接等方法。新茶树种植后，三年即达到成熟期，可以采摘茶叶。

（2）茶园管理　茶园管理包括茶园耕锄、茶园施肥、茶园修剪。茶园耕锄可消除杂草、改良土壤结构、杀虫灭菌等。茶园施肥的原则：以有机肥为主，有机肥和化肥相结合施用；以氮肥为主，磷肥、钾肥相配合；在秋末冬初结合深耕施基肥（有机肥），在采摘季节施追肥（化肥）。茶树的修剪是培养茶树高产优质树冠的一项重要措施。

4. 茶叶的采摘

茶树分枝性强，在自然条件下一年可发新梢2～3轮，在采摘条件下一般一年可发新梢4～8轮，个别地区可达12轮。鲜叶采摘某种程度上决定茶叶的产量和茶叶品质。

名优茶品质优异，经济价值高，因此对鲜叶的嫩度和匀度均要求较高，很多只采初萌的壮芽或初展的一芽一叶，这种采摘季节性强，多在春茶前期采摘。我国的内、外销红茶、绿茶是茶叶生产的主要茶类，其对鲜叶原料的嫩度要求适中，采一芽二三叶和同等幼嫩的对夹叶。这种采摘方式全年采摘次数多，采摘期长，量质兼顾，经济效益较高。我国传统的特种茶类的采摘标准（如青茶的采摘标准），是待新梢发育即将成熟，顶芽开展度八成左右时，采下带驻芽的三四片嫩叶。黑茶等边销茶类，对鲜叶的嫩度要求较低，待新梢充分成熟后，新梢基部呈红棕色已木质化时，才划下新梢基部一二叶以上的全部新梢。

（二）四大茶区

我国茶区分布极为广阔，在北纬18°～37°、东经94°～112°的广阔范围内，纵横千里，茶园遍布浙江、江苏、安徽、福建、山东、河南、湖北、湖南、陕西、甘肃、西藏、四川、重庆、贵州、云南、广西、广东、海南、江西、台湾等省、自治区、直辖市。种茶区域地跨热带、亚热带和温带，地形复杂，气象万千。在垂直分布上，从海拔几十米的平原到海拔2600米的高山，有上千个县市产茶。各地的地形、土壤、气候等存在着明显的差异，这些差异对茶树生长发育和茶叶生产影响极大。即使在同一地区，生长着不同类型、不同品种的茶树，茶叶品质也各不相同，因而形成了中国茶种的多样性。全国可分为江北茶区、江南茶区、西南茶区和华南茶区四大茶区。

1. 江北茶区

江北茶区位于长江中下游北部，包括河南、陕西、甘肃、山东等省和安徽、江苏、湖北三省北部。江北茶区是我国最北的茶区，气温较低，积温少，年平均气温为15～16℃，年降水量约800毫米，且分布不均，茶树较易受旱。茶区土壤多为黄棕壤或棕壤，江北茶区的茶树多为灌木型中叶种和小叶种，主要以生产绿茶为主，另有少量黄茶。

2. 江南茶区

江南茶区是我国茶叶的主要产区，位于长江中下游南部，包括浙江、湖南、江西等省和安徽、江苏、湖北三省的南部等地，其茶叶年产量约占我国茶叶总产量2/3，是我国茶叶主要产区。这里气候四季分明，年平均气温为15～18℃，年降水量约为1600毫米。茶园主要分布在丘陵地带，少数在海拔较高的山区。茶区土壤主要为红壤、部分为黄壤。茶区种植的茶树多为灌木型中叶种和小叶种，以及少部分半乔木型中叶种和大叶种，生产的主要茶类有绿茶、红茶、黑茶、花茶以及品质各异的特种名茶。

3. 西南茶区

西南茶区位于中国西南部，包括云南省、贵州省、四川省、西藏自治区东南部，是中国最古老的茶区，也是中国茶树原产地的中心所在。该区地形复杂，海拔高低悬殊，大部分地区为盆地、高原；气候温差很大，大部分地区属于亚热带季风气候，冬暖夏凉。茶区土壤类型较多，云南中北地区多为赤红壤、山地红壤和棕壤，四川、贵州及西藏东南地区则以黄壤为主。该茶区茶树品种资源丰富，盛产绿茶、红茶、黑茶和花茶等，是我国发展大叶种红碎茶的主要基地之一。

4. 华南茶区

华南茶区位于中国南部，包括广东省、广西壮族自治区、福建省、台湾省、海南省等，是中国最适宜茶树种植的地区。这里年平均气温为19～22℃，年降水量约为2000毫米，为中国茶区之最。华南茶区资源丰富，土壤肥沃，有机物质含量很高，茶区土壤大多为赤红壤，部分为黄壤。茶区品种资源非常丰富，集中了乔木、半乔木和灌木等类型的茶树品种，部分地区的茶树无休眠期，全年可形成正常芽叶，在良好管理条件下可常年采茶，一般地区一年可采7～8轮。该茶区主要茶类有红茶、黑茶、乌龙茶、白茶、花茶等，所产大叶种红碎茶，茶汤浓度较大。

（三）茶叶分类

1. 依据产茶季节分类

（1）春茶　为清明至夏至节（3月上旬至5月中旬）所采之茶。芽叶肥硕，色泽翠绿，叶质柔软，且富保健作用。

（2）夏茶　在夏至节前后（5月中下旬），也就是春茶采后二三十日所新发的茶叶采制成的茶。夏茶氨基酸及全氮量减少，茶汤滋味、香气多不如春茶强烈。

（3）秋茶　夏茶采后一个月所采制的茶。秋茶新梢芽内含物质相对减少，叶片大小不一，叶底发脆，叶色发黄，滋味、香气显得比较平和。

（4）冬茶　即秋分节以后所采制成的茶，我国仅云南及台湾尚有采制。秋茶采完气候逐渐转凉，冬茶新梢芽生长缓慢，内含物质逐渐堆积，滋味醇厚，香气浓烈。

2. 依据茶树生长环境分类

依据茶叶的生长环境来分类，有"高山茶"和"平地茶"之分。高山茶即出产于高山的茶，平地茶是产自于平坦低地的茶。通常高山茶品质优于平地茶，素有"高山云雾出好茶"之说。

3. 依据茶的加工工艺分类

依据茶的加工工艺划分茶类是目前比较常用的茶叶划分方法，可分为基本茶类和再加工茶类两种。

（1）基本茶类　凡是采用常规的加工工艺，茶叶产品的色、香、味、形符合传统质量规范的，叫作基本茶类，常规分为绿茶、白茶、黄茶、红茶、青茶（乌龙茶）、黑茶。

（2）再加工茶类　进一步加工，使茶叶基本质量性状发生改变的，叫作再加工茶类，其范围主要包括六大类，即：花茶、紧压茶、萃取茶、药用茶、功能性茶食品、果味香茶（含有茶饮料）等。

（四）六大基本茶类

我们日常所喝到的茶叶，都是采摘茶树上的芽叶加工而成。根据制法与品质的系统性和加工中的内质主要变化，尤其是多酚类物质氧化程度的不同，通常把茶叶分成绿茶、红茶、青茶（乌龙茶）、白茶、黄茶、黑茶六大类。

1. 绿茶

绿茶，是中国的主要茶类之一，是指采取茶树的新叶或芽，未经发酵，保留了鲜叶的天然物质，含有的茶多酚、儿茶素、叶绿素、咖啡碱、氨基酸、维生素等营养成分也较多。

产地：极为广泛，各产茶省份均有绿茶，六大茶类中产量最高，历史最悠久。

品质特性：绿茶是不发酵茶，较多地保留了鲜叶内的天然物质，从而形成了绿茶"清汤绿叶，滋味收敛性强"的特点。按杀青的受热方式，可分为炒青、烘青、晒青和蒸青绿茶；按形状分有条形圆形扁形片形、针形、卷曲形等；香气的类型则有豆香型、板栗香型、花香型和毫香型。

加工工艺：杀青→揉捻→干燥。

2. 红茶

红茶属全发酵茶，是以适宜的茶树新芽叶为原料，经萎凋、揉捻（切）、发酵、干燥等一系列工艺过程精制而成的茶。

产地：主要产于安徽、四川、云南、福建、湖南等，除中国以外，印度、东非、印尼、斯里兰卡也有类似的红碎茶生产。

品质特性：红茶在加工过程中发生了以茶多酚酶促氧化为中心的化学反应，产生了茶黄素、茶红素等新成分。香气物质比鲜叶明显增加。所以红茶具有红茶、红汤、红叶和香甜味醇的特征。香气类型包括：蜜香型、花香型、果香型、薯香型。按照其加工的方法与出品的茶形，主要可以分为三大类：工夫红茶、小种红茶和红碎茶。

加工工艺：萎凋→揉捻→发酵→干燥，其中萎凋和发酵是红茶制茶过程中最为关键的两个步骤。

3. 青茶

青茶，也称乌龙茶，为半发酵茶，品种较多，是由宋代贡茶龙团、凤饼演变而来，是中国几大茶类中，独具鲜明中国特色的茶叶品类。

产地：主要产于广东、台湾及福建的闽北、闽南。四川、湖南等省也有少量生产。

品质特性：青茶基本上又可分为四大派别：闽北乌龙、广东乌龙、台湾乌龙、闽南乌龙。传统工艺讲究金黄靓汤，绿叶红镶边，三红七绿发酵程度，总体风格香醇浓滑且耐冲泡。青茶的香型，一般为花香、果香。武夷岩茶色泽乌润，汤色红澄明亮，花香浓郁，回甘持久；铁观音的特点是兰花香馥郁，滋味醇滑回甘，观音韵明显；单枞的特点是香高味浓，非常耐冲泡，回甘持久；台湾乌龙口感醇爽，花香浓郁，清新自然。

加工工艺：萎凋→摇青→炒青→揉捻→烘焙。

4. 白茶

白茶，属微发酵茶，是中国茶农创制的传统名茶，指一种采摘后，不经杀青或揉捻，只经过晒或文火干燥后加工的茶。

产地：主要产区在福建福鼎、政和、蕉城天山、松溪、建阳、云南景谷等地。

品质特性：白茶成茶满披白毫、汤色清淡、味鲜醇、有毫香。白茶性清凉，能起药理作用，具有退热降火之功效。白茶的香气主要有：毫香型、清香型、花香型、甜香型。白茶因茶树品种、鲜叶采摘的标准不同，可分为白毫银针、白牡丹、贡眉、寿眉。

加工工艺：采摘→萎凋→烘干。

5. 黄茶

黄茶是中国特产，属轻发酵茶类，加工工艺近似绿茶，只是在干燥过程的前或后，增加一道"闷黄"的工艺，促使其多酚叶绿素等物质部分氧化。

产地：安徽、湖北。

品质特性：黄茶的品质特点是"黄叶黄汤"。黄茶其具有绿茶的特性，滋味醇和鲜爽，香气清悦，但较绿茶更温和。黄茶的香气包括嫩香型、清香型、花香型、甜香型、焦香型、松烟香型。因为品种和加工技术的不同，黄茶可分为黄芽茶、黄小茶、黄大茶。

加工工艺：杀青→揉捻→闷黄→干燥。其中闷黄是黄茶类制造工艺的特点，是形成黄叶黄汤的关键工序。闷黄是将杀青和揉捻后的茶叶用纸包好，或堆积后以湿布盖之，时间以几十分钟或几个小时不等，促使茶坯在水热作用下进行非酶性的自动氧化，形成黄色。

6. 黑茶

黑茶，因成品茶的外观呈黑色，故得名，属后发酵茶。

产地：主产区为四川、云南、湖北、湖南、陕西、安徽等地。

品质特性：黑茶是一种后发酵的茶叶，其发酵过程中有大量微生物的形成和参与，黑茶香味变得更加醇和，汤色深红透亮，滋味醇厚回甘，多数黑茶所用鲜叶原料较粗老，干茶和叶底色泽都较暗褐。外形分为散茶和紧压茶等，有饼的、砖的、砣的和条的，香型有菌香型、花香型、甜香型、松烟香和陈醇香等。

加工工艺：黑茶的制作工艺分为初加工、精加工两个部分。黑毛茶（初加工）的加工流程为：杀青→揉捻→沤堆→复揉→干燥；成品茶（精加工）的加工流程为：毛茶→筛选→拼配→渥堆→汽蒸→压制成形→陈化→成品。

（五）名茶集锦

1. 绿茶

（1）西湖龙井 中国十大名茶之一，产于浙江省杭州市西湖龙井村周围群山，并因此得名。龙井茶外形扁平挺秀，色泽绿翠，内质清香味醇，泡在杯中，芽叶色绿。冲泡后，香气清高持久，香馥若兰；汤色杏绿，清澈明亮，叶底嫩绿，匀齐成朵，芽芽直立，栩栩如生。素有"色绿、香郁、味醇、形美"四绝著称于世。

（2）洞庭碧螺春 碧螺春，中国十大名茶之一，产于江苏省太湖的东洞庭山及西洞庭山（今苏州吴中区）一带，所以又称"洞庭碧螺春"，以"形美、色艳、香浓、味醇"四绝闻名于中外。碧螺春茶条索紧结，卷曲如螺，白毫毕露，银绿隐翠，叶芽幼嫩，冲泡后茶叶徐徐舒展，上下翻飞，茶水银澄碧绿，清香袭人，口味凉甜，鲜爽生津，早在唐末宋初便列为贡品。

（3）信阳毛尖　又称豫毛峰，中国十大名茶之一，其主要产地在河南省信阳市。信阳毛尖具有"细、圆、光、直、多白毫、香高、味浓、汤色绿"的独特风格。信阳毛尖的色、香、味、形均有独特个性；外形匀整、色泽翠绿有光泽、白毫明显；香气高雅、持久、清新；滋味鲜爽醇香、回甘生津；汤色明亮清澈。

（4）黄山毛峰　中国十大名茶之一，产于安徽省黄山（徽州）一带，所以又称徽茶。该茶外形微卷，状似雀舌，绿中泛黄，银毫显露，且带有金黄色鱼叶（俗称黄金片）。入杯冲泡雾气结顶，汤色清碧微黄，滋味醇甘，香气如兰，韵味深长，叶底嫩黄肥壮，厚实饱满。

（5）太平猴魁　中国传统名茶，中国历史名茶之一，产于安徽太平县（现改为黄山市黄山区）一带。其外形两叶抱芽，扁平挺直，自然舒展，白毫隐伏，有"猴魁两头尖，不散不翘不卷边"的美名。其干茶全身披白毫，含而不露，入杯冲泡，芽叶成朵，或悬或沉。品其味则幽香扑鼻，醇厚爽口，回味无穷，大有"头泡香高，二泡味浓，三泡四泡幽香犹存"的意境。

（6）六安瓜片　简称瓜片、片茶，中华传统历史名茶，也是中国十大名茶之一，其产自安徽省六安市大别山一带。六安瓜片为绿茶特种茶类，是唯一无芽无梗的茶叶，由单片生叶制成。六安瓜片的外形，似瓜子形的单片，自然平展，叶缘微翘，色泽宝绿，大小匀整，不含芽尖、茶梗，清香高爽，滋味鲜醇回甘，汤色清澈透亮，叶底绿嫩明亮。

（7）峡州碧峰　湖北省宜昌市夷陵区特产，农产品地理标志。峡州碧峰属半烘炒条形绿茶，经过摊青、杀青、摊凉、初揉、初干、复揉、复干提毫、精制定级等工序制成。其品质特点：外形条索紧秀显毫，色泽翠绿油润，内质香高持久，滋味鲜爽回甘，汤色黄绿明亮，叶底嫩绿匀整。

（8）恩施玉露　湖北省恩施市特产，国家地理标志产品。恩施玉露外形条索紧细匀整，紧圆光滑，色泽鲜绿，匀齐挺直，状如松针，白毫显露，色泽苍翠润绿；茶汤清澈明亮，香气清高持久，滋味鲜爽甘醇，叶底嫩匀明亮，色绿如玉。茶绿、汤绿、叶底绿，为其显著特点。

2. 红茶

（1）祁门红茶　简称"祁红"，产于黄山西南的安徽省祁门县境内。祁门红茶条索紧秀、金毫显露，色泽乌黑鲜润泛灰光，俗称"宝光"。香气浓郁高长，似蜜糖香，又蕴藏有兰花香，汤色红艳，滋味醇厚，叶底嫩软红亮。国外称祁红这种地域性香气为"祁门香"，誉为"王子茶""茶中英豪""群芳最"。

（2）正山小种　世界红茶的鼻祖。正山小种外形条索肥实，色泽乌润，泡水后汤色红浓，香气高而带松烟香，滋味醇厚，带有桂圆味，加放牛奶，茶香味不减，形成糖浆状奶茶，液色更为绚丽。

（3）金骏眉　原产于福建省武夷山市桐木村。金骏眉外形细小而紧秀，条索紧结纤细，圆而挺直，有锋苗，身骨重，匀整。汤色金黄，热汤香气清爽纯正；温汤（45℃左右）熟香细腻；冷汤清和幽雅，清高持久。滋味具有"清、和、醇、厚、香"的特点。叶底舒展后，芽尖鲜活，秀挺亮丽。

（4）云南红茶　简称滇红，原产于云南省南部与西南部的临沧、保山、凤庆、西双版纳、德宏等地。成品茶芽叶肥壮，苗锋秀丽完整，金毫显露，色泽乌黑油润，汤色红浓透明，滋味浓厚鲜爽，香气高醇持久，叶底均匀明亮。

（5）宜红茶　条索紧细而有金毫，色泽乌润，香气甜纯，汤色红艳，滋味鲜醇，叶底红亮。高档茶的茶汤还会出现"冷后浑"现象。

3. 黄茶

（1）君山银针　中国名茶之一，产于湖南岳阳洞庭湖中的君山，形细如针，故名。其成品茶芽壮多毫，条真匀齐，白毫如羽，芽身金黄发亮，着淡黄色茸毫，香气清高，味醇甘爽，汤黄澄高，叶底肥厚匀亮，滋味甘醇甜爽，久置不变其味。冲泡后，芽竖悬汤中冲升水面，徐徐下沉，再升再沉，三起三落，蔚成趣观。

（2）霍山黄芽　安徽省霍山县特产，国家地理标志产品。外形挺直微展，色泽黄绿披毫，香气清香持久，汤色黄绿明亮，滋味浓厚鲜醇回甘，叶底微黄明亮。

（3）蒙顶黄芽　芽形黄茶之一，产于四川省雅安市蒙顶山。蒙顶黄芽外形扁直，芽条匀整，色泽嫩黄，芽毫显露，花香悠长，汤色黄亮透碧，滋味鲜醇回甘，叶底全芽嫩黄。

（4）平阳黄汤　浙江省温州市平阳县特产，农产品地理标志。平阳黄汤茶干外形纤秀匀整，色泽嫩黄，汤色杏黄明亮，香气香高持久，滋味甘醇爽口，叶底嫩匀成朵，具有"干茶显黄，汤色杏黄、叶底嫩黄"的"三黄"特征。

（5）远安鹿苑寺黄茶　产于远安县西北群山之中，以产地鹿苑寺而得名。鹿苑寺黄茶外形条索环状（俗称环子脚），白毫显露，色泽金黄（略带鱼子泡），汤色绿黄明亮，香气神异且持久清香，啜之生津，滋味醇厚甘凉绵长，叶底嫩黄匀整。

（6）霍山黄大茶　因茶茎粗大颜色发黄被称为"老干烘"，产于安徽省霍山县，六安一带。霍山黄大茶其外形梗壮叶肥，金黄显褐，梗叶相连形似钓鱼钩，汤色深黄显褐，滋味浓厚醇和，具有高爽的焦香，叶底黄中显赫，叶质柔软厚。

4. 白茶

（1）白毫银针　属于白茶中最高档的茶叶，又名白毫，产于福建福鼎、政和两市。银针白毫芽头肥壮，满批白毫，挺直如针，色白似银，汤色清澈晶亮，呈浅杏黄色，入口毫香显露，甘醇鲜爽。

（2）白牡丹　一芽二叶以绿叶夹银白色毫心，形似花朵，冲泡后绿叶托着嫩芽，宛若蓓蕾初放，白牡丹叶态自然，色泽呈暗青苔色，汤味鲜醇。

（3）贡眉　以一芽两三叶为原料，芽头较小，叶片幼嫩，花果香气息明显，口感鲜爽清甜。

（4）寿眉　芽叶连枝，以茶叶为主，叶整卷如眉，其形粗放，尽显古朴之风。滋味醇厚浓郁，久存具有枣香、药香、陈香等特点，可泡可煮，耐泡十足。

5. 青茶

（1）铁观音　主要产区在福建安溪。铁观音具有独特"观音韵"，清香雅韵，冲泡后有天然的兰花香，有"七泡有余香"之美誉。茶条卷曲，肥壮圆结，沉重匀整，色泽砂绿，整体形状似蜻蜓头、螺旋体、青蛙腿。冲泡后汤色金黄浓艳似琥珀，有天然馥郁的兰花香，香气馥郁持久滋味醇厚甘鲜，回甘悠久。

（2）武夷岩茶　闽北乌龙的主流，也是乌龙茶中独具特色的代表，主要产自武夷山茶区。"岩骨花香"是其主要特点。干茶外形条索紧结卷曲，匀称肥壮，色泽油润明亮，具有特殊的"岩韵"，香气浓郁醇厚持久，入口厚醇霸气回甘迅猛，叶底肥厚柔软，优柔匀齐，呈"青蒂绿腹红镶边"状。岩茶中以大红袍、白鸡冠、铁罗汉、水金龟等著名，其他品种还有瓜子金、金钥匙、半天腰等。

武夷山大红袍为武夷岩茶四大名丛之首，素有"茶中之王"的美誉，其外形条索紧结，色泽绿褐鲜润，冲泡后汤色橙黄明亮，叶片红绿相间。品质最突出之处是香气馥郁有兰花香，香高而持久，"岩韵"明显。

肉桂又名玉桂，原为武夷名丛之一。肉桂的桂皮香明显，香气久泡犹存；入口醇厚而鲜爽，汤色橙黄清澈，叶底黄亮，条索紧结卷曲，色泽褐绿，油润有光。

水仙同样是武夷山传统茶叶品种。水仙外形肥壮，条索紧结卷曲，似"拐杖形""扁担形"，色泽绿褐油润而带黄，似香蕉色；内质汤色橙黄或金黄清澈，香气清高细长，兰花香明显，滋味清醇爽口透花香，回甘清爽，叶底肥厚、软亮、红边显现。

（3）凤凰单丛　广东省潮州市潮安区特产，国家地理标志产品。凤凰单丛成品茶外形条索粗壮，紧结匀嫩，色泽黄褐，油润有光，并有朱砂红点；具有天然优雅花香，香味持久高强；汤色金黄似茶油，茶汤清澈，沿碗壁有金黄色彩圈；滋味浓醇鲜爽，润喉回甘；叶底肥厚软亮，绿叶红镶边。凤凰单丛茶有特殊的山韵蜜味，八泡仍有余香，具有隔夜不馊的特点。

（4）冻顶乌龙　外形呈半球形弯曲状，色泽墨绿油润，有天然的清香气。汤色蜜绿带金黄，散发桂花清香，味醇厚甘润，喉韵回甘浓郁且持久。

（5）东方美人　中国台湾省独有的名茶，又名膨风茶，又因其茶芽白毫显著，又名为白毫乌龙茶，经茶小绿叶蝉吸食后产生自然发酵的茶芽所制成。受茶小绿叶蝉着蜒后的茶叶呈金黄色，形状如被火烫一般，精制后的茶叶白毫肥大，茶身白、青、红、黄、褐五色相间鲜艳如花朵，茶汤呈明澈鲜丽的琥珀色，有天然蜜味与熟果香，滋味甘润香醇。

6. 黑茶

（1）普洱茶　以云南原产地的大叶种晒青茶及其再加工而成。普洱茶有新老之分。新的普洱茶指的是刚制成的普洱茶，外观颜色较绿有白毫，味道浓烈，刺激性强。老的普洱茶指的是陈放较久的普洱茶，因为经过长时间的后氧化作用，茶叶外观呈枣红色，白毫也转成黄褐色。老的普洱茶由于陈放较久，经过长时间的后氧化作用，茶性变得较温和无刺激，茶汤滋味更醇和，香味更浓厚。

（2）湖南安化黑茶　分为四级。一级茶条索紧卷、圆直、叶质较嫩，色泽黑润。二级茶条索尚紧，色泽黑褐尚润。三级茶条索欠紧，呈泥鳅条，色泽纯净呈竹叶青带紫油色或柳青色。四级茶叶张宽大粗老，条松扁皱褶，色黄褐。湖南黑毛茶内质要求香味醇厚，带松烟香，无粗涩味，汤色橙黄，叶底黄褐。

（3）六堡茶　广西壮族自治区梧州市特产。六堡茶素以"红、浓、陈、醇"四绝著称。其条索长整紧结，汤色红浓，香气醇厚，滋味甘醇可口。

（4）青砖茶　主要产于湖北的长江流域鄂南和鄂西南地区。青砖的外形为长方形，色泽青褐，香气纯正，汤色红黄，滋味香浓。

三、茶人茶文

（一）陆羽和《茶经》

1. 陆羽生平

陆羽（733—804年），唐复州竟陵（今湖北天门）人，一生嗜茶，精于茶道，以著世界第一部茶叶专著《茶经》闻名于世，对中国茶业和世界茶业的发展做出了卓越贡献，被誉为"茶仙"，尊为"茶圣"。他对茶叶有浓厚的兴趣长期实施调查研究，熟悉茶树栽培、育种和加工技术，并擅长品茗。唐朝上元初年（760年），陆羽隐居浙江湖州苕溪，撰《茶经》三卷，成为世界上第一部茶叶专著。

2. 《茶经》主要内容

《茶经》是中国第一部系统地总结唐代及唐代以前有关茶事的综合性茶业著作，也是世界上第一部茶书。全书共分3卷10章。一之源，论述茶的起源、名称、品质，介绍茶树的形态特征、茶叶品质与土壤的关系，以及栽培方法。二之具，详细介绍制作饼茶所需的19种工具名称、规格和使用方法。三之造，指出采茶的重要性和采茶要求，提出了适时采茶的理论。四之器，写煮茶饮茶之器皿。五之煮，写煮茶方法和各地水质的优劣，叙述茶饼、茶汤的调制。六之饮，讲述饮茶风尚的起源、传播和饮茶习俗。七之事，叙述了古今有关茶的故事、产地和药效。八之出，评各地所产茶之优劣。九之略，叙述在何种情况下可省略哪些制茶过程、工具或煮茶、饮茶的器皿。十之图，提出将《茶经》所述内容写在素绢上挂在座旁，《茶经》内容就可一目了然。

3. 《茶经》的历史意义

陆羽在《茶经》中详细收集历代茶叶史料、记述亲身调查和实践的经验，对唐代及唐代以前的茶叶历史、产地、茶的功效、栽培、采制、煎煮、饮用的知识技术都作了阐述，是中国古代最完备的一部茶书。《茶经》的问世，不仅是陆羽对茶的自然科学原理论述，从茶文化学角度讲，也开辟了一个新的文化领域。

第一，《茶经》首次把饮茶当作一种艺术过程来看待，创造了烤茶、选水、煮茗、列具、品饮这一套中国茶艺。

第二，《茶经》首次把"精神"二字贯穿茶事之中，强调茶人的品格和思想情操，把饮茶看作"精行俭德"、进行自我修养、锻炼志向、陶冶情操的方法。

第三，陆羽首次把儒、道、佛的思想文化与饮茶过程融为一体，首创中国茶道精神。

陆羽《茶经》是唐代和唐代以前有关茶业科学知识和实践经验的系统总结，不仅是一部茶学著作，更是自然科学与社会科学、物质与精神的巧妙结合。

（二）卢仝和《七碗茶歌》

1. 卢仝生平

卢仝（约795—835年），号玉川子，范阳（今河北涿州）人，唐代诗人。卢仝一生爱茶成癖，著有《茶谱》，被后人尊为"茶中亚圣""茶仙"。茶对他来说，不只是一种口腹之饮，茶似乎给他创造了一片广阔的精神世界，将喝茶提高到了一种非凡的境界，专心地喝茶竟可以不计世俗，抛却名利。卢仝的《七碗茶诗》传颂至今。

2. 《七碗茶歌》赏析

《七碗茶歌》又称《七碗茶诗》，是唐代诗人卢仝的作品，也是《走笔谢孟谏议寄新茶》中最精彩的部分。

一碗喉吻润，两碗破孤闷。

三碗搜枯肠，惟有文章五千卷。

四碗发轻汗，平生不平事，尽向毛孔散。

五碗肌骨清，六碗通仙灵。

七碗吃不得，唯觉两腋习习清风生。

本诗以夸张的手法，写出了喝茶后身体的种种变化，非常形象地道出了诗人对茶的喜爱。品茶七碗，碗碗茶味不同，步步深入，生动传神。而且近似白话，通俗易懂。

这首《七碗茶歌》在日本广为传颂，并演变为"喉吻润、破孤闷、搜枯肠、发轻汗、肌骨清、通仙灵、清风生"的日本茶道。日本人对卢仝推崇备至，常常将之与"茶圣"陆羽相提并论。

（三）元稹和《宝塔茶诗》

1. 元稹生平

元稹（779—831年），唐洛阳（今河南洛阳）人。早年和白居易共同提倡"新乐府"。世人常把他和白居易并称"元白"。白居易与元稹是当时齐名的大诗人，他们的诗歌理论观点相近，结成了莫逆之交。

2.《宝塔茶诗》赏析

茶。

香叶，嫩芽。

慕诗客，爱僧家。

碾雕白玉，罗织红纱。

铫煎黄蕊色，碗转曲尘花。

夜后邀陪明月，晨前命对朝霞。

洗尽古今人不倦，将至醉后岂堪夸。

全诗一开头，就点出了主题是茶。接着写了茶的本性，即味香和形美。第三句倒装句，说茶深受"诗客"和"僧家"的爱慕。第四句写的是烹茶，因为古代饮的是饼茶，所以先要用白玉雕成的碾把茶叶碾碎，再用红纱制成的茶罗把茶筛分。第五句写烹茶先要在铫中煎成"黄蕊色"，尔后盛在碗中浮饽沫。第六句谈到饮茶，不但夜晚要喝，而且早上也要饮。结尾时，指出茶的妙用，不论古人或今人，饮茶都会感到精神饱满，特别是酒后喝茶有助醒酒。所以，元稹的这首宝塔茶诗，先后表达了三层意思：一是从茶的本性说到了人们对茶的喜爱；二是从茶的煎煮说到了人们的饮茶习俗；三是就茶的功用说到了茶能提神醒酒。

（四）赵佶和《大观茶论》

1. 宋徽宗赵佶

宋徽宗，名赵佶（1082—1135年），北宋第八位皇帝，宋神宗第十一子。在位25年，国亡被俘受折磨而死，终年54岁。赵佶多才多艺，尤以书画知名，但治国无术，在位期间，过分追求奢侈生活，重用蔡京、高俅等奸臣主持朝政，大肆搜刮民财，穷奢极侈，荒淫无度。

赵佶喜茶，精于茶事，擅长分茶与斗茶。蔡京《延福宫曲宴记》里曾详细记述了赵佶的分茶之艺。赵佶以皇帝之尊，亲著茶书《大观茶论》，书中对斗茶有专门论述；所绘《文会图》，是公认的描绘茶宴的佳作，场面宏大而雅致，将茶宴同酒宴、珍馐、插花、音乐、焚香等融于一图之中，展现出宋代文士雅集的典型场景，现藏于中国台北故宫博物院。

2.《大观茶论》主要内容

赵佶写有《茶论》一卷，因成书于大观元年，故后人称之为《大观茶论》。该书是宋代茶书的代表作之一，全书共20篇，分别论述了地产、天时、采择、蒸压、制造等内容，详细描述了北宋时期蒸青团茶的产地、采制、烹试、品质、斗茶风尚等，尤其在点茶的论述中，它的记录详细列出了每一道工序的每一个细节。

经过多年探索和研究，赵佶深知茶叶品质的形成与茶叶的生长地、生长环境、采择、蒸压、制造等环节密切相关。《大观茶论》反映了北宋以来我国茶业的发展和制茶技术的发展，为我们认识宋代茶道留下了宝贵的文献资料。自问世以来，它不仅促进了中国茶业的发展，也极大地促进了中国茶文化的发展，展示了宋朝成为中国茶文化发展的重要时期。

（五）当代茶圣吴觉农

1. 吴觉农生平

吴觉农（1897—1989年），原名荣堂，因立志要献身农业（茶业），故改名觉农，浙江上虞人。中国知名的爱国民主人士和社会活动家，著名农学家、农业经济学家，现代茶叶事业复兴和发展的奠基人。

吴觉农被誉为"当代茶圣"，所著《茶经述评》是当今研究陆羽《茶经》最权威的著作。他还最早论述了中国是茶树的原产地，创建了中国第一个高等院校的茶业专业和全国性茶叶总公司，又在福建武夷山麓首创了茶叶研究所，为发展中国茶叶事业做出了卓越贡献。

2. 《茶经述评》主要内容及历史地位

《茶经述评》是吴觉农先生晚年主编的一部校译评述陆羽《茶经》的专门著作，既有科技知识，又有历史资料；既评述了陆羽《茶经》，又兼及其他古代农业（茶）书籍，以严谨的注释、丰富的内容为学术界所推崇和赞誉。《茶经述评》按照《茶经》的体例分作十章，各章又分别为《茶经》注释校译，并进行了大量的补充与拓展。校译部分简明扼要，述评部分设置了37个专题，内容翔实全面。这是自《茶经》成书以来，第一部全面评述、注释《茶经》的权威著作。该书以丰富的内容、深刻的见解为学术界所推崇，被誉为"二十世纪的新茶经"，是"茶学的里程碑"。

四、茶道精神

中国是世界上最早发现和利用茶的国家。"茶道"一词，起源于我国，随着历史的演变其内涵不断发展和升华。因此"茶道"一词从诞生以来，历代茶人都没有给它下过一个准确的定义。直到近年，对茶道见仁见智的解释才热闹起来。

（一）茶道

1. 茶道的起源

普遍认为，"茶道"始见于唐代。最早出现于唐代皎然《饮茶歌诮崔石使君》："孰知茶道全尔真，唯有丹丘得如此。"他认为饮茶能清神、得道、全真，只有神仙丹丘能体会，并明确提出"茶道"一词。

唐代《封氏闻见记》中记载："因鸿渐之论润色之，于是茶道大行"，很直接地说出了《茶经》与"茶道"的关系。《茶经》集茶叶生产、加工、消费及衍生出的茶文化于一体，知识体统完整，逻辑严密。《茶经》的传播，导致"茶道大行"。陈文怀、周才元提出"陆羽《茶经》是中国茶道的先声，也是中国茶道最原始、最具体的指导原则"。张大为认为：《茶经》就是茶道，至少《茶经》包括了茶道的内容。

继陆羽之后，后世有关茶的著述出现很多，茶人、茶诗也蔚为大观，其中不乏对茶道的见解。如唐末的茶学家刘贞亮在其《茶十德》中对茶道精神的表述"以茶散郁气，以茶驱睡气，以茶养生气，以茶除病气，以茶利礼仁，以茶表敬意，以茶尝滋味，以茶养身体，以茶可行道，以茶可雅志。"将饮茶从物质的层面提高到了恭敬、有礼、仁爱、自省、精行的道德修养层面。宋徽宗赵佶的《大观茶论》对茶道精神有这样的阐述："至若茶之为物，擅瓯闽之秀气，钟山川之灵禀，祛襟涤滞，致清导和，则非庸人孺子可得而矣。冲淡闲洁，韵高致静，则非遑遽之时可得而好尚矣。"将茶对人的情性陶冶和饮茶的心境概括为"致清、导和、韵高、致静"。

2. 茶道的内涵

饮茶可以分为四个层次：将茶当作饮料解渴，大碗海喝，叫作"喝茶"。注重茶的色香味，讲究水质茶具，喝的时候又能细细品味，称为"品茶"。如果讲究环境、氛围、冲泡技巧、人际关系等，称为"茶艺"。而在茶事活动中融入哲理、伦理和道德，通过品茗来修身养性、陶冶情操、品味人生、参禅悟道，达到精神和人格上的享受，就是饮茶的最高境界——茶道。

吴觉农认为：茶道是"把茶视为珍贵、高尚的饮料，因茶是一种精神上的享受，是一种艺术，或是一种修身养性的手段"。

庄晚芳认为："'茶道'就是一种通过饮茶的方式，对人们进行礼法教育、道德修养的一种仪式。"

陈香白认为："中国茶道包含茶艺、茶德、茶礼、茶理、茶情、茶学说、茶道引导七种义理，中国茶道精神的核心是'和'。中国茶道就是通过茶事过程，引导个体在本能和理性的享受中走向完成品德修养，以实现全人类和谐安乐之道。"该茶道理论，可简称为"七艺一心"。

丁以寿认为："茶道是以养生修心为宗旨的饮茶艺术。简而言之，茶道即饮茶修道。"

刘汉介在其出版的《中国茶艺》中提出："所谓茶道是指品茗的方法与意境。"蔡荣章以为："如要强调有形的动作部分，则用'茶艺'；强调茶引发的思想与美感境界，则用'茶道'。指导茶艺的理念就是'茶道'。""道"字，在汉语中有多种意思，如行道、道路、道义、道理、道德、方法、技艺、规律、真理、终极实在、宇宙本体、生命本源等。因"道"的多义，故对"茶道"的理解也见仁见智、莫衷一是。

中国茶道是以修行得道为宗旨的饮茶艺术，其目的是借助饮茶艺术来修炼身心、体悟大道、提升人生境界。

3. 茶道与茶艺

茶艺和茶道既有区别，又相互联系。茶艺是烹茶和饮茶的艺术表现形式，它可分为表演型茶艺、服务型茶艺和生活型茶艺三种类型。而茶道是由茶艺而升华的茶德、茶礼、茶理、茶情等精神产物。由此可见，茶艺是茶道的前期阶段。茶艺主技，载茶道而成艺；茶道主理，因茶艺而得道。

茶文化专家、北京社会科学院的王玲教授在其著的《中国茶文化》一书中对茶艺与茶道的关系作了精辟的论述，其中也包含着对茶道概念内涵的阐释："茶艺与茶道精神，是中国茶文化的核心。我们这里所说的'艺'，是指制茶、烹茶、品茶等艺茶之术；我们这里所说的'道'，是指艺茶过程中所贯穿的精神。有道而无艺，那是空洞的理论；有艺而无道，艺则无精、无神。……茶艺，有名、有形，是茶文化的外在表现形式；茶道，就是精神、道理、规律、本源与本质，它经常是看不见、摸不着的，但你完全可以通过心灵去体会。茶艺与茶道结合，艺中有道，道中有艺，是物质与精神高度统一的结果。"不仅明确了茶道与茶艺之间的关系，而且对茶道概念的内涵也有了正确的认识，即茶道是茶文化的核心，是艺茶过程中所贯穿的精神，茶道具有无形性和不可见性，需要通过心灵去体会。茶艺中如果缺少了茶道精神，茶艺便会无精、无神，就会失去茶艺的真正意义，行道是艺茶中必不可少的内容。

就品饮来说，茶道就包括了技、艺、精神等内容，这也是茶道与茶艺之区别所在。茶艺侧重于"艺"，如茶艺表演过程中无论是作为主角的茶，还是茶具、茶艺师表演技艺以及音乐等辅助工具的运用，无不为了使观赏者和品茶者的视觉、听觉、嗅觉和味觉活跃起来，进而产生一种审美享受。茶道所侧重的是在技和艺的基础上精神层面的内容，是无形的和不可观的。

（二）中国茶道

1. 中国茶道的内涵

中国茶道崇尚自然，不重形式，是以中国文化为依托，由品茗升华为茶道，不像日韩茶道具有严格的仪式和浓厚的宗教色彩。中国茶道包括了茶艺、茶礼、茶境、修道等内容。茶艺是指制茶、烹茶、品茶的方法、技艺；茶礼是指茶事活动中的礼仪、法则；茶境是指茶事活动的场所、环境；修道是指通过茶事活动来陶冶情操、修身养性、悟道体道。换言之，中国茶道是"饮茶之道""饮茶修道""饮茶即道"的有机结合。"饮茶之道"是指饮茶的艺术，"道"在此作方法、技艺讲；"饮茶修道"是指通过饮茶艺术来尊礼依仁、正心修身、志道立德，"道"在此作道义、道理、道德讲；"饮茶即道"是指道存在于日常生活之中，饮茶即修道，即茶即道，"道"在此作真理、终极实在、宇宙本体、生命本源讲。

"饮茶之道"是一门综合性的艺术，它与诗文、书画、建筑、自然环境相结合，把饮茶从日常生活上升到精神文化层次；把修行落实于饮茶的艺术形式之中，重在修炼身心、了悟大道；作为中国茶道的最高追求和最高境界，煮水烹茶，无非妙道。在中国茶道中，饮茶之道是基础，饮茶修道是目的，饮茶即道是根本。饮茶之道，重在审美艺术性；饮茶修道，重在道德实践性；饮茶即道，重在思想哲理性。中国茶道集宗教、哲学、美学、道德、艺术于一体，是艺术、修行、达道的结合。

由此可见，中国茶道之所以区别于日本、韩国等国的茶道、茶礼等，就在于中国茶道是中华民族的各种茶艺表演形式，及其升华的茶德、茶礼、茶理和茶情等精神产物。这种定位，使得中国茶道有着更为博大精深的文化内涵。

2. 中国茶道的发展

人类发现和利用茶经历了药用、食用、饮用的过程，饮茶的方式也历经了采食鲜叶、生煮羹饮、烹煮饮用、冲点饮用、冲泡饮用等阶段的变化。伴随中华茶文化发展而产生的中国茶道也主要经历了三个不同时期，唐代陆羽的《茶经》为中国茶道奠定了基础，煎茶论水、比屋之饮，形成了"煎茶道"。唐代的"煎茶道"重视饮茶环境的选择，认为饮茶活动重在自然。《茶经》讲"茶饮最宜精行俭德之人"。中唐以后，人们普遍认为饮茶能使人养生、怡情、修性、得道。卢仝的《七碗茶歌》、皎然的《三饮诗》、元稹的《宝塔茶诗》等都体现了茶道精神，把饮茶从日常物质生活提升到了精神文化层次。

宋代茶道更加系统化，有炙茶、碾茶、罗茶、候汤、熁盏、点茶等基本程序，宫廷茶道讲究茶艺精湛、礼仪繁杂，民间斗茶以争先斗艳为特色。蔡襄著《茶录》、宋徽宗赵佶著《大观茶论》、沈括著《本朝茶法》，"点茶道"由而成型。宋代茶人进一步完善了唐代茶人的饮茶修道思想，赋予了茶"清、和、淡、洁、韵、静"的品性。

明代朱元璋废除团饼茶，开启清饮之先河，朱权改革传统茶道，撰写《茶谱》，认为茶发自然之性，饮者要"清心神""参造化""通仙寻"，追求秉于灵性、同归自然的境界。张源的《茶录》讲究"造时精，藏时燥，泡时洁。精、燥、洁，茶道尽矣"。后又有许次纾的《茶疏》、冯时可的《茶录》等加以完善，标志着"泡茶道"的诞生。"泡茶道"注重自然，提倡从简行事，主张保持茶叶的本色，顺其自然之性。

现代茶道则体现民族的生活气息和艺术情调，追求清雅、向往和谐。

（三）中国茶道精神概述

有学者指出茶道的几种精神是"清、敬、怡、真"。"清"是指"清洁""清廉""清静""清寂"，茶道的真谛不仅要求事物外表之清，更需要心境的清寂、宁静、明廉、知耻；"敬"是万物之本，敬乃尊重他人，对己谨慎；"怡"是欢乐怡乐；"真"是真理之真，真知之真。饮茶的真谛，在于启发智慧与良知，使人生活淡泊明志，俭德行事，臻于真善美的境界。

我国学者对茶道的基本精神有这样的见解，其中最具代表性的是茶业界泰斗庄晚芳教授提出的"廉、美、和、敬"。庄老解释为："廉俭育德，美真康乐，和诚处世，敬爱为人。"叶惠民也同意此说，认为"和睦清心"是茶文化的本质，也就是茶道的核心。"和"是中国茶道乃至茶文化的哲理表征。

"武夷山茶痴"林治认为"和、静、怡、真"应作为中国茶道的四谛。"和"是中国茶道哲学思想的核心，是茶道的灵魂。"静"是中国茶道修习的不二法门。"怡"是中国茶道修习实践中的心灵感受。"真"是中国茶道终极追求。

陈香白认为："中国茶道精神的核心就是'和'。'和'意味着天和、地和、人和，意味着宇宙万物的有机统一与和谐，并因此产生实现天人合一之后的和谐之美。"作为中国文化意识集中体现的"和"，其内涵非常丰富，主要包括：和敬、和清、和寂、和廉、和静、和俭、和美、和蔼、和气、中和、和谐、宽和、和顺、和勉、和合（和睦同心、调和、顺利）、和光（才华内蕴、不露锋芒）、和衷（恭敬、和善）、和平、和易、和乐（和睦安乐、协和乐音）、和缓、和谨、和煦、和霁、和售（公开买卖）、和羹（水火相反而成羹，可否相成而为和）、和戎（古代谓汉族与少数民族结盟友好）、交和（两军相对）、和胜（病愈）、和成（饮食适中）等意义。一个"和"字，不但囊括了许多美好意义，而且涉及天时、地利、人和诸层面。

延伸阅读

扫描二维码获取

思考研讨

1. 简述茶文化的发展历程。
2. 根据茶叶的加工工艺可以将茶叶分成哪几类？
3. 你最喜欢哪一类（款）茶？为什么？
4. 请查阅相关资料，分享一则茶人故事或者茶类著作。

第十一讲　中华酒文化

内容提要

1. 在中华民族5000多年的历史长河中，酒和酒文化一直占据着重要地位。酒是一种特殊的存在，是物质的，但又融于人们的生活与精神之中。

2. 酒文化作为一种特殊的文化形式，在传统的中国文化中有着其独特的地位。"杯小乾坤大，壶中日月长"，无论怎样，人在社会生活中都要直接或间接地与酒搭上关系，酒文化的传承与发展，丰富了人们的日常生活，诠释着中国人浪漫重情的特点。

关键词

酒文化；酒器；酒具；酒的意蕴。

案例导入

酒文化要坚守历史也要创新开路（节选）

中国酒拥有灿烂的历史文化。文化是人类的血脉和精神家园。酒文化是中华民族文化的组成部分，源远流长，历史悠久，博大精深。我国考古发掘出的陶器当中出现过酒器，佐证了我们的先民在新石器时代后期就已经会人工酿酒了。《吕氏春秋》等著作认为，杜康为酿酒的始祖，在相当长的时间内，古人和先民只会用乳汁、水果与谷物生产酿酒，蒸馏酒何时出现存有争议。近年来，在江西南昌（海昏侯）西汉大墓发现了有疑似蒸馏器具的历史遗存，如果从那个时候算起，2000多年前就出现了蒸馏酒。

自先秦《诗经》和《楚辞》后，文人赋诗酒意甚浓。有人做过统计，李白现存诗歌有1050首，与酒有关的诗就有170首，大约占16%。杜甫存诗1400首，与酒有关的诗竟然占到了21%。酒也激活了历史上书法家的灵感，创造了不计其数的艺术精品，王羲之《兰亭雅集》挥毫写下了天下第一行书。酒与我们国家文艺、文化的悠久联系，在我国浩如烟海的历史当中可见一斑。

除此之外，酒还与中医药结缘，大家知道中医里面有一种药酒，专门通过酒精来萃取中药材里的有效成分。酒能助兴，酒也能误事，古今中外都不主张酗酒。对于未成年人的饮酒和对于司机等特殊岗位和职业，更是有严格的限制，造成严重后果的甚至要用刑。

中国白酒在世界上具有独特的香型文化。世界上有六大蒸馏酒，它们是：白酒、白兰地、威士忌、伏特加、金酒和朗姆酒。中国白酒独有的浓郁酯香味，是其他五种蒸馏酒所不具备的。"未饮三分醉，开瓶满诗香"是中国白酒与其他五种蒸馏酒相比独有的特色，带有微生物菌落，造就了含有酯类的天然香味。带有浓郁酯香的中国白酒，是其他五种蒸馏酒无法相比的。浓香型的白酒产量大约占我国白酒产量一半以上。以汾酒、二锅头为代表的是清香型。以茅台为代表的是酒入口绵，落口甜。此外还有以西凤酒为代表的凤香型、兼香型等十大类香型。

此外，诚信文化是熔铸在品牌中的灵魂，也是企业发展的生命，延续至今的中国酒类老字号企业，都经历过千百年的岁月磨砺。每个中国的著名酒厂，一般都有企业自办的博物馆，博物馆中都写满了诚信的故事，诚信已经成为企业历久弥坚的文化。

如今，我们生活在市场经济的环境当中，诚信经商不只是局限于社会道德的倡导和群众的口碑，也不只是口口相传的美誉度和留在人们心中的美好印象，诚实守信已经成为每个酒类企业自豪的历史和过去。未来的诚信将会被赋予新的内涵，它将是对《中华人民共和国合同法》《中华人民共和国个人所得税法》《中华人民共和国价格法》《中华人民共和国商业银行法》《中华人民共和国劳动法》《中华人民共和国公司法》等一系列法律法规守法状况的表现；它将是可以被记录、被传播、被计量、被运用的正能量。如果企业有不好的表现，就会是负资产。在数字和信息技术普遍运用的时代，守信与失信将在未来世界里面临着冰火两重天。失信者寸步难行，诚信将成为企业无形的资产和难以度量的财富。

我国酒产业要继续迈上新台阶，必须大力弘扬创新文化，认真落实创新、协调、绿色、开放、共享的发展新理念。特别需要强调，我们要以开放的心态加强国际交流与合作，学习外国酒业同行在现代市场经济条件下的创新成果。借鉴它们的现代化经营理念、竞争意识、管理技术、品牌文化，结合自己的实际，走出一条具有中国特色的酒业发展道路。我们要弘扬创新文化，做到不仅能够酿造好酒，也要学会经营美酒。

在中国制造向中国创造、中国生产向中国服务、中国产品向中国品牌转型升级的进程中，挑战是严峻的，差距也是客观存在的，我们要准备付出更加艰辛的努力。

路漫漫其修远兮，吾将上下而求索，我们要继承自己光荣的文化传统，又要善于吸引各国文明的优秀成果，这样的文明才称得上是伟大的文明。我们也许能做到经济上富、军事上强，但只有文化上的富有，才能称得上真正的伟大。我们应该有这样的文化自觉，应该有这样的文化自信。

资料来源：酒文化要坚守历史也要创新开路［N］. 北京商报，2017-10-18（T04）.

一、酒史源流

（一）酒的起源

中华民族的酒文化有着光辉的篇章，关于酒的起源众说纷纭，普遍认同的有猿猴造酒、仪狄造酒和杜康造酒三种。

酒是粮食、水果等含淀粉或糖分的物质，在酵母的作用下经过发酵制成的含乙醇的饮料。酒的产生须具备四个条件：原料、发酵剂、适当的温湿度、酿制器具。从酒的产生到酒文化的诞生，也经历了一个极其漫长的历史发展过程。

1. 猿猴造酒

猿猴很早就发现了野果变酒的自然现象，饮酒所产生的愉悦感和兴奋感，刺激着它们寻踪觅酒或集果成酒，具体的做法不得而知，但仅为利用自然酿成的果酒而已，是采集而非制造。在广西左江地区，当地居民至今仍在饮用自制的一种"猴酒"，就是将猴子藏在山洞中已经发酵的优质野果取回，作为糖化发酵剂酿制而成。

2. 仪狄造酒

相传仪狄是夏禹时期的人。《吕氏春秋》说"仪狄作酒"。《战国策·魏策》说得更详细："昔者，帝女令仪狄作酒而美，进之禹，禹饮而甘之，曰：'后世必有饮酒而亡国者。'遂疏仪狄而绝旨酒。"

3. 杜康造酒

相传杜康也是夏朝时代的人。东汉《说文解字》中解释"酒"字的条目中有："杜康作秫酒。"陕西白水县康家卫村，传说是杜康的出生地。河南汝阳县的杜康河，传说是杜康酿酒处。河南伊川县皇得地村的上皇古泉，传说是杜康汲水酿酒之泉。曹操的诗句："何以解忧，唯有杜康。"也令杜康这个名字深入人心。

西晋时期，江统在《酒诰》中将有关传说写入："酒之所兴，肇自上皇。或云仪狄，一曰杜康……"曹操的乐府诗《短歌行》中有"何以解忧，唯有杜康"的诗句，更加强化了"杜康造酒"说法的广泛流行。

（二）酒文化的诞生

据考古学家的研究，中国的米酒生产可以追溯到新石器时代晚期，约公元前7000年的仰韶文化时期。当时的人们开始利用谷物等，进行酿酒。

在商周时期（公元前16世纪—前256年），中国的酿酒技术逐渐发展，酒成为祭祀和社交活动中重要的饮品。当时的酿酒技术主要是将糯米等谷物进行蒸煮、研磨，然后与酒曲或酵母一起发酵。

古代的酿酒方法包括将谷物糖化、发酵，并使用酒曲或酵母进行发酵。

值得着重提出的是，我国的酿酒技术从商周时起就采取利用曲蘖使谷物发酵的方法，酒曲中除培养的酵母等发酵微生物外，还有霉菌，而单就霉菌应用于酿酒来讲，我国算是世界各国的鼻祖。

人工谷物酒作为物质文化产生的同时，与之相伴的精神文化也随之产生，它的出现标志"酒文化"的应运而生。

(三)酒文化的发展

1. 用曲发酵与中国酒的发展定向

在古代,随着农业的发展和粮食的增多,原始酒已经发展为度数较高、香味较浓的醪醴。《黄帝内经》中记载着当时酿酒的原料是稻米,经过蒸煮酿成的酒称为"醪醴"。

西周的礼乐文明对西周时期的酒产生了重大而深远的影响,从而促进中国酒的转折,这主要表现在以下方面。

首先,发明了酒曲。有了酒曲,就可使糖化和发酵这两个过程结合为复式发酵法,使酿酒工艺彻底脱离了"有饭不尽,委余空桑,郁积成味,久蓄气芳"的原始阶段,使酒的质量产生了一个飞跃。

其次,大力倡导"酒礼""酒德"。中国古代文化史专家柳诒征认为:"古代初无尊卑,由种谷作酒以后,始以饮食之礼而分尊卑也。"

在中国传统文化的影响下,西周酒业所出现的上述新特点,表明中国酒业经过数千年的发展,已经奠定了扎实的基础。

2. 中国酒文化的发展方向

中国酒文化取得的物质成果和精神成果都是巨大的,但酒文化这一学科在中国诞生的时间毕竟很短。在新的世纪,中国酒文化研究事业任重而道远,为此,中国酒业发展及其文化研究今后要做到以下三个结合:一是要同国家的方针政策相结合;二是要同酿酒企业的实际相结合;三是要与建设社会主义精神文明相结合。

在新的历史时期,我们要使传统的酒文化弘扬光大,增强民族自信心,更要取长补短兼收并蓄,造就出具有现代中国特色的新型酒文化。

二、酒类品名

(一)酒的酿造与特性

1. 酒的酿造

酒的酿造是一个涉及多个步骤的复杂过程,每个步骤都对最终产品的口感和质量有着重要影响。

(1)选料　选择合适的原料是酿酒的第一步。这一步要求精选优质的粮食或水果,确保原料的新鲜和无污染,以保证最终酒的品质。

(2)制曲　制曲是将谷物磨成粉后与水混合,再接种曲菌,使其发酵形成酒曲。这一步骤对于酒的风味有着决定性的影响。

(3)发酵　在适宜的温度和湿度条件下,将酒曲加入煮熟的原料中,通过酵母菌的作用,将其中的糖分转化为酒精和二氧化碳。这个过程是酿酒过程中的核心环节。

（4）蒸馏　发酵完成后，通过加热使酒精蒸发，然后通过冷凝器将蒸汽冷却为液体，分离出更高浓度的酒精。这一步骤能够提高酒的酒精含量。

（5）陈酿　蒸馏得到的酒液会被存放在特定的环境中进行陈酿，这个过程可以使酒的口感更加柔和，香气更加丰富。陈酿的时间长短也会影响酒的风味。

（6）勾兑　根据产品的标准和风格，将不同批次或不同类型的酒液按比例混合，以达到理想的口感和品质。这是一个技术性很强的步骤，需要经验丰富的调酒师来完成。

（7）灌装　最后，将勾兑好的酒液进行过滤、检验后装入瓶中，封口并贴上标签，准备销售。这一步骤确保了酒的包装质量和卫生标准。

2. 酒的特性

（1）口感与香气　酒的口感与香气是其最显著的特性之一。不同类型的酒，如红酒、白酒和啤酒，都有其独特的风味。例如，红酒通常醇厚饱满，带有果香和木香；白酒则清澈透亮，散发着花香和果香；而啤酒则口感醇和且爽口，常带有微苦的味道。

（2）酒精含量　酒精是酒的主要成分，它赋予酒独特的风味和特性。酒精的存在可以在短暂时间内带来愉悦和放松的感觉，但也需要适量饮用以避免不良影响。

（3）文化象征　酒也是一种文化的象征，不同国家和地区的酒文化各具特色，反映了当地的历史、地理和人文风貌。例如，法国的香槟代表着奢华和庆祝；中国的白酒寄托着传统和团圆；德国的啤酒则象征着欢乐与友谊。

（4）色泽与透明度　酒的色泽与透明度也是其重要的特性之一。一般来说，有色酒如黄酒、果酒等，其酒度较低；而无色酒如白酒，其酒度较高。

（5）营养价值　某些酒类，如葡萄酒，不仅滋味好，酒精度低，而且营养丰富，果味清香，酒液清亮，酒香醇正无异味。

（6）分类多样性　酒按商品的特性可分为白酒、黄酒、果酒、啤酒、药酒和配制酒等多种类别，每种类别又有不同的风格和特点。

（二）酒的分类

酒的分类主要基于其制造工艺、原材料、酒精含量和总糖含量等不同标准。

1. 按制造工艺分类

（1）发酵酒　通过直接利用酵母菌将糖分转化为酒精和二氧化碳的过程来生产的酒，代表有啤酒、葡萄酒和黄酒。

（2）蒸馏酒　通过加热发酵液使其蒸发，然后冷凝这些蒸汽以分离出更高浓度酒精的酒，如白兰地、威士忌和中国白酒。

（3）配制酒　将两种或两种以上不同类型的酒，或将酒与其他非酒精物质混合而成的酒，例如鸡尾酒和某些药酒。

2. 按原材料分类

（1）白酒　通常使用粮食（如高粱、玉米、稻米等）作为原料。

（2）黄酒　一般以稻米、玉米或小米为原料。

（3）果酒　使用各种水果制造，最典型的是葡萄酒。

3. 按酒精含量分类

（1）低度酒　乙醇含量在20%以下，如某些发酵酒和配制酒。

（2）中度酒　乙醇含量在20%～40%，多数配制酒属于此类。

（3）高度酒　乙醇含量在40%以上，包括各种蒸馏酒和某些配制酒。

4. 按总糖含量分类

这是针对发酵酒的一种分类方法，尤其是对葡萄酒、黄酒和果酒等的区分。

5. 其他分类

还可以根据香型、发酵法、产地等方面进行分类，这些分类反映了不同地域和文化背景下酒的独特风味和制作技艺。

（三）酒的品评

酒作为一种广泛消费的饮品，其品评是一门深奥而有趣的艺术。品评酒不仅是对其口感的简单描述，更是一种综合考量酒的整体品质与个人偏好的过程。以下是酒品评的八个主要方面。

1. 色泽观察

酒的色泽是品评的第一步，通过观察酒的颜色、透明度和光泽，可以初步判断酒的成熟度和品质。例如，红酒的颜色可以从深邃的宝石红到浅淡的砖红不等，每种颜色都代表着酒的不同阶段和风味。

2. 香气闻辨

酒的香气是品评中的重要环节，通过鼻子可以嗅到酒中的各种香气成分，如水果、香料、木头等。香气的浓郁程度和复杂性能够反映出酒的品质和陈年潜力。

3. 口感体验

口感是酒品评中最直观的部分，通过品尝酒可以感受到其酸度、甜度、苦度和涩度等平衡情况。优质酒的口感应该是柔和、细腻而平衡的，带给饮者愉悦的感受。

4. 余味评估

余味是酒在口中停留的时间和感觉，也就是通常所说的"回味"。余味的长度和复杂度能够反映酒的陈年潜力和品质高低。

5. 酒精度感受

酒精度是酒品评中不可忽视的一个因素。适宜的酒精度可以使酒更加醇厚，而过高或过低的酒精度都可能影响酒的平衡和口感。

6. 风味特色

每种酒都有其独特的风味特色，这取决于酿酒原料、酿造工艺和陈年方式。通过品味，可以辨识出酒中的各种风味，如草莓、香草、巧克力等，进而判断其种类和产地。

7. 整体协调

酒的整体协调性是品评中最为关键的一环。协调性是指酒中各个元素（色泽、香气、口感等）之间的平衡和和谐程度。一个协调的酒应该是一个和谐的整体，各个部分相互映衬，共同构成美妙的味觉体验。

8. 个人偏好

品评酒还受到个人偏好的影响。每个人对酒的口感、香气和风味都有不同的喜好和接受度。因此，在品评酒时，也要考虑到自己的个人喜好和口味偏好。

综上所述，酒的品评是一个综合考量酒的多个方面的过程。通过色泽观察、香气闻辨、口感体验、余味评估、酒精度感受、风味特色、整体协调和个人偏好等方面的评估，我们可以更加全面地了解酒的品质和特色，从而选择出适合自己口味的酒款。

（四）国际知名酒品

1. 葡萄酒

罗曼尼·康帝酒庄（Romanee Conti）：产自法国勃艮第地区，是世界上最著名的葡萄酒品牌之一。每年产量非常有限，大约五六千瓶。其葡萄酒只用一种单一葡萄——黑皮诺酿造，口感醇厚，品质卓越。

柏图斯酒庄（Petrus）：又名彼德鲁庄园，位于法国波尔多地区的右岸，波美侯产区。其葡萄酒拥有异常强烈的颜色，香气丰富多变，极具陈年能力，口感醇厚。

拉菲酒庄（Château Lafite Rothschild）：坐落在法国波尔多波亚克区菩依乐村北方的一个碎石山丘上，气候土壤条件得天独厚，是世界上最著名的葡萄酒品牌之一。

2. 干邑

轩尼诗（Hennessy）：是世界上最领先的干邑酒商之一，由李察·轩尼诗（Richard Hennessy）创建于1765年。其干邑口感丰富，层次鲜明，深受消费者喜爱。

唐培里侬香槟王（Dom Pérignon）：产地为法国，创立于1668年，被誉为"香槟之父"。其干邑口感醇厚，气泡细腻，是干邑中的佳品。

3. 威士忌

尊尼获加（Johnnie Walker）：其代表酒款尊尼获加黑方深邃、复杂，由40多种不同地区的苏格兰威士忌调配而成，口感丰富，余味悠长。

芝华士（Chivas Regal）：自19世纪首度推出以来，这种口感醇和丰润的苏格兰威士忌已使芝华士兄弟公司誉满全球。其12年陈酿更是经典之作。

4. 香槟

酩悦（Moët & Chandon）：产自法国，创立于1743年。其香槟口感细腻，气泡持久，被誉为"皇室香槟"，曾多次荣获国际大奖。

这些酒品都是各自领域的佼佼者，无论是口感、品质还是历史底蕴，都让人赞不绝口。它们不仅是酒类产品的代表，更是各自国家和地区酒文化的象征。

（五）中国知名酒品

中国名酒评价体系的形成。自1952年以来，为了振兴酿酒工业，我国共举办过五次全国评酒会。在这些评比中，茅台酒、汾酒、泸州老窖等都被评为名酒，这些评比活动不仅确立了名酒的标准，还促进了白酒行业的发展。从1952年到1989年，这段被称为"名酒期"的历史时期，不仅诞生了老十七大名酒，还催生了一系列影响行业发展的科研成果。中国名酒评价体系的形成是一个涵盖历史、文化、技术和市场的综合过程，它不仅反映了国家对白酒质量的重视，也展现了白酒行业不断进步和发展的历程。中国八大名酒如下。

1. 茅台酒

茅台酒，产于中国贵州茅台镇，是中国著名白酒之一，也是世界三大蒸馏名酒之一。其色泽清澈透明，口感醇厚，回味悠长，具有独特的香气和风味。茅台酒以其精湛的酿造工艺和卓越的品质享誉全球，是中国酒文化的瑰宝。

2. 五粮液

五粮液，产于四川省宜宾市，是中国白酒的杰出代表。它以优质的高粱、玉米、小麦、大米、糯米五种粮食为原料，经过精心酿造而成。五粮液具有"香气悠久、味醇厚、入口甘美、入喉净爽、各味协调、恰到好处"的风格，被誉为"酒中之王"。

3. 泸州老窖

泸州老窖，产于四川泸州，是中国白酒的重要品牌之一。泸州老窖历史悠久，酿酒技艺精湛，以其独特的风味和品质赢得了广大消费者的喜爱。泸州老窖的香气浓郁，口感醇厚，回味悠长，是中国白酒中的佼佼者。

4. 汾酒

汾酒，产于山西省汾阳市，是中国白酒的重要品牌之一。汾酒历史悠久，工艺独特，以其清香纯正、绵甜爽净、余味悠长的特点而著称。汾酒在中国白酒市场中占有重要地位，是中国酒文化的重要组成部分。

5. 古井贡酒

古井贡酒，产于安徽省亳州市，是中国白酒的代表之一。古井贡酒以优质的水源和独特的酿造工艺闻名于世，其酒体清澈透明，口感醇厚，回味悠长。古井贡酒曾多次荣获国内外大奖，是中国白酒的佼佼者。

6. 西凤酒

西凤酒，产于陕西省宝鸡市凤翔区，是中国白酒的重要品牌之一。西凤酒历史悠久，工艺独特，以其醇香典雅、甘润挺爽、诸味协调、尾净悠长的特点而著称。西凤酒在中国白酒市场中享有盛誉，是中国酒文化的重要组成部分。

7. 剑南春

剑南春，产于四川省绵竹市，是中国白酒的知名品牌之一。剑南春以优质的高粱、大米、糯米、小麦、玉米五种粮食为原料，经过精心酿造而成。剑南春具有芳香浓郁、纯正典雅、醇厚绵柔、甘洌净爽、余香悠长的特点，被誉为"绵竹三绝"之一。

8. 董酒

董酒，产于贵州省遵义市董公寺镇，是中国白酒的特色品牌之一。董酒以其独特的酿造工艺和卓越的品质而闻名于世，其酒体清澈透明，口感醇厚，回味悠长。董酒在中国白酒市场中占有一定地位，是中国酒文化的重要组成部分。

这八大名酒各具特色，代表了中国白酒的精湛工艺和卓越品质。它们不仅是中国酒文化的瑰宝，也是世界酒文化的重要组成部分。通过了解这些名酒的历史、文化和酿造工艺，我们可以更深入地理解中国酒文化的博大精深。

三、文学与酒

（一）诗歌与酒

中国原是一个诗的国度。《诗经》居于"五经"之首，要了解中国传统文化，对《诗经》的了解是必不可少的。诗酒交融，千古风流。我国诗歌的源头《诗经》中内容涉及酒的达50多篇，真正拉开了诗与酒结缘的序幕。诗人中诸如酒仙、酒圣、酒龙、酒豪、酒客之类的雅号不绝于耳，历代诗神酒仙的大作足以汇成一部洋洋大观的《咏酒诗集》，写成一部厚厚的《咏酒诗史》，为中国酒文化增添了辉煌的篇章。

明代冯时化在所编《酒史》中，有专门选录和描述当时名酒的"酒品"一篇，其中有诗词歌赋可征者占去了56%，其他一般的只占44%。这充分说明在我国，酒与诗自古以来就结缘很深。

清朝，有个文人叫赵执信的，曾对向他学诗的李重华说过：有人曾说，意思犹五谷也，文则炊而为饭，诗则酿而为酒；饭不变形，酒形、质变尽。吃饭而饱，可以养生，可以尽年；饮酒而醉，忧者以乐，喜者以悲，有不知其所以然者。李重华听了这段话，极力称赞言者的"善喻"。用学术的语言来说，诗与酒的密切关系应有两个方面：一是其"形"的方面。历史上，不仅有大量的咏酒诗和饮酒咏诗的事例，而且，诗人多爱饮酒也是世所公认的事实；二是其"神"的方面，从古至今，酒的酿成和诗的吟成，两者的过程都具有类似的性质。

1. 先秦时期的酒诗

先秦处于我国古代文学发展的初期阶段，酒诗也是如此。在这一阶段的代表著作《诗经》305篇诗中，与酒有关的就达50篇之多。

《豳风·七月》：八月剥枣，十月获稻，为此春酒，以介眉寿。

表示收了稻以酿酒，并祝寿。又说：

九月肃霜，十月涤场；朋酒斯飨，曰杀羔羊；跻彼公堂，称彼兕觥，万寿无疆！

郭沫若在《青铜时代》中是这样翻译的："九月里天高气爽，十月里开心见肠；农忙过了快活哉，吃喜酒，杀羔羊。大家走到公堂上，用大杯给国公献寿，祈求国公万寿无疆！"

《大雅·荡》：文王曰咨，咨女殷商。天不湎尔以酒，不义从式。既愆尔止，靡明靡晦。式号式呼，俾昼作夜。

殷商的灭亡，当然原因很多，但纣王荒淫无道，造酒池肉林，日夜沉醉，即一个重要因素。文王之叹，应当说是给沉迷酒色的当政者敲响了警钟。这些都体现了先秦时期中国酒文化注重"酒德""成礼"的基本特征。

统观《诗经》50多篇酒诗，可以看出周代喝酒几乎遍及各个场合，祭祀天地先祖、招待亲戚朋友、庆贺丰收战功、婚丧喜事、饯行朋友都要用酒，酒已经成了人们生活中不可缺少的乐趣。

2. 秦汉魏晋南北朝时期的酒诗

从公元前221年，秦统一了六国，建立了中国历史上第一个统一的中央集权的封建国家，到589年南朝陈王朝灭亡，历时800余年，是我国古诗逐步发展阶段。曹氏父子、"竹林七贤"、陶渊明则是这一时期的酒诗名家。

魏晋之际，是儒学式微、人欲横流的时代，也是中国历史上酒徒辈出、酒诗涌现的时代。中国酒文化的走向发生了急剧转折。

魏武帝曹操，集政治家、军事家、诗人于一身，不仅自己好饮美酒，而且曾一度留心研究过酿酒工艺，他做丞相时，曾将自己家乡的"九酝春酒"酿造工艺进行了一番改进后奏呈汉献帝。他那震撼千古的《短行歌》，曾引起后世酒徒的一致共鸣：

对酒当歌，人生几何？

譬如朝露，去日苦多。

慨当以慷，忧思难忘。

何以解忧？惟有杜康。

曹操虽是有感于人生短暂如朝露的无情现实才号召"对酒当歌"，但此歌并非"今朝有酒今朝醉"的颓废之歌，而是时不我待、积极进取的激昂慷慨之歌，这歌因酒而唱，为他统一天下的恢宏事业而唱。读着这气魄雄伟、音调深沉的佳句，不难想象出曹操高擎金樽、冲天而歌、英气焕发的形象，也不难窥视到他那种"不戚年往，忧世不治"的雄心。

魏晋之际，社会黑暗。为逃避祸患，很多文人志士沉迷曲蘗。魏末，"陈留阮籍，谯国嵇康，河内山涛，河南向秀，籍兄子咸，琅琊王戎，沛人刘伶，相与友善，常宴集于竹林之下，时人号为竹林七贤。"其中，阮籍认为，饮酒要饮得自由，饮得适心。他不但不愿与那些道貌岸然的"大人先生"共饮，而且憎恨他们的虚伪。酒诗《咏怀·洪生资制度》就是其真实的写照：

    洪生资制度，被服正有常。
    尊卑设次序，事物齐纪纲。
    容饰整颜色，磬折执圭璋。
    堂上置玄酒，室中盛稻粱。

在阮籍等人的心目中，酒只是韬晦远祸的工具、逃避现实的渊薮，酒是酒、诗是诗，两者之间并未显出必然的内在联系。

陶渊明对诗酒关系的划时代贡献，在于他是第一个有意识地将诗与酒"攀亲结缘"的诗人，他在诗中赋予酒以独特的象喻意义，真正体现出诗中有酒的意境、醉中见诗的情趣。如《饮酒》诗第十四首：

    故人赏我趣，挈壶相与至。
    班荆坐松下，数斟已复醉。
    父老杂乱言，觞酌失行次。
    不觉知有我，安知物为贵。
    悠悠迷所留，酒中有深味。

与父老乡亲们共酌的欢乐，使深得酒趣的陶渊明在醉酒之后连自身的存在都忘却了，其他诸如功名利禄之类的身外之物就更不在话下。结合《饮酒》诗的写作背景及陶渊明的人生阅历，这"深味"当指作者对名缰利锁的否定，对山水田园的挚爱，对人生真谛的感悟，对精神自由的追求，与"此中有真意，欲辩已忘言"的"真意"相近。

如果曹操的奋发进取源于他统一天下的恢宏事业，那么陶渊明的奋发进取则源于他追求人格理想。《杂诗》中有这样两首作品：

    其一
    得欢当作乐，斗酒聚比邻。
    盛年不重来，一日难再晨。
    及时当勉励，岁月不待人。

    其二
    气变悟时易，不眠知夕永。
    欲言无予和，挥杯劝孤影。
    日月掷人去，有志不获聘。
    念此怀悲凄，终晓不能静。

诗人是个清醒的现实主义者,知道"盛年不重来,一日难再晨"是铁定的客观事实,任何求神拜佛、寻仙服药以求长生不老的行径都是荒唐可笑的。正因为如此,他才要"及时当勉励",抓紧有限的时光去干一番轰轰烈烈的事业,而不是及时行乐,只有当"日月掷人去,有志不获骋"的时候,才感到真正的"悲凄"。

酒在陶渊明始终有多重含义:以酒作为自己隐居生活中的精神寄托,用以避开世俗的纷扰和潜在的危险。实际上,陶渊明对饮酒是有克制的,只求"神醉"而已。面对险恶的世道,他选择的寻求慰藉的方式是退避田园山林,吟咏山光水色,沉醉酒乡,而不像嵇康、阮籍那样狂饮纵乐。但二者的真意却是一样的,那就是蔑视权贵,追求自由。

诗至齐梁,宫体诗人们更加着意追求酒色的感官刺激。酒在这里已没有了忧患背景下的刺世锋芒,仅仅是一种生理享受手段,几乎失去了它在魏晋时期已经获得的精神品格。

3. 隋唐五代时期的酒诗酒词

从581年隋王朝建立开始,中经传统社会鼎盛的唐朝,到960年五代十国结束,这段时期为我国传统社会文学发展极其繁荣的时代。尤其是古诗的成就,步入我国古诗史上的黄金时代。

隋代酒诗尚不为多,仅录两段:

  桂酒徒盈樽,故人不在席。——杨素《山斋独坐赠薛内史》

  郎去何太速,郎归何太迟。欲借一尊酒,共叙十年悲。——苏婵翼《因故人归作》

酒诗到了唐代才蔚为大观。唐代是个"全面开放"、经济繁荣的社会,无酒禁,无文禁,思想自由。因而,诗至唐代而大盛,酒至唐代亦大盛。酒诗名家之广、数量之多,历代均不可比。李白、杜甫、白居易成为名留千古的世界级酒诗大家,他们同唐代的无数诗酒名家,以其开阔的胸怀、宏伟的气魄,借鉴、扬弃了前人的诗酒流韵,创造出一种唐人特有的诗酒浪漫情调,使酒在这座古代诗歌的峰巅上流溢出醉人的馨香。

如果说唐诗是中国诗的高峰,那么盛唐诗乃是这座高峰的顶点。文化上的"盛唐现象"表现为文学从华靡的倾向中解放出来,带着更为高涨的胜利心情,更为豪迈的浪漫气质,更为丰满的爽朗的歌声,出现在诗歌史上。

盛唐时期,李白酣饮高歌,充满着异乎寻常的豪情,显示出卓尔不凡的个性。正如他在《赠内》诗中所写:"三百六十日,日日醉如泥。"同时李白他在《客中作》中写道:

  兰陵美酒郁金香,玉碗盛来琥珀光。
  但使主人能醉客,不知何处是他乡。

开头两句便能看出,诗人面对(兰陵)美酒、美器(玉碗)、美色(琥珀光),便一扫令人沮丧的外乡异地凄楚情绪,而出现愉悦兴奋之情。后两句说明,诗人并没有意识到是在他乡,当然也非丝毫不想念故乡,只是在美酒面前被冲淡了。充分表现了李白重友情、嗜美酒、爱游历的性格。

在《襄阳歌》中,也能领略李白那种虽放诞却不颓废、既豪饮又不落俗的浪漫生活和乐观精神:

> 落日欲没岘山西，倒著接罗花下迷，
>
> 襄阳小儿拍手笑，拦街争唱《白铜鞮》。
>
> 旁人借问笑何事，笑杀山公醉似泥。
>
> 鸬鹚杓，鹦鹉杯。
>
> 百年三万六千日，一日须倾三百杯。
>
> 遥看汉水鸭头绿，恰似葡萄初酦醅。

这是一首李白的醉歌，是对他自己所过的浪漫生活的自我欣赏和陶醉。我们从李白的醉酒之态，从李白飞扬的神采和无拘无束的风度中，领略到一种精神舒展与解放的乐趣。

诗与李白齐名而被称为"诗圣"的杜甫，虽酒名不如李白，但他的嗜酒却有过之而无不及，同时也是个"酒圣"。杜甫现存的1400多首诗文中，凡说到饮酒的有300余首，堪称中外酒诗数量之最。杜甫十四岁时酒量便大得惊人，世称"少年酒豪"，正如他在诗中自白："往昔十四五，出游翰墨场。""性豪业嗜酒，嫉恶怀刚肠。""饮酣视八级，俗物都茫茫。"

他一生仕途坎坷，郁郁不得志，生活困苦，然而"得钱即相觅，沽酒不复疑""醉里从为客，诗成觉有神"。诗酒流连，终生相伴。他的诗显示了唐代由盛转衰的历史过程，堪称"诗史"。

诗人以洗练的语言，人物速写的笔法，将他们写进一首诗里，构成一幅栩栩如生的群像图。他的五言诗代表作《自京赴奉先县咏怀五百字》则反映了安史之乱即刻爆发前的社会动荡情景，以及诗人忧国忧民的伟大胸怀：

……穷年忧黎元，叹息肠内热。取笑同学翁，浩歌弥激烈……葵藿倾太阳，物性固难夺，顾惟蝼蚁辈，但自求其穴。胡为慕大鲸，辄拟偃溟渤？

以兹误生理，独耻事干谒。兀兀遂至今，忍为尘埃没。终愧巢与由，未能易其节。沉饮聊自遣，放歌破愁绝……朱门酒肉臭，路有冻死骨。荣枯咫尺异，惆怅难再述……

诗中两处涉酒，咏叹了两种不同的感情。前一个"沉饮"为何？只因自己热爱人民，"穷年忧黎元"而弄得进退两难：进不能为稷、契那样的贤臣，退不忍做巢、由那样隐逸避世的高尚君子，更不屑俯就利禄。所以，年近半百，一事无成，只好饮酒赋诗，忘忧破闷。

酒给杜甫带来许多欢乐，也给他带来许多痛苦。他因酒债台高筑，惹了一身疾病，就是59岁时客死耒阳一案，也是酒后所致。

集中反映盛唐时代积极进取精神的是边塞诗。这类诗篇，塑造了许多边塞健儿的英雄形象。诗人们歌颂从军报国、建功立业，却并不无原则地讴歌战争，往往还反对开边。其中王翰的《凉州诗》就是人所共知的咏酒名篇：

> 葡萄美酒夜光杯，欲饮琵琶马上催。
>
> 醉卧沙场君莫笑，古来征战几人回？

一个"醉"字贴切地说明了酒助英雄胆的奇特作用，给人一种激动和向往的艺术魅力，这正是盛唐边塞诗的特色。

把酒话别似乎是一种传统习惯，王维的"劝君更尽一杯酒，西出阳关无故人"，李白的"金陵子弟来相送，欲行不行各尽觞"，分别表达了送行者和离别者把酒话别时的浓浓情意。在这些作品中，酒或是友谊的象征，或是惜别的媒介，或是解忧的使臣，或是消愁的灵丹，都是被当作肯定的对象来对待。晚唐诗人雍陶《恨别》诗却一反常情，宣称"不满"这种酒别的方式，在咏别诗中别具一格：

知君饯酒深深意，图使行人涕不流。

如今却恨酒中别，不得一言千里愁。

唐后期文人当然不是完全没有豪饮之举和壮阔的饮咏，但总的倾向是趋于感伤和忧郁，终不免有"夕阳无限好，只是近黄昏"之感。

五代时期的酒诗甚少，在此仅录刘虚向《北梦琐言》中的两句：知缺醉乡无户税，任他荒却下丹田。

词，是一种配乐而歌唱的抒情诗体。它产生于隋唐的新兴音乐——燕乐或更早的汉魏乐府，到晚唐五代时期发展成为一种独立的新诗体。以后，内容有所提高，随之发展起来。据现在所见到的酒词，最早的是隋炀帝《望江南·御制湖上酒》：

湖上酒，终日助清欢。檀板轻声银甲缓，醅浮香米玉蛆寒，醉眼暗相看。

春殿晚，仙艳奉杯盘。湖上风光真可爱，醉乡天地就中宽，帝王正清安。

晚唐五代时期，词作为一种独立的新体得到了长足发展，并大体分为两个流派。前后蜀词人上承温庭筠、韦庄成为一派，以《花间集》为其代表作。另一派为南唐词，以冯延巳、李煜为代表。

"花间派"重要词人李珣是五代前蜀时秀才，屡举宾贡，少有诗名，尤工词，其词中不少含有"酒味儿"，《南乡子·山果熟》就是一首有名的酒词：山果熟，水花香，家家风景有池塘。木兰舟上珠帘卷，歌声远，椰子酒倾鹦鹉盏。

在这首词中，作者抓住几样地方色彩浓厚的和富有特征意义的景物，寥寥数笔，就将美丽的南国风光和赏景饮酒的欢乐心情描述出来。词中所言"椰子酒"是用椰子浆和椰子花汁酿成的果酒，早在唐朝就已风行。这种创造发明，在中国酒文化长河中独具光辉，值得钦佩。

词到南唐，风格又转。从花间的鲜明，一变而为奔放。这种转变，到了后主李煜手里，借着他独立的个性，乃更显然。他前期的词风格柔靡。后期写的词，反映亡国之痛，情挚意切，富有感染力，在唐末五代词中具有极高成就。

南乡子·咏渔三阕

云带雨，浪迎风，钓翁回棹碧湾中。春酒香熟鲈鱼美，谁同醉？缆却扁舟篷底睡。

虞美人

风回小院庭芜绿，柳眼春相续。凭阑半日独无言，依旧竹声新月似当年。

笙歌未散尊罍在，池面冰初解。烛明香暗画楼深，满鬓清霜残雪思难禁。

（二）小说与酒

随着生产力的发展，酒产量的扩大，酒的饮用日益深入社会生活。中国的酒文化是一种地地道道的社会文化，大众文化。以真实反映人类社会生活为任务的小说，当然也就离不开酒。研究小说与酒的这些联系，可使我们进一步加深对于酒与文学千丝万缕的关系的认识。

中国小说的发展经历了一个漫长的历史过程，相比诗词书画要迟一些。它萌芽于先秦时期，发展于魏晋南北朝时期，成熟于明清时期。小说与酒的联系也经历了一个由浅入深、由偏到全的过程。我们不妨顺着历史发展的纵向脉络来作一番剖析。

1. 明以前的酒小说

先秦时期的所谓小说，和我们今天的小说全不是一回事。那时的所谓小说，用庄子的话来说，就是"饰小说以干县令，其于大达亦远矣"（《庄子·外物》）。他是把浅薄琐碎的言论叫作小说。那时，只有诸子著作中夹杂的寓言故事以及《山海经》《穆天子传》可以算作是小说的萌芽，这些作品已经反映了一些关于酒的故事。如《韩非子·外储说右上》中的一则寓言故事讲到，一户卖酒人家因为养的狗太凶，顾客不敢上门，致使酒卖不出去而变酸。

西周时期是我国酒文化发展史上一个极其重要的时期。"井田制"的实行推动了农业发展，为酿酒提供了原料。在姜尚"大工大农大商"思想的指导下，西周把商业看作是国民经济的三大支柱之一，商品经济异常发达，加上家饮户酿的生产生活方式，酒的买卖自然兴隆，《诗经》中就出现了"无酒酤我"的句子。"酤"，买（卖）酒也。

百姓中如此饮酒普遍，那么王室贵族饮酒就非常盛行了。《周礼·天官冢宰》记载，王室造酒，设"酒正，中士四人，下士八人，府二人，史八人，胥八人，徒八十人。酒人，奄十人，女酒三十人，奚三百人"，如果加上负责科研和工艺技术的"大酋"，领导酿制的"酒人"，主持贮藏勾兑的"醢人"，总管酒器的"郁人"及酿酒的史、胥等，总数就达630余人。

到了魏晋南北朝时期，小说有了进一步发展。在志怪小说方面有《神异记》《十洲记》《搜神记》等。在志人小说方面则以《西京杂记》《世说新语》等为代表。这些小说虽然只是"丛残小语""粗陈梗概"（鲁迅语），但写作上简约隽永，文情委婉，颇耐人寻味，而且在人物的刻画上已经有了明显的进步。

由于创作者都是文人，他们所描写的生活面，也没有离开文人自身的生活圈子和他们的生活情趣。在酒的描写上，基本上是反映当时文人纵酒放诞，或者是上层社会的故事。这些作品虽然是"粗陈梗概"，但在性格的刻画上、人物的塑造上已经有了明显的进步。例如在《世说新语》中有关刘伶、阮籍、王敦的若干篇章就是这样。

酒至唐代而大盛，文至唐代也大盛。唐代是一个全面开放、经济繁荣的社会，无酒禁，无文禁，思想自由。统治者把百姓饮酒看成政和民乐的表现，从宫廷到城乡饮酒之风盛行，酒已成为人们日常生活中不可缺少的饮品。这在牛僧孺的小说《玄怪录·古元之》关于饮酒的丰富想象中可略见一斑：该书描写了一个比陶渊明的《桃花源记》还要引人入胜的乌托邦式的和神国。

2. 明代的酒小说

明代是中国文化发生融合和撞击的变革时代，人性骚动，思潮翻腾。朦胧的近代人文主义哲学思考，地主阶级审慎的文化反思，反潮流的小农经济民主思想萌芽，都企图超越传统，但又不自觉地被传统的大网所束缚。人文主义思潮的崛起。这样的思想文化背景必然地要反映在文学创作特别是小说创作中。

我国古典小说名著《三国演义》《水浒传》《西游记》《金瓶梅》等都出自明代，足见明代小说之辉煌成就。如果说，反映帝王将相政治斗争和军事斗争的《三国演义》代表了明初的保守文化，尊崇传统的伦理规范的话，那么后三部小说则是对传统的伦理纲常的猛烈冲击，是反映明代变革思潮的代表作。

明初有酒禁，但后改为酒税制。明代中后期是中国历史上一个奢靡的时代。在当时商品经济发展、城镇大规模兴起和生活物品需求量剧增的社会氛围中，加上统治者采取放纵的态度，使得人们对酒的需求量大大超过了前代。这主要表现在酒的品种与销量的繁多以及饮酒场合的广泛上。这些都在明代小说中有着十分明显的反映。虽然《三国演义》反映的是汉末至晋统一这一历史时期的事情，《水浒传》反映的是北宋末年的事情，作品中对饮酒的描写如此精彩练达，自然与作者本人的饮酒实践和他所处的社会饮酒氛围都有密切关系。值得注意的是，明代小说中酒的篇幅大大增加，而且小说家往往借酒来推动情节的发展，刻画人物的性格，渲染艺术气氛，一句话，把酒作为艺术表现的一个不可或缺的手段，而不是一种简单的道具。

明初的鸿篇巨制《三国演义》，写酒的场面比比皆是，它主要体现的是酒与政治斗争和军事斗争的重要关系。第一回开宗明义的"宴桃园豪杰三结义"中，刘备、关羽、张飞三人就是以酒祭拜天地，宣誓结义，开始了轰轰烈烈的事业。

"青梅煮酒论英雄"的一段描写，把曹操、刘备这两个人物的性格刻画得入木三分。借青梅煮酒，生动地刻画了这两位善于权变的政治人物的性格和心理变化。酒在营造气氛和深化人物性格方面起到了不可替代的作用。

关羽镇守荆州时，中曹军毒箭，久治不愈，华佗不请自到，特来医治。他说："当于静处立一标柱，上钉大环，请君侯将臂穿于环中，以绳系之，然后以被蒙其首。吾用尖刀割开皮肉，直至于骨，刮去骨上箭毒，用药敷之，以线缝其口，方可无事"。此法所受痛苦令人不寒而栗。关羽拒用这些方法，口饮了几杯酒，与马良弈棋，伸出右臂请华佗刮治，依次割开皮肉，骨色已青，用刀刮时，悉悉有声。众人都十分害怕，关羽却"谈笑自若，仍在弈棋饮酒"直到缝合已毕，关羽大笑而起，向众人说："此臂伸舒如故，并不疼了，先生真乃神医也！"关羽的英雄气概自是令人折服，而酒在这里所起到的麻醉、止痛、兴奋作用也是不可小视的。

明代中期以后，社会已发生了极大的变动，被明初统治者推崇到至高无上地位的"三纲五常"发生了根本动摇，出现了"纪纲颓坠""纲纪凌夷""教化已亡"的局面，人民对黑暗统治日益不满。这时，具有强烈反抗统治者色彩的长篇《西游记》便应运而生。从孙悟空大闹蟠桃会，到再次偷仙酒，写得有声有色，想象得极为大胆，把孙悟空写得机智、诙谐、风趣、泼辣、大胆。这段描写应是展现孙悟空思想性格的最关键的部分。自然少不了酒的参与。也正是对醉酒、偷酒场面的描写，才使得这一部分成为全书最引人入胜的篇章。

（三）散文与酒

从已发现的甲骨卜辞中的酒散文到周代酒散文来看，在人之初，也是酒之初的基本用法，却统统是一个"祭"字。酒是圣物，是祭礼，是祭文。《尚书·酒诰》第一点是教诫群臣以殷纣为戒，不应沉迷于酒，导致亡国，云："天降威，我民用大乱丧德，亦罔非酒惟行。越大小邦用丧，亦罔非酒惟辜。"第二点则是宣传酒文化，一是祭神祀祖，依礼饮酒："越庶国，饮惟祀，德将无醉"；二是"……纯其艺黍稷，奔走事厥考厥长"；三是"……远服贾用，孝养厥父母，厥父母庆，自洗腆，致用酒"；四是士大夫服从教令，有功于君长，"尔乃饮食醉饱"。当时享祭或庆祝饮酒，是可以载歌载舞的。

先秦是中国传统文化的奠基时代，也是中国传统散文的成熟定型时代。"自由"是先秦散文的基本特征与主旋律。《庄子》有一篇写酒的千古妙文，这篇酒文也是千百年酒文之宗。其中"壶子"的话，充分代表了老庄哲学的主旨：追求生命的本质即自由的实现，也代表了先秦诸子散文的基本特征：自由自在，不为物役。

两汉酒文是千秋万代酒文之至宝。两汉之酒文，关联的不是哲学，而是政治；不是人心，而是社会。曹操的诗中有"对酒当歌""何以解忧，惟有杜康"，又写有《上九酝酒法奏》，说明他有造酒的经验。他喝酒却又禁酒，建安七子中名气最高的人物孔融就用讥嘲口气写了《难曹公表制禁酒书》《又书》两篇文章。

汉末政治败坏，一是士大夫沉湎荒淫，一是文人追求个性解放，不遵礼法。王粲《酒赋》云："暨我中叶，酒流犹多，群庶崇饮，日富月奢。"曹植《酒赋》云："缪生失醴而辞楚，侯嬴感爵而轻身。谅千钟之可慕，何百觚之足云。"他并叙述了王孙、游侠的"献酬交错，宴笑无方""扬袂屡舞""扣剑清歌"等宴乐情况。曹魏时代充满文人借酒发抒豪情的文化生活。建安时代关于酒的散文中，也可见"文以气为主"的通脱特征。

在东晋末，刘宋王朝建立，政治、社会风气有了改变。如陶渊明性嗜酒，他也处在和嵇康、阮籍相同的时期，但态度就平和得多。他学《酒德颂》的自传式写法，写有《五柳先生传》，还有《述酒》写东晋最后君主被鸩杀的事情的。

两晋及其后，散文出现了对酒德、酒功赞颂的文章。晋隐士戴邈《酒赞》云："醇醪之兴，与理不乖。古人既陶，至乐乃开。"袁山松《酒赋》、刘恢《酒箴》也都写了酒的作用。

文以载道是隋唐散文的使命与主线。韩愈的酒文《送王含秀才序》写得深富至理，妙蕴禅机，从"私怪隐居者，无所累于世"起首，到"吾又以及悲醉乡之徒不遇也"。一纵一擒，一放一收，一承一转，一叙一结，将"悲醉乡之辞"与"嘉良臣之烈"天衣无缝地统一起来。

白居易《酒功赞》把自己比之于刘伯伦（刘伶），而且还不无嘲谑与揶揄孔圣人，认为思也罢，学也罢，"不如且饮"，令人忍俊不禁。

明代后期，人们很注意饮酒的意趣。竟陵钟惺写了《题〈酒则〉后四条》一文，提出了"饮酒之神""饮酒之气""饮酒之趣""饮酒之节"四条要求。

清代的文章，更富于人情味。不受理学拘束而写来幽默的饮酒文，则可推曹寅的《二杯铭》和蒲松龄的《酒人赋》。前者写南董数杯而饮的乐趣，后者写尽酒趣，而酣酒者则以枝击其臀。

在太平天国之后，不免有文人写酒。同治年间的张文虎，在避难上海时，写了一篇《师琴友酒图记》，文中批评了当时的士大夫饮宴："朝优伶而夕狎邪。"

酒文化关于经济方面的散文，则见思想的开放，近代刘心源《〈酒课考〉按语》主张收酒税有利，无累于民。近代思想家冯桂芬《重酒酤议》不但反驳了明朝王应麟禁酒主张的"不考古事，不采近闻，不达人情物理"，而且主张重酤，即特别提高酒的税收，而量减五谷布串的税。

延至当代，饮酒在一些散文家的笔下，又呈现另一种色彩。他们不再着眼于游山玩水、聚饮群欢的描绘，也不喜欢酒醉的滋味，而是愿意独酌或二三老友边谈边饮，从饮酒中去追求自身安静恬适的生活情趣。

自古至今，写酒和酒文化的散文层出不穷。不仅内容深广，镌刻下鲜明的时代印记，而且使文章写作越发恣肆清新，意味盎然，留下了许多独特风格名篇佳作。

（四）酒令

酒令，顾名思义，是饮酒时的一种规矩。通常情况是推一人为令官，余者按一定的规则听令。实际上，酒令是饮酒时所进行的一种风流文雅的娱乐活动，特别在宴席上更是一种助兴的手段，是文化于酒，也是酒中的社会文化。酒令的许多形式和辞令体现着中国传统文化的内容。

最初，酒令的本意是有关节制人们饮酒的律令。到了春秋战国时期，随着西周奴隶制度的礼崩乐坏，"监""史"则被"觞政"所取代。觞政是在宴会上执行罚酒使命的人。西汉刘向《说苑》一书记载："魏文侯与大夫饮酒，使公乘不仁为觞政曰：'饮不釂者浮以大白。'文侯饮而不尽釂，公乘不仁举浮君，君视而不应。侍者曰：'不仁退！君亦醉矣。不仁曰：……为人臣者不易，为君亦不易。今君已设令，令不行，可乎？'君曰：'善！举白而饮。'"故事反映执行使命的觞政，态度严肃认真，国君也不得违令逃罚。这显示出酒令的权威性外，更表明酒令的内涵已由原来的节制饮酒转变为劝酒的性质，"礼"的内容也逐渐淡漠。

纵览漫长的中国古代酒令发展史，可以看到：酒令萌发在西周，诞生在东周，繁荣于唐宋，至明清时已达到巅峰。酒令是我国酒文化中戛戛独造的一朵别有风姿的奇葩，它是劝酒行为的文明化和艺术化。王守国《酒文化中的中国人》一书把酒令分为大众酒令和文人酒令两大类。前者更具实用性，后者更具艺术性。

四、饮酒艺术

（一）饮酒礼俗

考查古今礼仪和民俗，可以发现，酒与这些礼仪的联系竟然如此密切，以至于达到"无酒不成礼""无酒不成席"的地步，正是在千姿百态的礼仪活动中得到了普及和发展，因而形成了独具中华民族特色的酒礼与酒俗。

1. 古代饮酒礼仪

饮酒礼仪几乎与酒同步诞生。作为中国一切文化现象特征的"礼"，也正是在人们的饮酒和饮食活动中产生的："夫礼之初，始诸饮食。"（《礼记·礼运》）明末顾炎武《日知录·酒禁》说："先王之于酒也，礼以先之，刑以后之。"同时期的黄周星《酒社刍言》也说："古云酒以成礼，又云酒以合欢。既以礼为名，则必无伦野之礼；以欢为主，则必无愁苦之欢矣。"就是说，从古以来，说到酒，首先突出一个"礼"字，都遵循严格的礼仪。体现出古代社会尊卑、贵贱、长幼分明的等级制度。中国的饮酒礼仪在饮食习俗的基础上形成，突出地体现着中国社会和文化的特点，已成为中国悠久传统文化的一个重要方面。

殷周时期，饮酒礼仪已经系统化和制度化，大体分为六个方面。

（1）祭奠天地、神明、祖先的礼仪　用酒祭奠，最早萌芽于夏朝时代。当时由于自然科学不发达，人们对于生命现象、雷电现象、自然灾害等不解其缘。以天为万能有力之主宰，认为风调雨顺、五谷丰登、生老病死均出于天之支配，君王平生所为事业，也出于天之掌握，遭凶祸则是天罚，遇幸福则是天佑，因此就有祭天以求保佑。

天之祭者有四时、寒暑，日月、星辰、水旱等；次之为群神之祭、山川之祭；再次，是各阶层的祖先之祭。这种种的祭祀，都是要表达人们的祈望、心愿和情感。

以酒作为祭祀之物，周朝时期就已经有了很详细的记载。而且，当时用于祭祀之酒和人们饮用的酒并不相同，也不能混淆。祭祀之酒称为"五齐"，一曰泛齐，二曰醴齐，三曰盎齐，四曰缇齐，五曰沉齐，宋人王昭禹曰："五齐用以祭祀，每有祭祀，其造作必有量数，故曰齐焉。"《礼记·月令》记载关于黄酒酿造的"古遗六法"："秫稻必齐，曲蘖必时，湛炽必絜，水泉必香，陶器必良，火齐必得。"

玄宗即位后，改紫极宫为太清宫，几次亲到鹿邑谒祭，每次都用鹿邑枣子集生产的酒设奠致祭，人们把他用过的酒叫作"皇帝祭酒"。

（2）祭酒之祼器　古今祭酒祼器专用，而且有等级之分：周朝以前，祼器（盛酒器具）主要有柜、罍、彝、舟、瓒、瓢、蜃等，"柜用以事上帝，大罍用以祭社稷，瓢用以禁门庭，蜃用以祭四方山川。"

各种祼器的用场不同，其内所盛之酒也不同。前面对祭祀时所用酒郁鬯已略有阐述，并提到郁鬯之酒乃是用一种芳草熏煮而成。此草名为郁草，又名十叶，每十二支为一组，共用一百二十组合而煮之，然后停于祭祀坛前。"王昭禹曰：'必用郁者明其德之香'。郑锷曰'王之祼鬯必和以郁金，取其芬芳也。'王度记云：'天子以鬯，诸侯以薰，大夫以兰芝，士以萧，庶人以艾，欲芬芳条畅耳。'"可见，周祭祀礼仪中，天子、诸侯、大夫、士、庶人之间等级之分明。祭祀时度用的尊数，也有礼仪区别，"大祭时，虽度用一尊，则用二尊以为副；中祭度用一尊，也用二尊以为副贰；小祭度用一尊则用一尊以为副。祭之大则所酌者多，祭之小则所酌者寡。"

用以祭祀之酒，一般是朝奠夕撤，然有大故而祭者，如以丧礼悲哀祈于神故，亦存之即撤。这也是周礼之一种。

（3）饮酒的礼仪　周朝时饮酒的礼仪也有等级之分，人们饮用的酒称为三酒。一曰事酒，二曰昔酒，三曰清酒。三酒的名称由来为："事者方有事于糟滤，昔者熟之而可久，清者澄之而可饮。"

周朝祭祀祼器即有礼仪区分，何种酒器为何等层次之人饮用，也有同样的礼仪之规定：饮器："上古汙尊而杯饮，未有杯壶制也。""舜祀宗庙用玉斝，其饮器欤。"

饮器制："一升曰爵，二升曰觚，三升曰觯，四升曰角，五升曰散，一斗曰壶。"

周朝称天子所赐之酒为"礼酒"，并郑重其事地颁布了一部《酒诰》，明确指出天帝造酒的目的并非供人享用，而是为了祭祀天地神灵和列祖列宗，严申禁止"群饮""崇饮"，违者处以死刑。根据长幼尊卑不同，谁坐在什么位置，谁使用什么样的酒杯，谁该给谁敬酒，谁该怎样答酒等，都有十分具体详尽的规定。

（4）酒官制　周朝设有酒官，专职负责酒的礼宾事宜。《周礼·天官冢宰》记载：周朝天官之属，酒正掌酒之政令……酒人掌五齐、三酒……浆人掌共王之六饮……郁人掌祼器……鬯人掌共秬鬯而饰之……司尊彝掌凡六尊，六彝之位。

酒正乃酒官之长，下设"中士四人，下士八人，府二人，史八人，胥八人，徒八十人。""酒正掌酒之政令，以式泾授酒材，凡为公酒者亦如之（把握造酒的时机、原料、陶器、水泉、火候等）"；酒人下属奄士（府史之类）十人，女酒（女奴晓酒者）三十人，奚（女奴）三百人。酒人掌为五齐、三酒，祭祀以共奉之，以役世妇。共宾客之礼酒、饮酒而奉之。凡事共酒而入于酒府，凡祭祀共酒以往，宾客之陈酒亦如之。

浆人下属奄士五人，女浆（女奴晓浆者）十五人，奚一百五十人。浆人掌共王之六饮，水、浆、醴、凉、医、酏，入于酒府。共宾客之稍礼。共夫人致饮于宾客之礼，清醴、医、酏糟，而奉之。浆人除供奉人饮酒之外，还要掌握、实施酒之酿造的不同方法。

郁人下属士二人，府二人，史一人，徒八人。郁人掌祼器。

周王朝的酒官制及礼仪对后来的历代王朝影响甚大。历代五部之一的礼部，皆源于此。

（5）酒的赏赐制度　从殷周开始至历代王朝的统治阶级，都以赐酒作为驾驭臣下和笼络人心的一种手段。君王对于那些王宫忠实卫士，常赐酒以劳其功；对死于王事者的遗孤或老人也赐酒饮之，以念其功。所赐酒多少则以醉为度，示其恩意之厚。王者赐酒，也有以书契形式授予的，使其知所得之数。

（6）民间的礼仪　周朝之初以至中叶，民间流行"乡饮酒"的风俗和礼仪。这种仪式是集一乡之人而举行的宴会，其意义和目的是让乡亲们彼此相亲睦、相尊敬、明长幼之序、习宾主之礼。这种乡饮酒宴会，每三年开一次。周朝时，也倡导文武双全，鼓励人们练武，"又有一年二度者，州长习射而为饮也。一年一度者，党正于习射时开会也"。

2. 古代饮酒风俗

我国自古以来就有种种饮酒之风俗。有的是文明礼仪，有的是伤风败俗，有的见之于手册，有的中辍失传，有的由民间传至今日。

（1）酗酒之风　酗酒之风始于殷商，盛行于春秋战国，狂饮于魏晋。

（2）饮酒歃盟之风　春秋战国时期，大小诸侯国为了达到挟天子令诸侯争雄称霸的目的，利用饮酒、歃盟的形式，用推让或强行的举动，争当盟主，攫取霸权，以发号施令。

（3）饮酒舞剑之风　饮酒舞剑之风的兴起，当在春秋战国时期，当时多出于政治目的。

（4）饮饯行酒之风　饮饯行酒也始于古代，给人印象最深的是七国争雄时晋国武士荆轲刺秦王的饯行，悲壮感人。曾有诗云"饮饯易水上，四座列群英"。到后来，这种饮饯之风，发展到亲朋好友间的饯行相送。

（5）禁酒之风　历代王朝提倡禁酒之风者，大有人在。但酒依然是时禁时驰，遇兵荒马乱，天灾人祸则禁紧；遇五谷丰登，人寿天喜则弛张。

（二）酒器与酒具

随着酒的产生和发展以及整个社会生产力的发展和人们精神文明程度的提高，酒的器皿，也日益发展与提高。这些酒器标志着我国酒文化和酒工艺水平，也是我国劳动人民的智慧结晶，对于研究酒文化具有深远意义。

1. 酒器种类

（1）酒制品原材料　从制品原材料来讲，常用的可分为：陶制品酒器、水晶制品酒器、金银制品酒器、玻璃制品酒器等。这些酒器制品，并不是偶然产生的。每种制品酒器的产生，都是与时代的经济发展条件和工艺水平相关联的。在远古的原始社会，由于社会生产力低下，人们需要的各种器皿也只能是陶制品，至于陶制品的酒器，也不是人们在发明陶制品时就能制作的。在彩陶、红陶、灰陶文化的石器时代，迄今尚未发掘出陶制品的酒器，直到进入新石器时代的黑陶文化时期，在山东泰安大汶口发掘的文物中才发现黑陶制作的酒器。在这样的生产力条件下，绝对不可能出现超越经济发展水平的工艺产品。

（2）酒器分类　从酒器的用途来讲。大致可分三类：盛酒酒器、温酒酒器、饮酒酒器。在漫长的酒文化史上，虽然经历更迭变化，就其每一分类来讲，确实是由低级的形式、简陋的装饰逐步向高级的、多姿的方向发展。每一种类型的发展，都表明了生产力的发展。

①盛酒酒器：我国古代盛酒酒器是非常讲究的，不仅名目繁多，而且样式新颖，堪为历代王

朝之珍品，迄今仍有国宝的价值。但这种器皿并不只是为了盛酒之用，很大的成分是用于装饰和欣赏。不仅显示了物主的高雅风貌，而且也无疑显示了帝王将相和有产之家的豪富。

②温酒酒器：在出土文物中尚未多见，一般来讲有两种，即盛酒之器皿中的斝、盉。这两种器皿是身兼二用，既是盛酒之器皿，又是温酒的器皿。到后来又把过去盛酒器皿中的壶，也发展为温酒的器皿了。所谓温酒酒器，即今天烫酒的酒壶。

③饮酒酒器：在古代有爵、觥、觯、觚等器皿。它的造型和工艺，与盛酒酒器，温酒酒器大致相同，具有较高保存价值。到后来，饮酒酒器由陶制品到青铜制品、瓷制品，以及各种原材料制作，发展到盏、盅、杯等现代形状。

2. 酒器历史分期

关于我国酒器的历史分期，目前划分的标准并不一致。有的按历史发展阶段来划分；有的是以时代生产力发展的程度来划分；有的是以科技水平来划分。本书为了便于读者系统了解有关酒的器皿知识，我们则采取按历史朝代的发展顺序，分为上古时期的酒器、中古时期的酒器、近古时期的酒器和当代时期的酒器。

①上古时期酒器代表产品：以陶制品酒器、青铜制品酒器、漆制品酒器为主。

②中古时期酒器代表产品：以各种瓷制品酒器为主。

③近古时期是瓷制品酒器继续发展的鼎盛时期。

④当代时期酒器代表产品：以玻璃制品酒器为主、瓷制品酒器为辅。目前出现用塑料制品制成的盛酒酒器和饮酒酒器。

我国的酒之器皿，在漫长的岁月中，形成了自己独特的酒器发展史，是研究酒与酒文化最宝贵的历史见证。

（1）上古酒器　上古时期的酒器，包括陶制品酒器、青铜制品酒器、漆制品酒器和襁褓中瓷制品酒器。它经历了我国古代10余个王朝，发展起来。

①陶制品酒器：它始于我国原始社会末期父系氏族社会，是我国最早的酒器。陶制品酒器的发现，说明并不是有了陶制品就出现了酒器。早在仰韶文化，也称之为彩陶文化时期，就已出现陶器，但在考古挖掘中并未有陶制酒器的发现。

②青铜制品酒器：以青铜制品为代表的酒器，是商周和春秋战国时期为主的常见的饮酒器皿。商周王朝和春秋战国时期，青铜铸造业进入鼎盛阶段。从出土文物来看，除农具和手工工具以及兵器外，还发现大量的青铜礼器和生活用具，其中包括青铜制品的酒器。

③木漆制品酒器：秦汉时期较为常见的酒器。这种酒器既不同于陶制品酒器，又不同于青铜器酒器，而是涂漆于木制的酒器上，通过地下出土物来看，常常是面有黑色，而内部往往着有朱彩。这种酒器十分讲究，不仅美观大方，而且用起来很轻便。

④青瓷制品酒器：青瓷制品酒器的萌芽时期，始于魏晋南北朝时期。这时期人们使用的主要酒器，仍然以"耳杯"为代表。出土文物中虽然不时发现有"朱漆耳杯"，但数量不多，还发

掘出一定数量的"青铜耳杯"。在辽宁省朝阳北燕冯素弗墓发现的玻璃器皿中,有一件为"圆形杯"。杯为孔雀绿色,色泽非常艳丽夺目,高8.8厘米,口径9.3厘米。两晋时期出现较早的青釉瓷器,是我国瓷器产生的萌芽,为唐宋时期瓷器的发展,铺平了宽阔的道路。

（2）中古酒器　中古时期的酒器特征,是以瓷制品酒器为主的新历史时期。这个时期经历了隋唐五代宋辽金元等王朝,由于各个王朝的经济、文化发展不平衡,因而每一朝代的瓷制酒器,都有自己的独特风格。中古时期处于我国传统社会中期,由于生产力的提高,传统经济得到了长足的发展。这时期的酒器虽已是不少,但就产品来讲,具有划时代特点的酒器,当推瓷制品的酒器。

①隋代时期:隋王朝统治仅仅37年,便被太原留守李渊推翻了。这时的瓷器,虽说出现"乳白釉""茶沫釉"等瓷器,但是规模不大。可以认为,酒器无甚进展。

②唐代时期:唐王朝是我国历史上的黄金时代,在那时已经出现的"三彩酒盅"。据酒专家研究,唐代已经发明了白酒,它的度数无疑比原来度数高得多了。所以,饮酒酒器要小些,出现了与现在相仿的酒盅,是适应"酒"发展规律的。同时唐代的酒器形状也在改变,椭圆形的杯子不存在了,取代而来的多为圆形酒杯,而且以瓷器的居多。

唐代陶瓷除三彩以外,主要是青瓷,全国有六处出产青瓷最负盛名:越州窑、鼎州窑、婺州窑、岳州窑、寿州窑、洪州窑。唐代不仅以青瓷享有盛名,而且"白瓷"也不亚于青瓷,著名的有邢州窑。

③宋辽金元时期:宋辽金元是瓷制酒器继续发展的时期。在这一时期,由于农业的发展,酿酒业的发展也飞快,因而瓷制酒器,也随着发展起来了。

宋代虽说外受辽、金的欺凌,可是瓷制酒器就"工艺美术"来讲,比起唐来不能说超越多少,至少可以与之媲美。如龙泉窑、德化窑、崇安窑、泉州窑、建阳窑等。

金朝由女真族建立,文化并不发达,出土文化中不但未见酒器,瓷器也多为白釉黑花粗瓷,价值不高。

元代由蒙古族创立,在酒器方面,主要是沿用历代王朝所制的酒器,不过在造瓷方面,也有惊人地方。不但釉色明亮,而且还有描金工艺,更为难得的是产生了"青花"瓷器。这些都清楚地表明元代造瓷工艺水平比之两宋有所提高。

④明清时期:我国明清时期是瓷制酒器发展的高峰。进入明中叶,城市手工业的发展极为迅速,出现了资本主义萌芽。产品的商品化,促进了国内外贸易交往,值得大书特书的是在景泰年间,在制瓷业中传出来令人振奋的喜讯,即"景泰蓝"工艺问世。

景泰蓝的出现,强有力地推动了明代瓷制业的发展,到了成化年间,生产的"成化斗色高士杯""葡萄纹杯""人物、山水、兰草杯"都是历史见证文物。此时的青花瓷器,最为引人注目,给人以"清淡典雅",而又"明暗清晰"的感觉。

清朝时期瓷器除"青花""斗彩""冬青"等,还有"粉彩""珐琅彩""软彩""硬彩""古铜彩"等。原制的五彩、素三彩，也有明显的改进。同时，有一种可放茶杯或酒杯瓷盏，也为官窑之名品，其名为"黄地粉彩开光海棠式茶托"。其上有五言律诗：

"盅"据传也是饮酒器，介于碗、盅之间，不过今已不常见到。

（3）近古酒器　近代开始，西方文化涌入中国，传统文化受到冲击，出现新的变化。近代酒器的种类和形式也变得多样化，不再局限于传统的样式，出现了杯、盅、盏、碗等众多形式；材料上也出现瓷、玻璃、塑料、锡、铝、铁等；设计和制作也更加注重实用性和美观性的结合，既满足了饮酒的基本需求，也成为家居装饰的一部分。

（4）当代酒器　过去的盛酒之器、温酒之器、饮酒之器，几乎全都束之高阁，藏之"金柜玉橱"之中了。然而酒，它不管人世间如何变化，在大千世界之中，总是有如泉水似的，奔放向前，在发展中人间只要有酒的存在，就需要为它服务的酒器出现。当代酒的酿造业在飞快发展，酒器也在紧跟发展。

①盛酒之器：由于当代生产力的高度发展和酿业的增多，酒的生产量的扩大，过去的尊、觚、彝等盛酒之器，已经满足不了当今的需要，都已纷纷进入了博物馆。代之而起的有篓、缶等盛酒器皿。

篓是中华人民共和国成立前后，常见的一种盛酒器皿，是用柳条或竹藤编织而成，形状身大口小，方圆不一；有大有小，大者可盛几十斤，小者可盛几斤。篓编成后，用桐油纸内外裱好，滴水不漏，方可使用。但随着人们生活水平和生产力提高，逐渐被先进器皿所淘汰。

缶的制造原材料很多，种类有瓷制缶、搪瓷缶、金属缶等，还有塑料缶和玻璃制品缶。大小不等，形状不一，多为圆形，咀小腹大。特别是用金属制造生产的"一拉缶"等产品，使用起来，极为方便。

②温酒之器：古代的温酒器皿和古代盛酒器皿一样，都已先后进入博物馆安家落户，当前代替古代的温酒之器是壶。

壶有两种制品，一种是金属制品，如铜壶、锡壶等；另一种是瓷制品，而多是小酒壶。壶有大小之分，形状不一。过去常见较大的酒壶，有的高约30厘米，圆形，平底，细颈，侈口，能盛七八斤白酒，红铜制成。这种大酒壶是用于温酒的。就是说把酒从酒篓里倒到铜壶里，再将壶放在炉灶上，壶酒热了以后，把酒倒在小壶里，然后拿起来就可慢斟细饮了。小壶与大壶形状相似，不同的是大壶在靠近脖的地方，有一把柄（竖状）这专为提取方便用的；小壶多数没有把，个别的也有带把柄的。

③饮酒之器：过去用于饮酒的爵、角、觥、觚、杯、盅、盏等酒器，其中除有杯、盅、盏向多样化发展外，其他种类都已成为历史文物了。当今的酒器，从种类来讲，有瓷制品酒器、玻璃制品酒器和塑料制品酒器。当前常见饮器有：杯、盅、碗。

杯有瓷制品杯、搪瓷制品杯、玻璃制品杯、塑料制品杯。底部较小，口部较大，也有常见的口与底，大小相同的。

盅又名酒盅，体小形圆，多为瓷制品。这种酒器，多用于饮白酒或曲酒。

碗有瓷制碗、塑料碗。它既可作为食具，也可以当作酒具。

延伸阅读

扫描二维码获取

思考研讨

1. 对于青少年来说酒文化应当如何辩证看待？
2. "酒桌文化"与"酒文化"有什么样的不同？
3. 调制的酒和传统意义上酿造的酒有什么不同？
4. 通过调研，谈谈酒文化对于地方饮食文化的作用。

第十二讲　中华饮食文化走向世界

内容提要

1. 中外饮食文化差异，主要体现在饮食观念、饮食对象、饮食方式以及烹调文化等方面。
2. 中外饮食文化交流，从古代丝绸之路一直延伸到现代，主要通过贸易、外交等方式展开。
3. 伴随现代烹饪文化教育和研究成果、工艺设备的发展和更新以及现代饮食市场的繁荣等成绩，中华饮食文化的发展也存在一些主要问题。
4. 中华饮食文化的传承需要探讨新的思路和策略，非遗饮食品牌是饮食文化创新的典型代表。

关键词

中外饮食差异；中外饮食文化交流；传承与创新。

案例导入

细品舌尖上的中国巨变

年过七旬的挪威侨胞马列，从事餐饮行业已将近50年，是一位厨艺精湛的"杭帮菜"烹饪大师。

和食物打了一辈子交道，马列说起中国人舌尖上的巨变，感慨万千。

以下是他的自述。

苦日子多动巧心思

最近，我重温了讲述中国共产党发展壮大历程的多部红色经典电影。其中一些镜头和故事让我感触很深：红军长征途中，党中央在饭桌上商议事情时，众人面前只摆放着一两个番薯或玉米，食物非常匮乏；抗日战争时期，陕甘宁边区被封锁，以八路军第359旅为代表的抗日军民开展大生产运动，自力更生，艰苦奋斗，把荒无人烟的南泥湾变成"处处是庄稼，遍地是牛羊"的陕北好江南。

从吃不饱、穿不暖到不愁吃、不愁穿，中国人民告别饥饿，过上丰衣足食的好日子，最要感谢的就是中国共产党。

我出生在中华人民共和国成立之前，也曾经历过缺衣少食的苦日子。回想年少时候，印象最深的是每天放学后，母亲都会叫我去家附近的菜场捡些卷心菜叶子，回家做菜用。那时，我们兄弟姐妹5人，跟着父母住在杭州的"大墙门"里。一个院子挤了十几户人家，都是平头百姓，能吃的东西很少。

我上初中那会儿，赶上困难时期。买粮、买肉、买油都得凭粮票、肉票、油票。还记得，凭粮票领回的不全都是大米，还有杂粮粉、玉米粉，院里许多邻居不知道该怎么做。我就跑到新华书店去找教做点心的书，学着用杂粮粉掺和少量面粉，制作各式各样的点心。邻居们尝了都觉得好吃，纷纷来找我学。

从那时起，我心里有了一个念头——去专业学校学烹饪。后来，我如愿做了厨师，并成为国家高级烹饪技师，在杭州餐饮界渐渐有了名气。

改革开放初期，党和政府在发展生产的同时非常重视"吃"的问题。20世纪80年代初，杭州市总工会生活部干部找到我，希望组织一个厨师培训中心，对杭州市内工矿企事业单位及周边部队、学校的厨师进行分批培训，提高这些单位食堂的菜肴质量。

我和其他几名厨师非常重视这项工作，想了不少点子。比如最初，在一些食堂，2角只能买一小块红烧肉，我建议改成一荤一素，在肉馅中加入豆腐、藕丁等食材，做成一道狮子头，再配一个炒青菜，这样就能吃得更丰富、更营养。

从1982年到1989年，我们一共培训了4000多名厨师，还在当地电视台举办烹饪大奖赛，鼓励各单位的厨师们分享烹饪妙招，用有限的食材做出尽可能多的花样，让职工们不仅吃饱更要吃好。

中餐厅增添"中国味"

1990年，我在朋友的邀请下出国发展，成为挪威一家国际饮食公司的大厨。刚到没多久，我便接到一个重要任务——去挪威首相府，为当时的首相及其亲友做一桌中国菜。宋嫂鱼羹、炸春卷、宫保鸡丁……传统地道的"中国味道"让首相赞不绝口。

4年后，我在挪威首都奥斯陆有了第一家属于自己的中餐厅。那时，海外虽然已有不少中餐厅，但菜品普遍较为简单。像我所在的地区，大多数中餐厅以做5道菜为主：春卷、炒饭、炒面、宫保鸡丁和咕咾肉。一些老侨告诉我，他们曾是远洋货轮上的海员，留在挪威生活后，为了谋生，便租下一间房子，挂起红灯笼，就把中餐厅开起来了。至于这5道菜究竟卖了多少年，他们也记不清了。

但在我出国之后，情况大不一样了。随着改革开放不断深入，海外侨胞传播中国饮食文化的意识逐渐增强，一大批和我一样的专业厨师走出国门，将正宗的中餐做法带到海外。进入21世纪，中外文化交流越发热络，国内各地赴国外的考察团越来越多，来中餐厅吃饭的中外朋友也随之增加，进一步推动了中餐在海外的发展。外国友人经常在就餐后向我感叹："原来中餐厅有这么多兼具美味和艺术的菜肴，我们今后要常来！"

这些年，我们这些"走出去"的海外中餐厨师又"走回来"了。随着中国综合国力和国际影响力不断提升，国家越来越重视中国饮食文化等中华文化的海外传播。近几年，浙江省多次举办海外中餐烹饪技能培训班，邀请全球各地的华侨大厨"回炉锻造"，提升中餐烹饪技艺和企业管理能力，以此更好地促进海外中餐业薪火相传。

近两年，我回杭州探亲时就赶上过几期培训班。当时，许多参加培训班的侨胞都兴奋地告诉我，前来授课的都是"杭帮菜"大师，课程内容包括营养健康讲座、烹饪实操等，非常丰富，他们受益很多。

如今，不仅海外中餐厅发展得越来越好，普通侨胞餐桌上的"中国味"也越来越浓。我曾问过一些老侨："你们早年在海外都怎么过年？"他们说大多就简单炒两个菜，没什么仪式感，不像现在，家家户户到了春节便张罗一大桌子美味佳肴，有时还会邀请周边的外国邻居一起来品尝中国菜、欢度中国年。

小面馆化身"网红店"

刚去海外发展那些年，忙于生计，我回国次数比较少。每次回到杭州，都是和父母及兄弟姐妹在家里聚餐。渐渐地，我回来的次数多了，在家吃饭的时间反而少了，因为大家总是约着去餐厅吃。国家发展了，国内老百姓的生活水平显著提高，吃得更加讲究。

有一年回国，家人告诉我，在我曾住过的"大墙门"对面，一家过去门面很小的面馆上了国内火爆的美食纪录片节目，竟成了"网红店"，每天门口都排满了长队！我听了好奇，专门去尝了尝，熟悉的面汤里加了许多食材，增添了不少新鲜感，比印象中的味道更好了！老板对我说，要做好这一碗面，做出特色，做好饮食文化的传播。

出国前，杭州城里有哪些知名的餐厅，我基本能数得过来。现在，我可不敢夸海口了。在杭州，全国各地的美食琳琅满目，每年新开的餐厅比比皆是。老百姓不仅有了更多选择，也更注重健康饮食。我的一些老同学当了爷爷奶奶，常会咨询我怎样给孙辈做更有营养的早餐，不再像我们过去那样只是简单地吃一根油条、喝一碗豆浆。

变化不只发生在国内。中国强盛了，人民富裕了，我们侨胞在海外也更自信、更有底气。我不仅要用"中国味"俘获"外国胃"，更要给外国友人讲好餐桌上的中国故事。

2016年G20杭州峰会前夕，我策划制作了一本小册子。每一页，四句诗，一段话，一张图，娓娓道来杭州的人文地理与美食文化："东坡肉"记录了苏东坡在杭州修建苏堤时与百姓共享美食的爱民之心；"桂花栗羹"源自中秋之夜天上人间同赏湖景的美丽传说；"宋嫂鱼羹"则与宋高祖巡游西湖时的一次偶遇有关……我写了150多个故事，并在小册子中专门配上英文译文，外国读者读来一目了然，从中可以了解更加有声有色的中国。

讲文化，也讲发展。杭州千岛湖的鱼头浓汤非常有名。其实早年，那里的生活非常贫穷。后来，附近的老百姓开动脑筋，在千岛湖中搞养殖，养出来的鱼特别大，他们就顺势创新出了"千岛湖鱼头浓汤"这道菜。如今，老百姓的生活过得有滋有味！这样的故事，我给外国友人讲过许多。

中华文化博大精深，中国发展日新月异，舌尖上的巨变就是一个生动的例证。

资料来源：严瑜. 细品舌尖上的中国巨变［N］. 人民日报海外版，2021-07-23（006）.

一、中西饮食文化的差异

中西文化一直是全球文化的两大派系，而饮食在这两个文化中都占有极为重要的地位。由于文化差异，中西饮食文化在观念、性质、方式、对象等方面都表现出明显的差异。

（一）饮食观念差异

1. 中华饮食观念

在以感性思维为主的中华民族眼中，食物不仅是物质享受，更是精神愉悦与慰藉的表现。一句俗语说得好："民以食为天，食以味为先。"中国饮食之所以迷人，关键在于追求"味"道。美味的产生需要调和，将食物的本味、熟味、配料、辅料和调料的味道相互交织融合，使它们相得益彰，相互渗透。中国人对饮食的追求是一种难以言传的"意境"，即通过"色、香、味、形、器"来具体表达这种境界，但这难以完全体现中国博大精深的饮食文化。

中国烹饪的另一大特色是用同一原料烹调出不同口味的菜肴，例如"一鱼三吃""一鸡多吃"之法。这种一料多吃反映出中国人在饮食方面的精细讲究，同时也源于过去物资匮乏的情况下的无奈和智慧。丰富的烹饪原料提供了创新菜肴的条件，但稀缺的原料刺激了人们通过有限的资源获得更多味觉享受的智慧。例如，只有一只鸡时，为了满足不同口味，人们会巧妙运用这只鸡制作出多种不同口味的菜肴。这种一料多吃的创意促进了菜肴品种和烹调方法的不断创新。中国人还通过黄豆发明了品种多样、口味各异的豆制品，成为"一料多吃"的经典例子。

2. 西方饮食观念

相对于注重"味"的中国饮食，西方人坚持理性饮食观念。不论食物的色、香、味、形如何，营养一定首先要得到保证，讲究一天要摄取多少热量、维生素、蛋白质等。即便口味千篇一律，也一定要吃下去，因为有营养。法国，西方首屈一指的饮食大国，其烹调虽然也追求美味，但是"营养"却是美味的一大前提。

西方烹调注重营养而忽视味道，至少不以味觉享受为首要目的。西方人经常以冷饮辅餐，在餐桌上冰镇的冷酒还要再加冰块，而人的舌头一经冰镇，味觉神经麻木，很多味也就感觉不出来了。但对中国人来说，菜要是凉了就会变味或者"没味儿了"。基于对营养的重视，西方人多生吃蔬菜，不仅番茄、黄瓜、生菜生吃，洋葱、西蓝花也都生吃。在西方人的宴席上，可以讲究餐具、用料、服务，讲究菜之原料的形、色方面的搭配，但食物味道推崇简单明了，原汁原味，较为单一。作为菜肴，鸡就是鸡，牛排就是牛排，纵然有搭配，那也是在盘中进行的。一盘法式羊排，一边放土豆泥，旁倚羊排；另一边配煮青豆，加几片番茄便成。

（二）饮食对象差异

1. 素食与肉食的区别

中西方饮食采用的食材有明显区别。无论是食荤还是食素，中华饮食文化都会冠以菜的后缀，如荤菜和素菜，显示了蔬菜在中国饮食结构中的重要地位，而肉类并不占主体地位。

古代启蒙读物《三字经》说："马牛羊，鸡犬豕。此六畜，人所饲。"可见古代以这六种动物为食。但饲养这些动物的成本比种植庄稼高得多。再加上马牛羊还有其他特定的功能，比如马类作为打仗、驮运之用，牛类耕田之用，羊类祭祀之用。这些动物功能的分割性造就了一种饮食现象，即"食肉不易"。

此外，喜素食在中国深受佛道等教文化的影响。佛教倡导吃斋饭，即素食，认为动物是"生灵"，不可杀死，更不能食用。同时，道教也倡导忌食鱼肉等荤腥，从而在中国大力推崇素食，同时推动了蔬菜类植物的栽培与烹调制作技术的发展，尤其是豆类制品技术的发展。因此，中华饮食文化中菜品不以肉类为主导，即使是荤菜，也要将菜和肉搭配起来，如尖椒炒肉、宫保鸡丁等。随着生活水平的提高和营养观念的普及，中国人的餐桌上正在加大肉类和奶类食品的比重。

而西方的生活生产状况却极为不同。西方人注重摄取动物蛋白质和脂肪，在饮食结构上，以动物类菜品如牛肉、鸡肉、猪肉、羊肉和鱼为主，以蔬菜为辅。这与他们游牧、航海民族的文化血统不无关系。吃、穿、用都取之于动物，甚至西药也从动物身上提取。因此，肉食在西方饮食中一直比例很高。到了近代，虽然种植业比重有所增加，但肉食仍然占据很大比例。西方国家大多位于温带海洋性气候或地中海气候，这类气候有利于牧草的生长，所以畜牧业更为发达，肉食更容易获取。

2. 热食与冷食的区别

中西方在饮食内容上的差异还表现在冷热之别。西方人认为高温会破坏食物的营养，所以西方人注重生吃，喜欢冷食和凉菜。在正式西餐的七道用餐程序中，除副菜、主菜和汤外，从冷菜拼盘、色拉、冷饮到甜点，餐桌上几乎都是冷菜，尤其是蔬菜。比如西餐典型代表——三明治、汉堡中的蔬菜都是生的。它们的制作方式也比较简单，没有复杂的环节，而且蔬菜生食、制作简单，所以它们容易成为世界各地的快餐食品。

而中餐注重热量，喜欢熟食。除正菜前的小碟是冷菜外，其余菜肴都是热的。在中国人看来，热菜凉了，就少了许多味道，趁热吃才能品尝出菜的美味，俗话说"一热顶三鲜"就是这个意思。自20世纪80年代起，热气腾腾、不同形式的火锅逐渐扩散，比如北京的铜锅涮羊肉、广州的打边炉、潮汕的牛肉火锅、长三角的鱼头火锅还有川渝地区的麻辣火锅等，即便是在物资匮乏的年代，它们能够在很短时间内席卷全国，离不开中国人对热食的喜爱、对围桌聚餐的推崇，而且一边开锅烹煮一边进食，是气候与饮食的最佳匹配。

（三）饮食方式差异

1. 用餐餐具

中国人用餐主要使用筷子和汤匙，进食时通常使用碗。相比之下，西方人使用盘子盛放食物，使用刀具切割食物，同时喝汤时使用专门的汤匙，有些情况下，一顿正餐可能需要使用十几种西式餐具。在餐具使用上，中西方存在明显的差异。

2. 餐桌形态

中式宴席通常采用圆桌，形式上营造出团结、礼貌、共趣的气氛。美味佳肴摆放在桌中央，不仅是大家欣赏和品尝的对象，同时也是人际交流的媒介。人们彼此敬酒、让菜、劝菜，在美好的食物前展现了相互尊重和礼让的美德。尽管从现代卫生学的角度来看，这种饮食方式存在不足，但它符合中华民族"大团圆"的普遍心态，反映了中国传统文化中"和"这一概念对后代思想的影响，有利于集体情感交流，因此延续至今。

西餐通常使用方桌或长方形桌，注重个人空间，与中国饮食方式的差异在于西方流行的自助餐。自助餐的做法是将所有食物摆放出来，如酒、菜、点心、水果等，大家自取所需，可以自由移动。这种方式便于个人之间的情感交流，无须将所有的话摆在桌面上，同时表现了西方人对个性和自我尊重的态度。其设宴方式和分餐制充分尊重了个人爱好，减少浪费，相对较卫生，不易传染疾病，降低了"病从口入"的风险。

3. 座次安排

在中华饮食文化中，长幼尊卑有严格的区分，根据早期宗法制的习惯制定。传统中强调男性在餐桌上占主导地位，例如在宴请宾客时，主位一般为男士。而在西方饮食文化中，用餐礼仪较为自由，同时也注重个人利益。此外，西方非常讲究"女士优先"的原则，体现了人文主义的关怀。然而，随着文化的交融与发展，中华饮食文化也逐渐兼收并蓄，吸收外国饮食文化的精华，逐步强调男女平等。

（四）烹调文化差异

1. 理性与感性之别

中式烹饪艺术的精髓在于追求调和之美，烹饪过程相较西方来说，也更为感性。菜点的形状和色彩是外在的表现，而味道则是内在的东西，强调内在美而不刻意修饰外表，注重菜肴的味道而不过分强调菜肴的形状和色彩。这不仅体现了中国美学饮食观的重要特点，还强调了分寸和整体的协调。以菜肴味道的美好和协调为度，使中国菜式丰富多变，决定了其独特性。此外，中华各大菜系都有自己的风味特点，同一菜系的同名菜品，根据不同厨师的配菜和调料使用也会有所不同。在烹饪过程中不仅多变且更注重经验和感觉，如食谱中的调料用量常以一勺、少许、一些为主。因此，中式烹调文化更具感性。

相比之下，西方饮食遵循理性和科学原则，严格按照科学和营养的原则进行烹调，不以味道为主要考量。例如，牛排的味道在纽约和旧金山几乎相同，牛排的配菜通常是限定的几种，如番茄、马铃薯、生菜等。此外，理性且规范化的烹调要求调料的添加量精确到克，烹调的时间要掌握得非常精准，甚至精确至分秒。

2. 分别与和合之别

国学大师钱穆在《现代中国学术论衡》中指出："文化异，斯学术亦异。中国重和合，西方重分别。"体现在中西饮食文化中，就是西方并不会将荤素各类食材搭配在一起。在中餐中，有些汤菜以多种荤素原料集一锅而熬制；西餐正菜大多只包含一种原料，例如西式正菜中的鱼通常只有一种鱼，鸡就是一种鸡，牛排也只有一种牛排。中餐最具特色的地方在于调和，每道菜都需要使用两种以上的原料和多种调料来调和烹制。即使是人们日常食用的家常菜，也是由多种调料混合而成，这体现了中国文化中"和合"的理念。

中西饮食文化中的"分别"与"和合"的差异，在烹和调的分合上得到根本体现。虽然都是烹调，但西餐基本上是有烹无调，或者说烹多而调少。西餐的主菜和配菜一般分锅烹制，因此不可能有中国所谓的五味调和。西餐配菜的作用主要体现在营养或颜色上的搭配，例如鳕鱼排搭配上灿黄色的柠檬，不仅增加了美感和食欲，口味上也能有所调剂，而且起到助消化的作用。还有西式烤鸭配烤苹果，炸猪排配苹果泥等。所有这些强调"配合"而非"调和"。

3. 烹饪方式之别

西餐烹饪方式相对简单，主要以烤、煎、炸、煮为主。菜肴通常不宜烹制太熟，要求原料新鲜以保持本味。例如，牛排作为西餐代表菜肴之一，只需将新鲜牛排在煎锅中适当烹饪即可。西餐菜肴形态大多为大块，烹调时不易入味，因此大多数菜肴在成熟后需要拌制或浇上少司，使口味更富有特色。

中餐烹调方式多样，包括爆、炒、炸、煮、蒸、烩、烹、炖、熏、烧、挂霜等18种，刀法也多样。中式烹饪调味用料广泛，方法细腻，使得菜肴口味变化无穷，形成了八大菜系。

随着工业文明和城市化的发展，以及经济全球化的加速，中西餐饮食文化的差异在扩大的同时呈现出互补状态。西方饮食文化涌入中国，中国饮食文化也向西方饮食文化渗透，呈现出融合的趋势。中西餐饮食文化差异的根源在于地理、气候、人文等方面的不同思维方式。在全球化的背景下，中西餐饮食文化的融合是不可逆转的趋势。

二、中外饮食文化的交流

几千年以来，从汉朝丝绸之路开始，中华传统饮食文化逐渐走向国际舞台，受到外界的瞩目。在晚清时期被迫开放后，中国的饮食文化与外国一些饮食传统开始相互渗透，形成了丰富多彩的餐饮市场。这一历史过程见证了中西饮食文化的交流与融合。

（一）古代中外饮食文化交流

1. 丝绸之路上的饮食文化交流

汉初休养生息，汉代文景之治使大汉国力不断增强。据《汉书》记载，汉武帝时期，朝廷派遣张骞多次出使西域，推动了与中亚各国的经济和文化交流，开创了丝绸之路。这条陆上通道起点是长安（今西安）、洛阳，途经甘肃、新疆，延伸至中亚、西亚，连接地中海各国。丝绸之路在中外乃至世界交通史上留下了宏伟、富有诗意且具有永久魅力的篇章。这一通道的开辟，将亚欧大陆紧密联系，从根本上改变了人类文明的发展方向，成为人类历史文化中的重要时期。

张骞建元二年奉汉武帝之命，率领使团出使西域，参与大月氏夹攻匈奴的行动。在历经十一年的艰辛旅途后，成功完成使命回到长安。西汉时的《史记·大宛列传》记载："汉使取其实来，于是天子始种苜蓿、蒲陶肥饶地。及天马多，外国使来众，则离宫别观旁尽种蒲萄、苜蓿极望。"这也证明汉使团不仅带回了西域的饮食文化信息和食材，如葡萄、石榴、胡瓜、胡桃、胡豆等，还传播了中原的桃、李、杏、梨、茶叶等物产和饮食文化。在西域地区的汉墓出土文物中，甚至可以找到来自中原的木质筷子。与此同时，越来越多的外国客作为异域饮食文化的传承者，他们将当地的饮食习惯和观念带到了中国，成为汉文化的传播者。从此以后，大汉帝国与西方世界频繁交往，使得包括饮食文化在内的中西文化交流变得司空见惯。

2. 释教弘法与求法事业中的中外饮食文化交流

释教弘法与求法是中外文化交流的重要主题。自东汉时期佛教传入中国以来，印度等地的弘法者来华，中国的求法者西行，传法者东渡，域外求法者前来中国，这形成了中外文化交流的绵延脉络。在这过程中，饮食文化也互相渗透、传播。

在西行求法者中，最著名的是法显、玄奘和鉴真。法显是佛教革新的卓越人物，他是中国僧人到天竺留学的先驱者，也是杰出的旅行家和翻译家。他历经千辛万苦到达天竺，回国后撰写了《佛国记》一书，详细记述了中亚、印度及南海的地理风俗，包括许多关于饮食文化的珍贵资料。玄奘则是为了探究佛教各派学说分歧，从长安出发，踏上了西天取经的漫漫长途。在天竺留居多年，取经和弘法都取得了巨大成功。回国后，他撰写了《大唐西域记》十二卷，成为中外文化交流的杰出使者。鉴真是唐朝僧人，也是日本佛教南山律宗的开山祖师，他的东渡日本对中日饮食文化交流具有重大历史意义。每次东渡，鉴真一行都准备了足够的食料，包括粮食、饼饵、菜蔬、干鲜果、盐、酱、醋、腌菜、药品、大量淡水等，以及加工烹饪工具、餐饮器具等。他的足迹在日本留下深远的影响，至今仍受尊崇。

3. 泉州：宋元中国的世界海洋商贸中心

自宋代起，东南沿海的对外贸易繁荣。政府在泉州设立市舶司，将其打造成海上丝绸之路的重要起点城市。泉州位于福建东南沿海，与台湾隔海相望，拥有曲折的海岸线和天然良港的优越条件。泉州成为外商聚集之地，阿拉伯、波斯等国商人云集，各种香料和贵重货物通过泉州流通至中国其他地区。元代泉州港对外贸易规模远超前代，明清时期，泉州输出的商品以陶瓷、丝绸、糖、酒、麻、蕉、葛织物和果品为主。由于"禁海"和"闭关锁国"的政策，泉州港逐渐衰落。

泉州在宋元时期繁荣的海上丝绸之路对人类文明、友好交往和经济交流有着重要影响，成为中国历史文化名城，也是古代海上丝绸之路的重要起点。如今，泉州作为一个国际性港口城市，在与外国海洋文明的长期接触和整合中崭露头角，被联合国教科文组织确认为古代海上丝绸之路的重要起点。这个城市曾被意大利旅行家马可·波罗誉为"世界最大的港口之一"。

4. 贡使与商人：中外饮食文化交流史上最重要的使者

中国古代统治者为了彰显气度或取悦海外来访者（如他国贡使），往往给予厚赐，这一做法大大刺激了外域商人前来趋利。因此，各朝官修正史中记录的各方贡使数量异常庞大。这些所谓的贡使中，许多实际上是商人，为获取官方凭证，甚至伪造凭信。拥有凭证后，他们不仅能够入境，还能得到中国方面提供的绝对安全、免费奢华优待、丰厚的赐礼以及官私贸易的特惠。即便是正式使节，随行商人也众多，使其实际上与商队无异。他们携带的商品之多可想而知。这些商品常被记录为"方物"，作为表示敬意带来的礼品。而当贡使们返回时，同样带回了中国的丝绸、瓷器、茶叶、药物、粮食和食品等。

在众多商人兼使节的贡使中，最有名的是13世纪意大利旅行家和商人马可·波罗。他在17岁时随父亲和叔叔沿陆上丝绸之路来到东方，经过两河流域、伊朗高原和帕米尔高原，历时四年，于1275年抵达元朝大都（今北京）。在中国，他游历了17年，足迹遍及长城内外、大江南北，还曾担任扬州总督，管理24个县。1292年，作为护送蒙古公主嫁波斯的使臣，马可·波罗开始归程，于1295年冬回到故乡威尼斯，结束了26年的离别。回到威尼斯后，马可·波罗在一场战斗中成为热那亚的战俘。在监狱中，他向通晓法文的狱友——比萨作家鲁斯梯谦口述了自己传奇的旅行经历，成就了举世闻名的《马可·波罗游记》。

《马可·波罗游记》记录了他在东方最富有的国家的见闻，引起了欧洲人对神秘东方大国的热切向往，对后世新航路的开辟产生了巨大的影响。其中包括中国的饮食文化，都被马可·波罗以震撼人心的力量传播开来。至今，中外学者普遍认为，享誉世界的比萨饼、意大利面和意大利饺子等都是马可·波罗介绍中国食品文化的结果。

5. "郑和下西洋"与中外饮食文化交流

郑和，明朝太监，原姓马，名和，又称三保，是中国明朝的航海家和外交家。他在1405—1433年的28年成功进行了7次远洋航行，访问了亚洲和非洲30多个国家。据《明史》记载，郑和第一次下西洋时率领部众超过2.7万人，船舶长44丈、宽18丈的有62艘，规模之大前所未有。历史以"郑和下西洋"永久记录了中国第一位伟大的航海家和世界航海史上的先驱。

郑和下西洋是一次重大而意义深远的中外文化交流事件，加深了中国与各地的贸易与文化交流，特别是与邻国，如越南、柬埔寨、泰国、印度以及南洋各国之间的饮食文化和政治接触更加频繁。他们将瓷器、丝绸、铁器和饮食文化带到了南洋，同时收购了当地的胡椒、谷米和棉花。

此外，明代中国还引进了一些番食，如番瓜、番茄、番薯等。郑和下西洋的活动每到一处，就了解当地的风土人情、物产地理，进行各种民情调查，记录了所至各国的风土人情、食品风俗和饮食内容。

（二）近代中外饮食文化交流

近代中国的开放及中外贸易的发展，使得一些城市凭借良好的地理位置迅速崛起，本节将主要从交流承载者的角度展开。

1. 传教士：沟通中西饮食文化的桥梁

传教士，一般指西方国家中一部分传播宗教的人士。16世纪中叶以后，西方文化的天主教传教士（随后又有基督教传教士）相继进入中国。此后三个多世纪里，他们极大地影响了中国社会的政治和生活，对传播西方饮食文化和近现代饮食文明，起到了不容低估的启蒙、补益中国传统饮食文化的积极作用。潜心研究中国文化，努力认识、适应中国文化，不失时机地推动西方文化在中国的影响与传播，同时向西方世界介绍中国，是他们作为西方文化传播者的职业特征。

传教士不仅给中国带来了饮食文化的时代文明、异域习尚及饮食文化理论和知识，而且许多具体食品品种及其制作工艺也都带到中国来。到了晚清，不仅市场上有西餐馆，甚至慈禧太后举行国宴招待外国使臣有时也用西餐。"吐司""少司""色拉""面包""奶油""牛排"之类的烹饪术语也进入中国，同时我国大量居民外流，把中国饮食技艺带到了国外，并在国外起着深远影响。

2. 华侨：庞大的中华饮食文化海外传承群体

华侨是指尚未加入外籍的中国公民，长期居住在国外，包括已取得居住国永久居民身份的人。他们仍保留本国公民身份，受到本国法律保护。中国交通史学者指出："有史以来，中国人民通过移民，把中国的先进文明传播到很多地方，尤其是在中国周围的民族地区和国家，促进当地社会的开化和发展。"因此，形成了国际食文化学者认同的"中华饮食文化圈"。

第二次世界大战后，大量中国人移居国外，因此早期的"唐城""唐人街"等华人生活区保留了中国文化和饮食传统，他们的杂货店和餐馆不仅满足了海外华人的需求，还向居住国介绍了中国的食品和饮食方式。这种文化交流促使了中华饮食文化在世界各地的传播。

各国民众对中国膳食的喜爱，不仅是中国商人在海外谋取商机的手段，也方便了华侨的生活。他们在新的生活地保留着中国文化，同时也逐渐影响当地文化。这种传播作用使世界更直接地了解和体验了中华饮食文化的独特魅力，也预示着中国餐馆在全球的普及。

（三）现代饮食文化交流

1. 中华人民共和国成立初期的民众饮食生活

中华人民共和国成立，劳动人民当家作主，中华民族开启了新的纪元，饮食文化也焕然一新。然而，建设之路并不平坦，受到了严峻复杂的国际环境的影响，中华饮食文化的发展和交流经历了曲折而艰难的历程。

在经历了战乱后，国内物资匮乏、粮食短缺、生活贫困，温饱问题成为当时最紧迫的民生问题，中国人在吃方面受到了巨大的煎熬。当时的社会条件下，出现了"大锅饭""集体灶"。

粮票是计划经济的产物。20世纪50年代初期我国粮食短缺，实行了凭票用餐。在物资短缺的年代，人们只能在逢年过节时凭票购买一些糕点糖果、干货果品，数量极为有限。

2. 改革开放以来的民众饮食文化交流

自1978年开始，改革开放号角吹响，中国的经济迅速发展。国家经济建设提速，人们的生活质量显著提高，基本温饱问题得到解决。餐桌上的菜品更加丰富，饭馆数量增多。

物资供应从短缺到充足，从单一到多样。20世纪80年代农村家庭联产承包责任制推广，农村发生大变化，各行业兴旺。国家在深化农村改革的同时，加快了城市经济体制改革。党的十一届三中全会后，实施了菜篮子工程，统筹解决禽、蛋、奶、水果、蔬菜等物资供应。粮票、油票、肉票等退出历史舞台，中国人的餐桌发生了彻底变化。市场上的食品品种丰富，蔬菜、瓜果、蛋、禽、肉类供应充足。各种副食品走向市场，面包、蛋糕、牛奶、饼干等对传统主食提出挑战。米袋子也发生变化，20世纪80年代后期，粗粮逐渐淡出，细粮成为主角。每个人都感受到生活水平正从温饱型向小康型转变。

经济高速发展催生了饮食文化革命，人们饮食观念和生活方式发生巨大变化。饮食文化思想解放，人们开始追求"吃出健康，吃出快乐"。居民食物结构明显改善，食品科技和饮食文化发展迅猛。民族饮食、西餐等大有进展，食品工业和餐饮业日新月异。

对外开放深入，原材料引进不断，中外交往频繁，厨师出国和外国厨师来华机会增多。中国菜肴在世界各地开花结果，外国餐馆也进入中国，引入不同国家的烹饪方式。中国菜肴制作多样化，吸引年轻人。

生活节奏加快，消费观念变化。各种餐厅随处可见，外出用餐支出上升，人们开始追求饮食享受、科学膳食、节省时间、创新口味。审美情趣悄然变化，人们欣赏"古色古香"和"新潮现代"，也享受"洋里洋气"。随着消费结构升级，消费者需求提升到注重精神文化。追求"吃出品位，吃出文化"成为主流，中华饮食文化的地位空前提高。

三、中华饮食文化的现状

（一）烹饪文化教育与研究新成果

古代由于历史局限和科技不发达，许多烹饪著作虽有丰富烹调原理和制作方法，但缺乏深入探讨和科学说明。特别是古代厨师地位低下，文化水平有限，虽然创造了多彩烹饪技艺，为人类文明做出贡献，却未能将实践经验升华为烹饪理论，限制了我国烹饪理论的完善。

中华人民共和国成立后，党和国家继承为发扬这一文化遗产，在全国设立烹饪学校，培养有文化的专业人才，同时通过教材编写、烹饪史料和典籍整理，以及创办烹饪专业性杂志等方式，为研究我国烹饪理论创造了有利条件。

1. 开设各类烹饪专业学校

中华人民共和国成立后，教育事业蓬勃发展，烹饪教育受到极大关注。为了传承和发展烹饪技术，培养有知识、有文化的烹饪专业人才，我国从20世纪50年代开始，在中等专业学校设立了烹饪专业。几十年来，各类烹饪院校遍布全国，培养了各层次的烹饪人才，为烹饪事业输送了大量科技专业人才。许多在职厨师接受学校的专业技术培训，学习理论知识和基本技能。各类烹饪专业培训班，如技术等级培训、厨师长培训、职业经理培训等，不断强化烹饪技术队伍，提高了烹饪人员的科学文化水平和技艺水平。实践证明，学校培养的专业人员具有理论水平高、技术提高快、创新能力强、组织能力一定的特点，成为烹饪事业的中坚力量和新生力量，为我国烹饪理论研究和实践技能研究提供有力支持。

2. 出版饮食类刊物和专业书籍

20世纪80年代初，国家和地方相继设立了烹饪专业杂志，如《中国烹饪》《中国食品》《烹调知识》《中国食品报》《东方美食》《中国烹饪研究》《美食天地》等，成为业内技术交流和烹饪研究的平台，在国内外产生了重要影响，取得了显著成果。同时，各类烹饪书籍纷纷问世，涵盖古代烹饪专著的挖掘，编写的烹饪教材，如《烹饪原料知识》《烹饪加工技术》《面点制作技术》《烹饪营养学》等，为各类学校烹饪专业学生提供了丰富的专业教材。据统计，全国范围内已经出版上万种烹饪书籍，详细介绍了中国烹饪的方方面面，特别是对菜点的原料用量、初加工方式、切配、用火、调味、装盘等工艺环节都有一定的量化标准。尽管与现代科学规范相比仍有差距，但这是中国饮食烹饪事业取得的喜人进展，呈现崭新的局面。

3. 饮食文化研究体系的建立

中华人民共和国成立前，烹饪领域几乎没有科研。但中华人民共和国成立后，在政府和中国烹饪协会的引导下，许多专家学者和技能大师开始在烹饪领域展开科学研究，呈现了百花齐放、百家争鸣的局面。一系列烹饪学术研究著作问世，如《中国烹饪辞典》《中国烹饪古籍丛刊》《中华食苑》《中国饮食史论》，以及各类饮食专业的杂志和期刊。同时，中国饮食学术研讨会等学术会议在国内外举行，对烹饪领域进行深入研究，产生深远影响。

在烹饪产品研究方面，各地名菜名宴的开发取得了新的成果。例如，孔府菜、仿膳菜、东坡菜等以及全国各地名宴席的研究与认定都取得了良好效果，得到专家认可并推广，带来一定的经济效益。全国各地对创新菜的开发与研究已成为常态，烹饪协会、餐饮企业将创新菜开发纳入工作的一部分，并定期举办创新菜比赛。通过这些研究与开发，中国烹饪学科框架初步形成，中国烹饪将实现从"术"到"学"的质的飞跃。

（二）工艺与设备的更新与发展

改革开放以来，受国外饮食文化的影响，中国饮食制作技术在传统基础上发生了翻天覆地的变化，涌现出许多新的风格，展现新时代的风采。在食品加工与设计方面，更加重视菜品造型、出品效果，食品雕刻、冷拼、围边和热菜装饰技术迅速发展，通过在立意、造型、配色等方面表现时代精神和民族风格。

1. 菜点制作开始向标准化靠拢

中国传统的烹调生产以手工操作为主，长期在无量化标准的环境中运行，产品的配份、数量、烹制依赖厨师经验，存在盲目性、随意性和模糊性，影响菜品质量稳定性，也阻碍了有效厨房生产管理。近年来，厨房生产开始对各项指标预先设计质量标准，实现标准化生产和管理，确保同一菜品在不同时间能呈现始终如一的质量标准。这不仅方便生产管理，也对消费者负责。

厨房生产标准化通过标准食谱制定，规定了单位产品的标准配料、分配量、标准烹调方法和工艺流程、使用工具和设备，保证菜品质量的稳定性。标准化的制定使厨师工作更规范，减少失误和差错，使厨房生产步入质量稳定的轨道。

2. 调味方式逐渐向统一预制转变

在传统手工操作中，原料质量和人为因素互相影响，导致调味容易偏离，味道时好时坏，特别是在营业高峰期，口味不稳定是一个常见问题。而"调味酱汁化"则是将常用味型的调味品按标准方法配制成统一的调味汁或酱。在生产过程中，由专人按照标准分量统一配制，以确保口味的一致性，同时方便成菜和快速烹调。酱汁调制的定量化使每种酱汁都有固定的配方，有相对固定的程序。由于每种菜品都有确定的分量和形态，只要掌握使用分量，就能确保味道的稳定。这种酱汁定量化的调制方式不仅保证了菜品口味的稳定，还提高了工作效率，使烹制菜肴更为方便和快捷。

3. 菜品特色由重视口味转而更加重视营养

传统烹饪注重美味而常忽视食品安全、卫生，导致营养成分流失。现在，从餐饮到家庭饮食都注重食物的营养价值。餐厅提供各种营养套餐、菜品，烹饪比赛评价中也重视营养。口味由重口味向清淡型演变，从"油多不坏菜"转向"油多也坏菜"。

在新时期，人们逐渐走出重口味的食风，注重新鲜原料、合理搭配和科学烹调。烹调师根据客人生理特点合理搭配菜品。菜单除标注名称和价格外，还注明各种营养物质、热量和脂肪等信息，方便消费者选择。科学设计菜单已成为现代烹饪的重要任务。

（三）饮食市场的空前繁荣

1. 餐饮场所百花齐放，五彩缤纷

为适应不同人群的饮食需求，各种餐馆、自助餐厅、咖啡店、酒吧、面包坊、熟食店等层出不穷。餐饮业态不仅存在于街头和宾馆饭店，还在大商场、购物中心、社区和度假胜地等休闲场所中蓬勃发展。民族餐饮也在城市中崛起，傣族菜、土家族菜、维吾尔族菜、蒙古族菜、朝鲜族菜等风味菜品深受欢迎。

饮食业放开经营后，国有、集体、私营、外资纷纷创办独具特色的餐厅，形成了激烈的竞争局面。随着旅游业的发展，各地美食在国内市场上涌现，以满足中外客人的需求。新世纪的餐饮业迎来了百花齐放、百舸争流的繁荣景象。

2. 快餐市场遍布城镇，不断壮大

中国现代快餐经过10余年的发展，取得了丰硕成果。快餐业作为直接为大众服务的行业，受到社会广泛关注和支持，消费需求不断增强，行业迅速发展。快餐业成为餐饮业新的经济增长点，在全国各大城市以不同经营形式如快餐店、外卖和预制菜等多样化发展。它直接进入家庭厨房、单位食堂等，成为社会餐饮服务的重要途径，也是拓展服务消费市场的重要渠道。

快餐业是一个朝阳产业，蕴藏着无限商机。越来越多的快餐品牌积极抢占市场。中餐在国际上享有盛誉，深受世界各国人民喜爱，中式快餐也将凭借这些优势走向世界。

3. 连锁经营奋起直追，发展迅猛

自20世纪90年代开始，随着我国传统商业的转制，连锁经营方式逐渐深入到食品店、快餐店、超市、便民店、老字号、专卖店等。自1990年创办第一家食品连锁店以来，连锁经营在全国各大小城市迅速扩展，形成了强大的市场优势。

餐饮连锁经营涵盖广泛，包括品牌餐饮店、速食店、便餐店，还有酒吧、咖啡屋、奶茶店、冰激凌店等不同类型。与独立经营相比，餐饮连锁通过统一的经营模式、大众化与独特化的产品、规范管理和科学手段，实现规模化经营，获得规模效益。

目前，全国连锁店餐饮企业，规模经营和效益的优势逐渐显现，展现出强大的市场潜力，成为企业发展与壮大的重要途径。规模经营有助于标准化服务、规范操作程序、专业化烹饪技艺、廉价购销商品、优化资源配置，同时能够加速资金周转，提高效益。

4. 文化经营与国际交流更加突出

随着市场经济的发展和人们生活水平的提高，餐饮活动已不仅仅是为了满足基本需求，更强调对精神享受的追求。消费者对食品的需求不再仅限于实惠和味道，还注重消费环境、档次和品位，追求能给人美感和享受的食品，即"文化味"要浓。这表现为消费者对餐饮产品希望能够融入精神内涵和文化底蕴。因此，餐饮经营者纷纷通过文化创意来开发产品，发挥地方文化优势，增加餐饮和菜品的文化味，使竞争由低层次的价格竞争逐渐转向高层次的质量竞争和企业文化竞争。

现代餐饮美食文化展销活动将美食与文化巧妙结合，有时还融入特殊的文化、娱乐、游艺活动，以营造美食文化的氛围。例如，外国菜美食文化食品节、地方菜美食文化展销月、节假日美食文化宣传周、仿古宴美食文化大行动、创新菜美食文化让利月等。文化主题餐厅的兴起也为餐厅经营增加了浓厚的文化味。通过环境布置，这些餐厅强化了文化氛围，满足了顾客多元化的需求。例如，"红楼菜美食餐厅"通过再现《红楼梦》中的饮食，使每道菜都带有典故和佳话，使饮食成为一种美的享受，从而具备了文化功能。

随着对外开放的不断深入，我国餐饮市场呈现出繁荣的景象。外国投资合作增多，中外厨师的技术交流频繁，形成了中西交融、华洋共处的餐饮局面，展现了国际化餐饮的喜人景象。

（四）饮食文化交流的主要问题

1. 涉外服务人员的综合素质

中华饮食文化在对外传播中长期面临语言障碍，特别是早期涉外服务人员的文化素质较低。跨文化传播面临不同语言和思维方式的考验。因此，对外传播或服务人员在中华饮食文化传播中需要具备良好的跨文化交际能力和相应的知识储备，以帮助外国友人更好地了解中国文化。

语言是文化传播的媒介，文化翻译在饮食文化传播中至关重要。在翻译饮食文化时，不仅要体现文化的可鉴性，还要注重呈现不同地域的历史文化。例如，在翻译饮食制作技艺时，应融合当地饮食的历史文化和时代特征，以全面、完整、内涵深厚的英文表述展示不同地域的饮食文化。这有助于提升饮食文化的国际影响力，实现与国际饮食文化的融合发展，真正实现"走出去"。

2. 保守陈旧的对外宣传方式

在信息化时代，文化传播模式日益多元化，为中华饮食文化走向世界提供了技术和内容的双重变革。然而，餐饮行业中对外宣传存在同质化、手段相对落后、热点更新慢的问题，且地方政府在引导区域品牌化方面的力度相对较弱。

为了改善这一状况，建议加强饮食文化官网建设。相关部门可以联合行动，共同建设官方传播网站，并及时更新区域内的品牌特色饮食文化内容，以推动地方饮食文化的传播和弘扬。此外，可以专注于建设以短视频分享为主的社交平台，通过这些平台，以大众喜闻乐见的方式展现饮食文化的深厚内涵，提升饮食文化传播的参与性与互动性。这样的举措有助于更好地将中华饮食文化传递给全球观众。

3. 不同饮食口味的显著差异

中华饮食文化在走向世界时面临着不同文化差异的挑战，涉及饮食观念、对象、方式和烹饪方法。我国饮食文化历史悠久，八大菜系展现了丰富的地域特色，各有独特口味。为了成功推广中华饮食文化，我们需要思考如何以统一的国际形象或品牌符号，来克服不同文化背景下的饮食差异，将其传播至世界。这是当代从业者需要认真思考的问题。

四、中华饮食文化的传承与创新

中国饮食拥有悠久的传统，一招一式都是代代厨师传承的成果，形成了一条延绵至今的传统链条。从选料、切配、烹调到各种烹饪方法，都源自中国饮食的传统。菜肴品种、饮食文化、习俗等的发展都离不开这一传承。然而，对于不太合理或不符合当代需求的部分，我们应进行必要改进，保留精华，并赋予新的生命力。

（一）饮食文化的创新思路

创新是对传统最好的继承方式，也是传统生命力的源泉。以下是几种创新方式。

1. 原料和调料创新

引入新的饮食原料和调料带来新鲜感。中西结合的调味方式和原料混搭可以创造出融合料理，成为菜肴和理念创新的重要手段。

2. 设备和器皿创新

新的设备如火锅、铁板、烤炉可以产生新的烹调方法和菜肴品种。使用小陶罐等新型器皿也能演变出新的菜肴，比如罐焖羊肉。

3. 以营养为指导的创新

添加具有营养或药用价值的原料或调料作为创新思路。"食养"概念更容易引人关注。

4. 洋为中用的创新

吸收西餐的长处，将其融入中式饮食中，是提高和改进中国饮食的有效方法。中式快餐也可借鉴西式快餐的经验，包括环境、卫生、规格化、就餐形式等。

（二）饮食传承的创新策略

1. 借助大数据，明确主要传播对象

年轻人热衷尝试新事物，具备较强接受能力，也能在一定程度上引领潮流。因此，在推动中华饮食文化走向国际时，我们应以年轻人为主要传播对象。通过打造符合他们审美特点的装修风格，如推出游戏、电影、中国经典IP等主题餐厅，吸引他们品味中国美食。同时，通过举办国外音乐节、中华美食节等活动，服务人员穿着汉服、宋服、旗袍等具有中国文化特色的服装，深化中华文化符号的联系，将美食与服装、音乐相融合，促进文化交流，推动中华饮食文化在国际上的传播。

2. 创新宣传方式，讲好中国故事

随着华人走向世界，中餐馆在全球扎根。在全球化的今天，中华饮食文化通过社交媒体的发展，采用新媒体为主要传播方式，取得显著成效。

传统饮食文化传播主要依赖实体美食，而当代新技术宣传方式注重视觉体验，拓展了饮食文化的呈现形式，实现更广泛地传播。成功案例如《舌尖上的中国》系列纪录片在海外走红。该系列将眼光扩展至整个国家，通过代表性的地域美食符号具象化展示了不同地区的饮食文化，引起了跨越地域的价值共鸣，让西方国家感受到中国美食更深层次的魅力。

近年来，借助新技术手段实现饮食文化海外传播的成功案例增多，如在中国生活的外籍自媒体人通过视频传播中外文化。政府应给予这类自媒体一定的保护与支持，推动中华饮食文化的跨文化交际。

3. 推动中餐企业连锁化、国际化、本土化

通过研究中餐企业的"走出去"发展现状，发现存在菜品味道差异、运营体系不完备、餐厅

数量较少等问题。成功的餐厅具备统一的制作标准和运营体系，为促进中餐企业向标准化、连锁化和国际化发展，有利于用饮食文化讲好中国故事。

中外口味差异是阻碍中华饮食文化传播的因素之一。推动味道本土化，使中餐口味与当地融合，是必要的。肯德基的本土化策略为例，通过推出适应中国口味的产品，展示了成功的本土化。中餐厅也应创新菜品，吸收其他国家的饮食习惯，更新餐饮内容。此外，推动员工本土化可减少文化差异带来的不便，提升顾客体验，并降低引进外来人才的成本。培养本土化厨师和开设厨师学校也有利于实现中餐厅的本土化。在本土化过程中，保持中国美食的独特性，考察市场，抓住消费者心理，制定适当策略，推动中国饮食跨文化传播。

（三）非遗美食的传承创新

中华源远流长的历史孕育了丰富的饮食文化，体现在"民以食为天"的农业国家传统上。如何创新思维，保护和传承先人在饮食文化上的智慧，是当代饮食行业的挑战。近年来，涌现了许多非遗文化传承品牌，如柳州的螺蛳粉、武汉的热干面、北京的烤鸭以及云南的鲜花饼。饮食类非遗的传承与保护活动弘扬传统饮食文化，满足人们的身体和精神需求，促进饮食文化的对外交流。

一项2022年网络调查显示，73.24%的网友认为进入非遗名录将为美食加分，60.56%的网友更青睐传统技艺制作的非遗传统美食。47.89%的网友愿意专门尝试一次非遗美食，而有78.87%的网友表示在旅途中遇到非遗美食时会想要品尝，甚至80%的网友会向外地朋友推荐本地非遗美食。这表明人们对非遗美食的认可和热爱，进一步推动了传统饮食文化的传承和发展。

1. 北京烤鸭

在传入西方的中国美食中，北京烤鸭名列前茅。在中国，北京烤鸭备受瞩目，有一句经典的说法："不到长城非好汉，不吃烤鸭真遗憾"。这句话将烤鸭与长城相提并论，突显了烤鸭的吸引力。至今，北京烤鸭在全球享有盛誉，被誉为"舌尖上的非遗"。

北京烤鸭的历史可以追溯到南北朝时期。最初，鸭子被煮熟后切成薄片，蘸上甜酱和面酱，搭配葱花和黄瓜条食用。唐代时，烤鸭的制作技艺逐渐精细化，控制烤制时间和火候更加科学，使得色泽红润、肉质肥而不腻、外酥里嫩，引人垂涎三尺。随着时间推移，北京烤鸭成为中国餐饮文化的代表之一。

如今，北京有一个以北京烤鸭为主题的博物馆，位于全聚德连锁店。博物馆展示了包括1901年的烤鸭鸭票在内的500件藏品。北京烤鸭技术源自清宫御膳房，熏烤所用的炭火选用枣木、梨木等果木，对炉师的技术要求极高。烤出的鸭子外观饱满、皮脆肉嫩，吃法独特，裹在荷叶饼中，搭配甜面酱、葱条和黄瓜条，口感酥香鲜嫩，回味无穷。2008年，挂炉烤鸭技艺和焖炉烤鸭技艺入选"国家级非物质文化遗产名录"。

2. 煎饼馃子

"热炉子铁板上的面糊一勺，优美地一转；磕俩鸡蛋，金光一闪，熟练地一铲；煎饼一翻，翻开了天津人的美食文化；咬一口，品味这座城的酸甜苦辣。"天津人用说唱音乐把煎饼馃子这道津城传统小吃诠释得淋漓尽致。一套煎饼馃子不仅有其独特的制作手法，还承载着这座城市的情怀。中国的非遗美食——煎饼馃子凭借着其可口的味道、独特的制作工艺逐步走向世界。

煎饼馃子在法国还有一个名字，叫Crêpes，源于拉丁语（译为煎饼）。都说法国人和中国人在某些方面非常相似，至少在"煎饼"上是这样。从"煎饼"的外观，到工具，甚至手法都相似。其口味主要有甜和咸两种。甜的里面通常会放水果，巧克力酱，榛子酱一类，咸的则是放猪肉，鸡肉一类的肉制品。很有意思的是，煎饼的制作过程与中国的煎饼馃子十分类似。都是将面浆摊开在锅板上，放上各种配料，卷起来成为饼状。

3. 云南鲜花饼

云南以其丰富的植物资源而被誉为"植物王国""鲜花国度"，而鲜花饼则是这片土地非遗美食的代表之一。晚清时的文献记载："四月以玫瑰花为之者，谓之玫瑰饼。以藤萝花为之者，谓之藤萝饼。皆应时之食物也。"

鲜花饼采用云南特有的食用玫瑰花为原料，是一款具有云南特色的酥饼。云南地区拥有优越的气候、日照和地理位置，使得食用玫瑰花在这里生长得异常优质。约70%的全国花卉产自云南，为鲜花饼提供了独特的原料条件。

史料记载，鲜花饼起源于清代，由一位制饼师傅创造。其花香沁心、甜而不腻、养颜美容的特点使其广为传颂。鲜花饼在历史上曾为宫廷御点，乾隆皇帝更是钟爱有加。

鲜花饼如今成为云南省的品牌，并成功转化为旅游文化资源，吸引大量游客前来购买。约70%的鲜花饼销售来源于游客和省外市场。现代市场流行的抹茶、紫薯等口味也被加入鲜花饼，丰富了群众选择。不仅馅料多样，鲜花种类也在不断更新，以玫瑰鲜花饼为主，多种鲜花品种为辅，形成了云南鲜花饼的品牌形象。

中华饮食文化在走向世界的过程中展现出丰富多彩的面貌。通过创新和传统相结合，中国美食不断推陈出新，适应了不同文化和口味的需求。传统的非遗美食如北京烤鸭、煎饼馃子，以及云南鲜花饼，在当代融入现代元素，以独特的制作工艺和口味逐步走向世界。在这一过程中，社交媒体的兴起为饮食文化传播提供了新的平台，许多美食博主和自媒体通过视频等形式将中国美食呈现给全球观众。同时，中餐企业也在全球扩张，通过标准化、连锁化、本土化等策略成功打造国际品牌。总体而言，中华饮食文化通过创新、传承、适应多元化口味的方式，正在以更开放、包容的姿态，向世界传递着独特而引人入胜的魅力。

延伸阅读

扫描二维码获取

思考研讨

1. 中西方饮食文化有哪些差异?其差异的根源是什么?
2. 请以某一时期为例谈谈中外饮食文化的交流情况。
3. 改革开放前后的民众饮食文化交流有何区别?
4. 中华饮食文化传承存在哪些问题?我们应当如何解决。
5. 中国饮食的未来发展趋势是什么?有哪些发展方向和创新思维?

参考文献

[1] 赵荣光. 中国饮食文化概论［M］. 北京：高等教育出版社，2018.

[2] 杜莉，姚辉. 中国饮食文化［M］. 北京：旅游教育出版社，2013.

[3] 谢定源. 中国饮食文化［M］. 杭州：浙江大学出版社，2008.

[4] 乔淑英. 中国饮食文化概论［M］. 北京：北京理工大学出版社，2011.

[5] 徐文苑. 中国饮食文化概论［M］. 北京：清华大学出版社，2005.

[6] 姚伟钧. 中国饮食礼俗与文化史论［M］. 武汉：华中师范大学出版社，2008.

[7] 万建中. 中国传统饮食文化［M］. 北京：中央编译出版社，2011.

[8] 胡平. 精美情礼——中华饮食文化的基本内涵［J］. 餐饮世界，2022（5）.

[9] 周全霞. 略论中国饮食文化的特点与功能［J］. 科教文汇，2007（8）.

[10] 沈晓文. 浅谈中国传统饮食的功能［J］. 科学导报，2017（7）.

[11] 金炳镐，李自然. 中国的食疗药膳文化［J］. 黑龙江民族丛刊，2001（4）.

[12] 陈文华. 中秋战国、秦汉时期的饮食文化［J］. 农业考古，2007（4）.

[13] 陈文华. 宋元明清时期的饮食文化［J］. 南宁职业技术学院学报，2005（4）.

[14] 林乃燊. 中国饮食文化［M］. 上海：上海人民出版社，1989.

[15] 赵荣光. 中国饮食文化史［M］. 上海：上海人民出版社，2014.

[16] 王学泰. 中国饮食文化史［M］. 北京：中国青年出版社，2012.

[17] 蓝勇. 中国川菜史［M］. 成都：四川文艺出版社，2019.

[18] 谢定源. 中国饮食文化史（长江中游地区卷）［M］. 北京：中国轻工业出版社，2013.

[19] 季鸿崑，李维冰，马健鹰. 中国饮食文化史（长江下游地区卷）［M］. 北京：中国轻工业出版社，2013.

[20] 王仁湘. 饮食与中国文化［M］. 桂林：广西师范大学出版社，2022.

[21] 张光直. 中国文化中的饮食［M］. 桂林：广西师范大学出版社，2023.

[22] 白玮. 历史的味觉：食物背后的历史光影［M］. 北京：研究出版社，2022.

[23] 吴正格. 满汉全席研究［J］. 满族研究，1991（1）.

[24] 张兴武. 楚辞·大招与楚巫文化［J］. 西北师大学报：社会科学版，2002（1）.

[25] 姚伟钧. 中国食俗文化的形成与嬗变［J］. 读史札记，2023（1）.

[26] 赵建军. 从伊尹和八珍谈周代食品艺术的发轫［J］. 扬州大学烹饪学报，2010（3）.

[27] 彭敏. 甑皮岩遗址史前饮食文化研究［J］. 文物鉴定与鉴赏，2018（1）.

[28] 伊永文. 日常生活的饮食［M］. 北京：清华大学出版社，2014.

[29] 徐星海，胡付照. 中国饮食思想史［M］. 南京：东南大学出版社，2015.

［30］贺正柏. 中国饮食文化［M］. 北京：旅游教育出版社，2017.

［31］徐文苑. 中国饮食文化［M］. 北京：北京交通大学出版社，2014.

［32］赵荣光. 关于中国饮食文化的传统与创新——中国饮食文化研究20年的省悟［J］. 南宁职业技术学院学报，2000（1）.

［33］彭林. 中华传统礼仪概要［M］. 北京：商务印书馆，2017.

［34］史建平，李宪亮. 中华传统仪礼［M］. 北京：商务印书馆，2020.

［35］海英. 礼仪中国［M］. 北京：商务印书馆，2020.

［36］陈济. 中华文明礼仪［M］. 北京：高等教育出版社，2017.

［37］汪东亮. 商务礼仪［M］. 桂林：广西师范大学出版社，2018.

［38］张欣. "食"：华夏之"礼"生成的重要场景［J］. 贵州大学学报，2020（6）.

［39］史华楠. 中国礼仪的起源与鸿蒙之初的礼仪文化［J］. 扬州大学学报，1999（1）.

［40］魏刚，于春燕. 孔子的饮食观［J］. 大连大学学报，2002（3）.

［41］宋镇豪. 夏商食政与食礼试探［J］. 中国史研究，1992（3）.

［42］谢静. 中国传统饮食文化文献研究［M］. 北京：中国广播影视出版社，2017.

［43］都大明. 中国饮食文化［M］. 上海：复旦大学出版社，2012.

［44］邹立. 中国传统节日饮食文化与地方名点教程［M］. 杭州：浙江工商大学出版社，2014.

［45］陈光新. 中国饮食民俗初探［J］. 民俗研究，1995（2）.

［46］吴璠. 浅析中西方饮食文化差异［J］. 中国食品工业，2022（19）.

［47］欧时昌，黄艺. 民族饮食文化［M］. 北京：经济管理出版社，2015.

［48］邵万宽. 中国饮食文化［M］. 北京：中国旅游出版社，2016.

［49］金洪霞，赵建民. 中国饮食文化概论［M］. 2版. 北京：中国轻工业出版社，2019.

［50］杜莉. 中国饮食文化［M］. 2版. 北京：旅游教育出版社，2022.

［51］李炳译. 多味的餐桌：中国少数民族饮食文化［M］. 北京：北京出版社，2000.

［52］颜其香. 中国少数民族饮食文化荟萃［M］. 北京：商务印书馆出版社，2001.

［53］博巴. 中国少数民族饮食［M］. 北京：中国画报出版社，2004.

［54］汪礼君. 宗教饮食文化漫谈与启示［J］. 中国宗教，2020（9）.

［55］冉春桃. 从赫哲族、藏族、侗族的饮食习俗看我国少数民族食俗文化之特征［J］. 中南民族大学学报（人文社会科学版），1990（1）.

［56］李乐清. 四川少数民族食俗［J］. 扬州大学烹饪学报，1994（1）.

［57］陈烨. 藏族的饮食禁忌及其现代价值［J］. 西藏民族学院学报：哲学社会科学版，2005（5）.

［58］管彦波. 西南民族饮食的社会层次与饮食观念［J］. 中南民族学院学报（哲学社会科学版），1996（5）.

［59］穆艳霞. 饮食文化［M］. 内蒙古：内蒙古人民出版社，2006.

［60］陈光新. 烹饪概论［M］. 北京：高等教育出版社，2008.

［61］邵万宽. 中国烹饪概论［M］. 3版. 北京：旅游教育出版社，2016.

［62］李刚，王月智. 中式烹调技艺［M］. 北京：高等教育出版社，2009.

［63］周晓燕，陈洪华. 中国名菜名点［M］. 北京：旅游教育出版社，2004.

［64］［宋］周密. 武林旧事［M］. 北京：中国商业出版社，2023.

［65］史万震. 我国文化主题宴席开发设计研究［J］. 旅游纵览·行业版，2016（22）.

［66］陈筱，刘军丽. 基于文化体验的川菜主题宴会创意设计研究［A］. 四川旅游学院，四川成都，610100.

［67］胡畏. 对"淮扬菜"的再认识［A］. 南京市商业技工学校，江苏南京，210036.

［68］宋玉祥. 中式烹饪风味流派的分析与研究［J］. 现代食品，2020（21）.

［69］潘鲁生. 中国民艺馆——饮食器具［M］. 济南：山东教育出版社，2020.

［70］杨东涛，陈孝信，丁应林，等. 中国饮食美学［M］. 北京：中国轻工业出版社，1997.

［71］邢伟，朱鹏举. 烹饪与饮食文化［M］. 郑州：河南人民出版社，2017.

［72］曹仲文. 烹饪设备器具［M］. 上海：复旦大学出版社，2011.

［73］周旺. 烹饪器具与设备［M］. 北京：中国轻工业出版社，2000.

［74］张家骝，张广印. 烹饪设备与器具［M］. 北京：中国商业出版社，1992.

［75］席坤. 中国饮食［M］. 长春：时代文艺出版社，2009.

［76］马健鹰. 中国饮食文化史［M］. 上海：复旦大学出版社，2011.

［77］陈晨，王柯. 浅谈西汉中期之前的盛食器形制演绎［J］. 美食大观. 2014（9）.

［78］丁珊.《食器美学》书籍装帧设计［J］. 科技与出版，2022（3）.

［79］潘云广. 古代的食器［J］. 化石，1997（3）.

［80］蒋南华. 玉器、食器及其他——绚丽璀璨的远古文明之花［J］. 贵阳师专学报（社会科学版），2001（3）.

［81］史琳，亦工. 青铜食器里的熟面孔［J］. 奇妙博物馆，2022（6）.

［82］任广岩. 漆食器《生生不息》［J］. 大众文艺，2021（23）.

［83］段振离. 红楼话美食 红楼梦中的饮食文化与养生［M］. 上海：上海交通大学出版社，2011.

［84］蔡同一. 易经中的饮食养生［M］. 北京：中国农业出版社，2007.

［85］施连方. 饮食·生活·文化《西游记》趣谈［M］. 北京：中国财富出版社，2001.

［86］石访访. 饮食的文化符号学［M］. 成都：四川大学出版社，2020.

［87］王莉莉. 宴时梦幻 饮食文化美学谈［M］. 北京：北京燕山出版社，1993.

［88］万建中. 饮食与中国文化［M］. 南昌：江西高校出版社，1944.

［89］杨耀文，纵华跃. 五味 文化名家谈饮食［M］. 北京：京华出版社，2011.

［90］苏山. 中国趣味饮食文化［M］. 北京：北京工业大学出版社，2013.

［91］宏道. 千古食趣：关于吃的那些事儿［M］. 北京：中国华侨出版社出版，2013.

［92］林乃燊. 中国古代饮食文化［M］. 北京：商务印书馆出版，2007.

［93］张科. 老饕赋 名人与饮食文化［M］. 杭州：杭州出版社，2005.

［94］丁以寿. 中国茶文化概论［M］. 北京：科学出版社，2020.

［95］余悦. 图说中国茶文化［M］. 西安：世界图书出版社，2014.

［96］王玲. 中国茶文化［M］. 北京：九州出版社，2019.

［97］尤文宪. 茶文化十二讲［M］. 北京：当代世界出版社，2018.

［98］中国茶叶博物馆. 话说中国茶［M］. 2版. 北京：中国农业出版社，2018.

［99］邓美云. "一带一路"背景下中国茶文化意义解读与阐释［J］. 福建茶叶，2024（2）.

［100］李萍. 中华茶文化的精神意涵——中国茶相关项目成功申遗的茶道哲学思考［J］. 中国非物质文化遗产，2023（6）.

［101］刘礼堂，范钰翎，李敏瑞. 宋代宫廷茶文化探究［J］. 农业考古，2023（5）.

［102］王巍. 从文化主体角度论中华茶文化的起源和传播［J］. 农业考古，2022（5）.

［103］新华社. 习近平总书记妙论"中国茶"［J］. 中国民族，2022（12）.

［104］徐少华，袁仁国. 中国酒文化大典［M］. 北京：国际文化出版公司，2009.

［105］董飞. 中华酒典（全四册）（插盒）［M］. 北京：线装书局，2009.

［106］忻忠. 中国酒文化［M］. 济南：山东教育出版社，2009.

［107］过常宝，黄玉将. 酒文化［M］. 北京：中国经济出版社出版，2013.

［108］杜鹃. 中国酒文化［M］. 北京：时事出版社，2019.

［109］吕少仿，张艳波. 中国酒文化［M］. 武汉：华中科技大学出版社，2015.

［110］赵荣光. 中华酒文化［M］. 北京：中华书局，2012.

［111］胡小伟. 中国酒文化（典藏版）［M］. 北京：中国国际广播出版社，2021.

［112］周松芳. 饮食西游记：晚清民国海外中餐馆的历史与文化［M］. 北京：生活·读书·新知三联书店，2021.

［113］吴澎. 中国饮食文化［M］. 3版. 北京：化学工业出版，2020.

［114］杜莉，刘彤，王胜鹏，等. 丝路上的华夏饮食文明对外传播［M］. 北京：人民出版社，2019.

［115］林胜华. 饮食文化［M］. 北京：化学工业出版社，2020.

［116］杜颖卉，潘祥辉. 新技术背景下中国饮食文化的国际传播［J］. 群言，2022（5）.

［117］韩敬娟. 中西方饮食文化差异［J］. 语文学刊：基础教育版，2011（2）.

［118］刘建秋. 浅析中西方饮食文化差异的文化根源［J］. 消费导刊，2012（6）.

［119］林丽珍. 泉州与海上丝绸之路的历史、现在和未来［J］. 开封教育学院学报，2015（6）.

[120] 叶文程. 宋元时期泉州港与阿拉伯的友好交往——从"香料之路"上新发现的海船谈起[J]. 厦门大学学报（哲学社会科学版），1978（1）.

[121] 黄天柱. 古泉州港与海上丝路的关系[J]. 浙江丝绸工学院报，1993（3）.

[122] 杨振. 饮食文化的对外传播分析[J]. 文化产业，2022（36）.

[123] 李虔. 中国饮食文化"走出去"的对外传播技巧——从武汉特色美食的英译说起[J]. 文化学刊，2020（6）.

[124] 郭治慧. 中华文化对外传播的策略启示——以鲁菜为例[J]. 国际公关，2022（4）.

[125] 谭宏. 产生于农业文明背景下的传统饮食文化之现代化问题研究——基于非物质文化遗产保护和传承的视角[J]. 农业考古，2011（1）.

[126] 蔡华锋，李劼，郑洁琳. 非遗美食如何激发市场新活力？[N]. 南方日报，2022-05-27（B02）.

[127] Roy P，文悦. 走进美国的北京烤鸭[J]. 国际人才交流，2014（9）.

[128] 周筱谷. 把煎饼馃子卖到美国去[J]. 劳动保障世界，2016（1）.

[129] 法国街头的"煎饼馃子"[J]. 品牌与标准化，2011（7）.

[130] 李晓霞. 舌尖上的非遗丨属于云南春天的味道[N]. 文旅中国，2021.